Wissenschaftliche Reihe Fahrzeugtechnik Universität Stuttgart

Herausgegeben von
M. Bargende, Stuttgart, Deutschland
H.-C. Reuss, Stuttgart, Deutschland
J. Wiedemann, Stuttgart, Deutschland

Das Institut für Verbrennungsmotoren und Kraftfahrwesen (IVK) an der Universität Stuttgart erforscht, entwickelt, appliziert und erprobt, in enger Zusammenarbeit mit der Industrie, Elemente bzw. Technologien aus dem Bereich moderner Fahrzeugkonzepte. Das Institut gliedert sich in die drei Bereiche Kraftfahrwesen, Fahrzeugantriebe und Kraftfahrzeug-Mechatronik. Aufgabe dieser Bereiche ist die Ausarbeitung des Themengebietes im Prüfstandsbetrieb, in Theorie und Simulation.

Schwerpunkte des Kraftfahrwesens sind hierbei die Aerodynamik, Akustik (NVH). Fahrdynamik und Fahrermodellierung, Leichtbau, Sicherheit, Kraftübertragung sowie Energie und Thermomanagement – auch in Verbindung mit hybriden und batterieelektrischen Fahrzeugkonzepten.

Der Bereich Fahrzeugantriebe widmet sich den Themen Brennverfahrensentwicklung einschließlich Regelungs- und Steuerungskonzeptionen bei zugleich minimierten Emissionen, komplexe Abgasnachbehandlung, Aufladesysteme und -strategien, Hybridsysteme und Betriebsstrategien sowie mechanisch-akustischen Fragestellungen.

Themen der Kraftfahrzeug-Mechatronik sind die Antriebsstrangregelung/Hybride, Elektromobilität, Bordnetz und Energiemanagement, Funktions- und Softwareentwicklung sowie Test und Diagnose.

Die Erfüllung dieser Aufgaben wird prüfstandsseitig neben vielem anderen unterstützt durch 19 Motorenprüfstände, zwei Rollenprüfstände, einen 1:1-Fahrsimulator, einen Antriebsstrangprüfstand, einen Thermowindkanal sowie einen 1:1-Aeroakustikwindkanal.

Die wissenschaftliche Reihe „Fahrzeugtechnik Universität Stuttgart" präsentiert über die am Institut entstandenen Promotionen die hervorragenden Arbeitsergebnisse der Forschungstätigkeiten am IVK.

Herausgegeben von

Prof. Dr.-Ing. Michael Bargende
Lehrstuhl Fahrzeugantriebe,
Institut für Verbrennungsmotoren und
Kraftfahrwesen, Universität Stuttgart
Stuttgart, Deutschland

Prof. Dr.-Ing. Jochen Wiedemann
Lehrstuhl Kraftfahrwesen,
Institut für Verbrennungsmotoren und
Kraftfahrwesen, Universität Stuttgart
Stuttgart, Deutschland

Prof. Dr.-Ing. Hans-Christian Reuss
Lehrstuhl Kraftfahrzeugmechatronik,
Institut für Verbrennungsmotoren und
Kraftfahrwesen, Universität Stuttgart
Stuttgart, Deutschland

Andreas Freuer

Ein Assistenzsystem für die energetisch optimierte Längsführung eines Elektrofahrzeugs

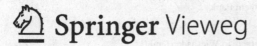

Andreas Freuer
Stuttgart, Deutschland

Zugl.: Dissertation Universität Stuttgart, 2015

D93

Wissenschaftliche Reihe Fahrzeugtechnik Universität Stuttgart
ISBN 978-3-658-13603-1   ISBN 978-3-658-13604-8   (eBook)
DOI 10.1007/978-3-658-13604-8

Die Deutsche Nationalbibliothek verzeichnet diese Publikation in der Deutschen Nationalbibliografie;
detaillierte bibliografische Daten sind im Internet über http://dnb.d-nb.de abrufbar.

Springer Vieweg
© Springer Fachmedien Wiesbaden 2016

Gedruckt auf säurefreiem und chlorfrei gebleichtem Papier

Springer Vieweg ist Teil von Springer Nature
Die eingetragene Gesellschaft ist Springer Fachmedien Wiesbaden GmbH

Vorwort

Die vorliegende Arbeit entstand während meiner Tätigkeit als Wissenschaftlicher Mitarbeiter am Forschungsinstitut für Kraftfahrwesen und Fahrzeugmotoren Stuttgart (FKFS).

Mein besonderer Dank gilt Herrn Prof. Dr.-Ing. H.-C. Reuss, dem Vorstand des FKFS und dem Leiter des Lehrstuhls Kraftfahrzeugmechatronik des Instituts für Verbrennungsmotoren und Kraftfahrwesen der Universität Stuttgart, für die Betreuung und Förderung meiner Arbeit. Auch danke ich Herrn Prof. Dr.-Ing. Prof. h.c. Dr. h.c. Torsten Bertram, dem Leiter des Lehrstuhls für Regelungssystemtechnik der TU Dortmund, für seine freundliche Bereitschaft, den Mitbericht zu übernehmen.

Die Grundlage für diese Arbeit bildet das Studierenden-Projekt *Eigenentwicklung und Aufbau eines Elektro-Smarts* an der Universität Stuttgart. An dieser Stelle möchte ich mich daher bei den vielen Studenten bedanken, die ich betreuen durfte. Ohne sie, ihren Einsatz und ihre Ideen wäre diese Arbeit nicht möglich gewesen. Ebenso möchte ich mich bei Herrn Dipl.-Ing. Dieter Franz von der E-CAR-TECH Consulting GmbH bedanken, der uns immer hilfsbereit unterstützte.

Ferner bedanke ich mich herzlich bei allen Kollegen des Bereichs Kraftfahrzeugmechatronik für die kooperative Zusammenarbeit und die gute gemeinsame Zeit. Mein besonderer Dank geht dabei an meinen direkten Vorgesetzten Dr.-Ing. Michael Grimm. Sein Vertrauen und der mir gebotene Freiraum waren die Grundlage für das Gelingen dieser Arbeit.

Nicht zuletzt möchte ich mich auch ganz herzlich bei meinen Eltern sowie bei meiner Schwester und meiner Freundin Helga bedanken - sowohl für die mir entgegengebrachte Geduld als auch für die zeitaufwendige und sorgfältige Durchsicht meiner Arbeit.

Stuttgart   Andreas Freuer

Kurzfassung

Der Energieverbrauch eines Fahrzeugs wird im großen Maße durch die Fahrweise des Fahrzeugführers beeinflusst. Eine energieeffiziente Fahrweise, bei der vorausschauend auf Fahrereignisse und Streckentopologie reagiert wird und unnötige Verzögerungs- und Beschleunigungsvorgänge vermieden werden, kann zu beträchtlichen Verbrauchseinsparungen führen. Im realen Fahrbetrieb kann der Fahrer jedoch nur auf Fahrereignisse in seinem Sichtfeld reagieren und nur grobe Abschätzungen zur Streckentopologie machen. Zudem fehlen oftmals die notwendigen Grundkenntnisse und Verhaltensmuster für eine verbrauchssparende Fahrweise und eine energieeffiziente Betriebsführung des Antriebssystems. Daraus folgt, dass im realen Fahrbetrieb die Verbrauchspotentiale einer energieeffizienten Fahrweise nur teilweise ausgeschöpft werden können.

Um dem Fahrer zu helfen, werden Assistenzsysteme entwickelt, die konkrete Handlungsanweisungen für eine energieeffiziente Fahrweise bereitstellen oder eine direkte Umsetzung durch Automatisierung der Fahrzeuglängsführung vorsehen. Unterstützt wird dieser Trend durch die zunehmende Informationsbereitstellung in modernen Fahrzeugen, wodurch eine umfassende Beschreibung des Fahrzeugumfelds verfügbar gemacht wird. Auf dieser notwendigen Grundlage kann die Fahraufgabe als ein Optimierungsproblem aufgefasst werden, in dem die Fahrzeuglängsführung innerhalb von streckenspezifischen und verkehrsbedingten Geschwindigkeitsbeschränkungen energetisch optimiert werden soll. Die Effektivität einer energetisch optimierten Fahrzeuglängsführung hängt dabei maßgeblich von den abgedeckten Fahrsituationen und vom anwendbaren Nutzungsbereich ab. Hinsichtlich der praktischen Umsetzbarkeit müssen robuste und echtzeitfähige Optimierungs- und Regelungskonzepte für die energetisch optimierte und automatisierte Fahrzeuglängsführung berücksichtigt werden.

Vor diesem Hintergrund beschäftigt sich diese Arbeit mit dem Entwurf eines Assistenzsystems für die energetisch optimierte Längsführung eines Elektrofahrzeugs im anspruchsvollen urbanen Verkehrsumfeld. Der Schwerpunkt liegt dabei in der Entwicklung eines ganzheitlichen und praktisch umsetzbaren Optimierungs- und Regelungskonzepts, mit dem die Fahrzeuglängsführung über einen großen Anwendungsbereich automatisiert wird. Dazu wird in dieser Arbeit ein hierarchisches und modellprädiktives Regelkreiskonzept für die energetisch optimierte Fahrzeuglängsführung entworfen und praktisch umgesetzt. In diesem werden unter Berücksichtigung von prädiktiven Streckeninformationen und vorausfahrenden Fahrzeugen energieeffiziente Fahrstrategien durch periodisches Lösen eines Optimalsteuerungsproblems für einen gleitenden Streckenhorizont in einem langsamen überlagerten Regelkreis bestimmt und in einem schnellen unterlagerten Regelkreis eingeregelt.

Funktionsweise und Verbrauchspotential des Assistenzsystems für die energetisch optimierte Längsführung eines Elektrofahrzeugs wurden in Simulationsstudien und Fahrversuchen untersucht und ausgewertet. Zur Abschätzung eines statistisch aussagekräftigen Verbrauchspotentials und zur Bestimmung des anwendbaren Nutzungsbereichs wurde eine repräsentative Probandenstudie mit 42 Versuchspersonen im realen Fahrbetrieb durchgeführt und Ergebnisse aus manuell und automatisiert durchgeführten Messfahrten verglichen. Dabei konnte ein deutlicher Effekt auf den Energieverbrauch festgestellt werden, der mit der energetisch optimierten Fahrzeuglängsführung im Mittel um etwa 6 % im Vergleich zu den manuell durchgeführten Messfahrten ohne nennenswerten Fahrtdaueranstieg gesenkt werden konnte.

Abstract

Vehicle energy consumption is largely influenced by the individual way of driving. An economical driving style that anticipatorily incorporates driving events and route topology ahead and also avoids needless decelerations and accelerations leads to considerable reductions in energy consumption. In real-life driving operation, however, anticipatory consideration of driving events ahead is restricted by the driver's field of vision and only rough estimations of route topology are possible. Moreover, basic knowledge and behavior patterns to implement an energy efficient driving style and powertrain operation are often lacking. As a result, the energy saving potential of an economical driving style is only partly exploited in real-life driving operation.

Electronic systems are developed to assist the driver by either providing instructions for an energy efficient way of driving or direct application by means of automated longitudinal vehicle control. This trend is supported by the increasing information provision in modern cars which provides a detailed description of the vehicle surroundings. On this necessary base, driving tasks can be converted into an optimization problem in which the longitudinal vehicle guidance has to be optimized for energy efficiency under consideration of route specific and traffic-related speed boundaries. The effectiveness of energy efficient longitudinal vehicle control depends on the scope of covered driving situations which determine the application range. Additionally, robust and real-time capable optimization and control frameworks must be considered in terms of practical and technical feasibility.

Against this background, this work aims to design an assistance system for the energy efficient longitudinal control of a battery electric vehicle in demanding urban traffic. The main focus is on developing a holistic and practically realizable optimal control approach that automates the vehicle's longitudinal guidance over a wide application range. For this purpose, a hierarchical feedback control system for the energy efficient longitudinal vehicle guidance is designed and practically implemented in an experimental vehicle. In this approach, energy efficient driving strategies are periodically calculated by solving an optimal control problem for a moving route horizon under consideration of predictive route information and preceding vehicles in an upper-level model predictive controller and adjusted by a fast lower-level speed controller.

The assistance system's functional principle and energy saving potentials were investigated and evaluated in simulations and test drives. A representative test person experiment with 42 participants on a public test route in everyday traffic was carried out. The measured results in manual and automated test drives were compared in order to assess statistically meaningful numbers for the energy saving potential and to rate the application range of the energy efficient longitudinal vehicle control. It was determined that the energy efficient longitudinal vehicle control has a highly significant effect on the vehicle's energy consumption, which was reduced by 6 % on average with respect to the manual test drives without appreciable travel time increase.

Inhaltsverzeichnis

1 Einleitung

Eine Repräsentativbefragung im Auftrag der *dena*[1] kommt zu dem Ergebnis, dass der Energieverbrauch das maßgebliche Kriterium beim Kauf eines Fahrzeugs ist [1]. Wie in der Abbildung 1.1 gezeigt ist, sehen demnach 95 % der Befragten den Energieverbrauch noch vor dem Kaufpreis (93 %) als wichtiges oder sehr wichtiges Kaufkriterium. Kriterien wie Design (58 %), Marke (49 %) oder Motorleistung (47 %) werden dagegen als weniger wichtig eingestuft. Damit wird deutlich, dass vor dem Hintergrund schwindender fossiler Ressourcen und steigender Energiekosten die rationalen und ökonomischen Aspekte bei der Anschaffung eines Fahrzeugs immer dominanter werden. Darüber hinaus lässt sich angesichts der sichtbaren Folgen von Klimawandel und Treibhauseffekt eine Emotionalisierung für den ökologischen Betrieb eines Fahrzeugs feststellen. So verbinden 42 % der Befragten Spaß am Autofahren mit dem Betrieb eines Fahrzeugs mit innovativer Klimaschutztechnologie. Die Kriterien große Motorleistung (11 %) oder Fahrzeuggröße und Repräsentativität (9 %) spielen hingegen nur eine untergeordnete Rolle.

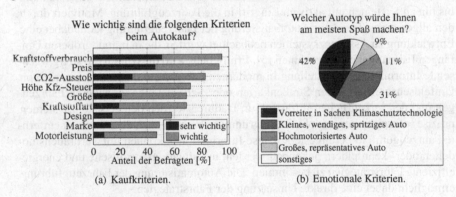

(a) Kaufkriterien.

(b) Emotionale Kriterien.

Abbildung 1.1: Repräsentativbefragung zum Thema Autokauf [1].

Die Forderung nach nachhaltiger und ressourcensparender Mobilität zwingt die Automobilindustrie zur Entwicklung von energiesparenden Fahrzeugkonzepten-

---

[1]Deutsche Energie-Agentur

und Technologien. Der Energieverbrauch eines Fahrzeugs wird von unterschiedlichsten Faktoren beeinflusst und kann durch verschiedene Maßnahmen gesenkt
werden. Ergebnisse wissenschaftlicher Studien zum Energieverbrauch im realen
Fahrbetrieb [2, 3, 4] zeigen, dass dabei der Fahrzeugführer und seine individuelle
Fahrweise einen maßgeblichen Einfluss auf den Energieverbrauch nehmen. Eine
energieeffiziente Fahrweise, die vorausschauend Fahrereignisse und Streckentopologie berücksichtigt und unnötige Verzögerungs- oder Beschleunigungsvorgänge
vermeidet, weist demzufolge ein großes Potential zur Senkung des Energieverbrauchs auf. Zur Umsetzung einer energieeffizienten Fahrweise müssen jedoch das
notwendige Hintergrundwissen, die entsprechenden fahrerischen Fähigkeiten und
vor allem die grundsätzliche Ambition, energieeffizient fahren zu wollen, vorhanden sein. Hinzu kommt, dass der Fahrer nur auf Fahrereignisse in seinem Sichtfeld
reagieren und lediglich grobe Abschätzungen über die Streckentopologie machen
kann. Zudem kennt der Fahrer im Hinblick auf das Antriebssystem seines Fahrzeugs in der Regel weder den aktuellen noch einen alternativen effizienteren Betriebspunkt.

Aus den aufgeführten Gründen werden von den Automobilherstellern zunehmend elektronische Systeme entwickelt und angeboten, die bei der Umsetzung einer energieeffizienten Fahrweise unterstützen sollen. Die technischen Ausführungen dieser Assistenzsysteme reichen von der rein informierenden Unterstützung
bis hin zu Systemen mit aktivem Eingriff in die Fahrzeugführung. Motiviert durch
den allgemeinen Trend zur Automatisierung der Fahrzeugführung kann dabei eine
Entwicklung zu Assistenzsystemen beobachtet werden, die in immer größeren Umfängen Fahraufgaben übernehmen [5]. Ermöglicht wird dies durch die stetig wach-
sende Informationsbereitstellung in modernen Fahrzeugen durch den Einsatz von
Umfeldsensoren, digitalen Straßenkarten oder Schnittstellen zu anderen Fahrzeugen und der verkehrlichen Infrastruktur. Dadurch werden den Assistenzsystemen
präzise Informationen sowohl über das unmittelbare als auch über das weit entfern-
te Fahrzeugumfeld bereitgestellt. Diese Informationen können mit Verbrauchsmo-
dellen oder -kennfeldern gekoppelt werden, um situationsspezifische und energieeffiziente Fahrstrategien zu bestimmen. Die Automatisierung der Fahrzeugführung
ermöglicht dabei eine direkte Umsetzung der Fahrstrategien.

Der aktuelle Stand der Technik im Bereich der Automatisierung der Fahrzeugführung ist weit fortgeschritten. Assistenzsysteme, mit denen Fahrzeuglängs- und
querführung in einem weiten Anwendungsbereich automatisiert werden, haben
heute bereits Serienreife und werden von einzelnen Fahrzeugherstellern angeboten. Die Einführung dieser Systeme wird dabei aber hauptsächlich durch die Faktoren Fahrkomfort und Fahrsicherheit motiviert. Die Entwicklung von Assistenzsystemen zur Automatisierung der Fahrzeugführung unter dem Aspekt der Energieeffizienz ist momentan überwiegend Gegenstand von wissenschaftlichen For-

schungsarbeiten. Diese Arbeiten beschränken sich hauptsächlich auf die Längsführung von Fahrzeugen mit konventionellen Antriebssystemen und auf Anwendungsszenarien auf Landstraßen oder Autobahnen. In dem überwiegenden Teil dieser Arbeiten werden auch keine ganzheitlichen Optimierungsstrategien verfolgt. Stattdessen werden Ansätze für die energetische Optimierung der Fahrzeuglängsführung in beschränkten Fahrsituationen oder Anwendungsbereichen entwickelt. Das Verbrauchspotential dieser Systeme wird meistens in Simulationsstudien oder in einzelnen und kaum dokumentierten Messfahrten bestimmt. Dadurch sind Aussagekraft und Repräsentativität der ermittelten Kenngrößen zur Abschätzung des Verbrauchspotentials stark eingeschränkt.

In dieser Arbeit wird daher die energetische Optimierung der Längsführung für ein Fahrzeug mit batterieelektrischem Antriebsstrang im überwiegend urbanen Einsatzbereich behandelt. Der Schwerpunkt liegt dabei in dem Entwurf eines ganzheitlichen Optimierungsansatzes zur Darstellung eines großen Anwendungsbereichs und der praktischen Umsetzung in einem Versuchsträger. Ein weiterer Schwerpunkt liegt in der Ermittlung von statistisch abgesicherten Verbrauchspotentialen im realen Fahrbetrieb sowie in der Analyse der verbrauchssparenden Ursachen.

2 Stand der Technik

Zunächst werden die maßgeblichen Einflussfaktoren auf den Energieverbrauch eines Fahrzeugs diskutiert und verbrauchssparende Maßnahmen vorgestellt. Daraus wird die große Bedeutung einer energieeffizienten und vorausschauenden Fahrweise deutlich. Anschließend wird der momentane Stand der Technik im Bereich der Fahrerassistenz für die energieeffiziente Längsführung von Kraftfahrzeugen zusammenfassend vorgestellt und hinsichtlich des weiteren Forschungsbedarfs ausgewertet. Darauf folgend wird die Zielsetzung für diese Arbeit festgelegt.

2.1 Energieverbrauch im realen Fahrbetrieb

In diesem Kapitel werden zwei grundlegende Fragestellungen im Zusammenhang mit dem Energieverbrauch eines Fahrzeugs behandelt:

- Welche Faktoren beeinflussen den Energieverbrauch eines Fahrzeugs?

- Welche Maßnahmen lassen sich ableiten, um den Energieverbrauch zu reduzieren?

2.1.1 Einflussgrößen

Der Energieverbrauch eines Fahrzeugs ist eine stark beeinflussbare Größe. Wie die Abbildung 2.1 zeigt, existieren vier globale Einflussgrößen, die den Energieverbrauch eines Fahrzeugs bestimmen [6].

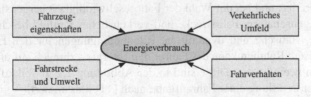

Abbildung 2.1: „Globale Einflussgrößen des Energieverbrauchs" [6].

Dazu zählen zum einen inhärente Fahrzeugeigenschaften, die direkt bei der Konzeption des Fahrzeugs festgelegt werden. Diese Eigenschaften wie Fahrzeugmasse, Aerodynamik und Bereifung nehmen direkten Einfluss auf die Fahrwiderstände. Die Fahrwiderstände bestimmen die radseitige Antriebsenergie, die für die Bewältigung einer spezifischen Fahraufgabe aufzubringen ist. Die Eigenschaften des Antriebsstrangs bestimmen hingegen die Effizienz, mit der die bereitzustellende Antriebsenergie aus einem oder mehreren fahrzeuginternen Energiespeichern zur Verfügung gestellt wird. Die Effizienz des Antriebsstrangs hängt vom Antriebskonzept (Otto- oder Dieselmotor, Hybrid-, Elektro-, Brennstoffzellenantrieb), der Leistungsübertragung (Getriebeart, Leistungsverzweigung) und dem Antriebsmanagement (effizienter Betrieb der Antriebskomponenten) ab. Der Gesamtenergieverbrauch ist somit die Summe aus dem Energiebedarf zur Überwindung der Fahrwiderstände, zur Kompensation von wirkungsgradbedingten Verlusten im Antriebssystem sowie für den Betrieb von Nebenaggregaten.

Neben den grundlegenden Fahrzeugeigenschaften wird der Energieverbrauch durch Umweltbedingungen sowie durch das Zusammenspiel der Faktoren Fahrstrecke, verkehrliches Umfeld und Fahrer beeinflusst. Umweltbedingungen beeinflussen die Fahrgeschwindigkeit (Beeinträchtigung von Sichtverhältnissen oder der Fahrbahnoberfläche) und die Nutzung von Nebenaggregaten (Licht, Scheibenwischer, Heizung, Klimaanlage, usw.). Zudem nehmen sie Einfluss auf Fahrwiderstände sowie auf thermische Zustände und Wirkungsgrade der Antriebskomponenten. Die Fahrstrecke hingegen beeinflusst die gewählte Fahrgeschwindigkeit durch ortsfeste Randbedingungen und Elemente der Verkehrsführung wie beispielsweise zulässige Höchstgeschwindigkeiten, Kurven, Kreuzungen oder Signalanlagen. Darüber hinaus bestimmt die Topologie der Fahrstrecke den Steigungswiderstand [7, 8] und die Beschaffenheit der Fahrbahnoberfläche den Rollwiderstand [9, 10]. Während die Fahrstrecke hauptsächlich statische ortsfeste Randbedingungen festlegt, stellt das verkehrliche Umfeld, das die Summe aller anderen Verkehrsteilnehmer beschreibt, dynamische Randbedingungen dar. Diese werden vom Fahrer erfasst, interpretiert und bei der Wahl der Fahrgeschwindigkeit berücksichtigt.

Fahrzeugeigenschaften, Fahrstrecke und verkehrliches Umfeld beschreiben somit inhärente, statische und dynamische Randbedingungen für den Energieverbrauch. In diesem Rahmen kann der Fahrer den Energieverbrauch auf unterschiedlichen Ebenen beeinflussen. Diese sind in der Abbildung 2.2 in Teilaufgaben des Fahrers bei der Erfüllung einer Fahraufgabe nach [11] klassifiziert.

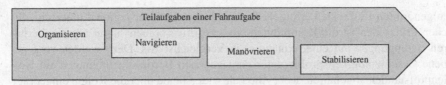

Abbildung 2.2: Teilaufgaben des Fahrers bei der Erfüllung einer Fahraufgabe [11].

Zu den Teilaufgaben zählt zunächst die Organisation der Fahraufgabe. Dazu gehören grundsätzliche Entscheidungen wie die Fahrzeugwahl, der Abfahrtszeitpunkt oder die Routenwahl. Dadurch werden wesentliche Randbedingungen für den Energieverbrauch bereits vor der Fahrt festgelegt. Die Teilaufgabe der Navigation beinhaltet das Verfolgen der ausgewählten Route, während sich die Teilaufgaben Manövrieren und Stabilisieren direkt auf die Bedienung des Fahrzeugs beziehen. Dabei bezeichnet das Manövrieren die bewusste Fahrzeugführung durch Wahl einer Fahrgeschwindigkeit und -spur. Die Stabilisierung ist ein intuitiver und unbewusster Prozess zum Ausgleich von Geschwindigkeits- und Spurabweichungen.

Neben der organisatorischen Ebene wird der Energieverbrauch insbesondere durch die bewusste Fahrzeugführung bestimmt. Auf dieser Ebene spiegelt sich die individuelle Fahrweise des Fahrers wider. Wie die Abbildung 2.3 zeigt, hängt eine verbrauchsgünstige Fahrweise von den drei Faktoren Wissen, Wollen und Können ab [12]. Demnach führt erst das Zusammenwirken von prinzipiellem Wissen über eine verbrauchsgünstige Fahrweise, die Bereitschaft, verbrauchsgünstig zu fahren, sowie die Möglichkeit, dies unter den verkehrlichen Rahmenbedingungen praktizieren zu können, zu einer verbrauchsgünstigen Fahrweise.

Abbildung 2.3: Faktoren für eine verbrauchsgünstige Fahrweise [12].

Die Vielfältigkeit der beschriebenen Einflussgrößen zeigt, der Energieverbrauch eines Fahrzeugs ist keine feste Konstante, sondern eine von vielen Faktoren abhängige Variable. Um für die Typengenehmigung und als gesetzliche Besteuerungsgrundlage bei Neuzulassungen dennoch eine einheitliche Quantifizierung des Energieverbrauchs und des Emissionsausstoßes zu ermöglichen, werden diese Größen in genormten Prüfzyklen ermittelt. Sinn und Zweck dieser regional unterschiedlichen Prüfzyklen ist die Bestimmung eines Normverbrauchs unter reproduzierbaren Bedingungen auf einer einheitlichen Vergleichsbasis. Dazu werden vorgegebene Geschwindigkeitsprofile unter vorgegebenen Betriebsbedingungen auf Rollenprüfständen abgefahren, wobei die Fahrwiderstände über die Rollen eingeprägt werden. Im europäischen Raum ist der *Neue Europäische Fahrzyklus* (NEFZ) als verbindlicher Prüfzyklus nach EU-Richtlinie 93/116/EG festgeschrieben.

Die in den Prüfzyklen gewonnenen Normwerte spiegeln hauptsächlich die inhärenten Fahrzeugeigenschaften wider. Durch Vorgabe von Geschwindigkeitsverlauf und Betriebsbedingungen werden die Einflussfaktoren Umwelt, Fahrstrecke, verkehrliches Umfeld und Fahrer systematisch ausgeklammert. Dieser Umstand führt dazu, dass die ermittelten Normwerte grundsätzlich mehr oder weniger stark von den Verbrauchswerten im realen Fahrbetrieb abweichen, was zu einer kontroversen Diskussion über die Praxistauglichkeit und Aussagekraft von Prüfzyklen führt. Eine aktuelle Studie des *ICCT*[1] beziffert den durchschnittlichen Mehrverbrauch im Realbetrieb gegenüber den Herstellerangaben mit 25 %. In [13] wird er mit durchschnittlich $1,0^{1}/_{100\,km}$ angegeben. Besonders bemängelt werden am NEFZ die verhältnismäßig kleinen Beschleunigungen und Verzögerungen, die geringe Höchstgeschwindigkeit, das Fehlen von Steigungswiderständen und der fehlende Einfluss von Nebenaggregaten [14, 15]. Ebenso wird die Anpassung der Messprozedur auf die neuen Antriebstechnologien Hybrid- und Elektroantrieb scharf kritisiert, da diese stark bevorteilt werden [16]. Zudem bietet die vorgeschriebene Messprozedur, welche die eigentliche Messung auf dem Rollenprüfstand und die im Voraus notwendige experimentelle Bestimmung der Fahrwiderstände umfasst, eine Fülle von Möglichkeiten zur Manipulation der Verbrauchsergebnisse [17, 18].

Um einen besseren Realitätsbezug herzustellen, werden zunehmend unverbindliche Prüfzyklen auf Grundlage von real gemessenen Fahrkollektiven entwickelt. Ziel dieser Prüfzyklen ist die Abbildung von durchschnittlichen und repräsentativen Fahrprofilen. Beispiele hierfür sind die Untersuchungen für den europäischen Raum in [19], für China in [20], für Indien in [21] und für Hong Kong in [22]. Zu den bekanntesten europäischen Prüfzyklen, die auf real gemessenen Fahrkollektiven beruhen, zählen die *ARTEMIS*-Prüfzyklen [23, 24] und die *modem-Hyzem*-Prüfzyklen [25]. Die Herleitung von realitätsnahen Prüfzyklen zur Abbildung des Kundenverhaltens gewinnt auch bei der simulativen Untersuchung und Absicherung von neuen Technologien im Fahrzeugentwicklungsprozess zunehmend an Bedeutung [26, 27, 28].

Während mit Prüfzyklen versucht wird, eine einheitliche Untersuchungsgrundlage bereitzustellen, werden in Probandenstudien im realen Straßenverkehr Ein-

---

[1]International Council on Clean Transportation

flussgrößen auf den Energieverbrauch erfasst und quantifiziert. Untersuchungen im realen Fahrbetrieb sind jedoch sehr aufwendig. Die zu untersuchenden Fahrzeuge müssen mit spezieller Messtechnik ausgerüstet werden. Statistisch abgesicherte und aussagekräftige Ergebnisse bedürfen einer Vielzahl von Messfahrten [29]. Erste wissenschaftliche Untersuchungen zur Beschreibung des Einflusses des Fahrverhaltens und des Verkehrs auf den Energieverbrauch und das Emissionsverhalten im realen Fahrbetrieb sind in [30, 31] beschrieben. Der Einfluss von Verkehrsbedingungen auf den Energieverbrauch im urbanen Raum wird in [32] messtechnisch erfasst. In [33] wird der Energieverbrauch für Strecken im städtischen Bereich ermittelt. Daraus werden Kennzahlen zur Beschreibung des Verkehrs- und Fahrereinflusses abgeleitet. Der Verkehrseinfluss auf den Emissionsausstoß im Bereich von Straßenkreuzungen wird in [34] analysiert. Der Einfluss von fahrzeugtechnischen Maßnahmen wie Getriebeübersetzungen und Pedalkennlinien auf den Energieverbrauch im realen Fahrbetrieb wird in [35] untersucht. Die Autoren in [36, 37] zeigen anhand eines Verbrauchsmodells und Simulationen mit GPS-Daten aus Messfahrten, dass eine günstige Routenwahl zu signifikanten Verbrauchseinsparungen führen kann. In [38, 39] werden im realen Fahrbetrieb gemessene Fahrprofile genutzt, um den Einfluss des Fahrers, der Straßenart sowie der Fahrzeugleistung auf fahrdynamische Größen zu bestimmen und um daraus Einflüsse auf den Energieverbrauch abzuschätzen. Die aufgeführten Literaturstellen kommen übereinstimmend zu dem Ergebnis, dass Fahrverhalten und Verkehr den Energieverbrauch eines Fahrzeugs drastisch beeinflussen.

Die Untersuchungen in den aufgezählten Literaturstellen beschränken sich dabei aber auf einzelne Nutzungsszenarien und stützen sich teilweise auf willkürlich erhobene Messdaten. Dagegen werden in [2, 3] und [4] die Faktoren Fahrverhalten und Verkehr für ein möglichst durchschnittliches und kundenrelevantes Nutzungsszenario quantifiziert. Dazu werden Untersuchungslayouts mit repräsentativer Versuchsstrecke und repräsentativem Probandenkollektiv geplant. Als Versuchsstrecke dient der 60 km lange *Stuttgart-Rundkurs* [40], dessen Zusammensetzung bezüglich der Straßenarten das statistische Nutzungsverhalten in Deutschland abbildet. Die Größe des Probandenkollektivs wird nach den in [29] hergeleiteten Berechnungsmethoden bestimmt, um statistisch aussagekräftige Ergebnisse zu erhalten. Ein repräsentatives Fahrverhalten wird dargestellt, indem das Probandenkollektiv nach den Merkmalen Alter, Geschlecht und Fahrleistung entsprechend der statistischen Verteilungen in Deutschland zusammengesetzt wird. Die Versuchsfahrzeuge werden aufwendig instrumentiert, um neben der Messung von Größen der Fahrzeugdynamik und des Energieverbrauchs auch eine genaue Leistungsflussanalyse zu ermöglichen.

Unter Umsetzung des beschriebenen Untersuchungslayouts werden in [2, 3] aussagekräftige Kennwerte für den Energieverbrauch eines durchschnittlichen Mittelklassefahrzeugs mit Ottomotor und Schaltgetriebe ermittelt. Die Auswertung der Messfahrten von 50 Probanden auf dem *Stuttgart-Rundkurs* ergibt eine Standardabweichung des Kraftstoffverbrauchs um den statistischen Mittelwert von 6,5 % bei einer maximalen Spannweite von 33 %. In [4] werden ein analoges Untersuchungslayout gewählt und energetische Kenngrößen für Elektrofahrzeuge unterschiedlicher Fahrzeugklassen ermittelt. Einige wesentliche Ergebnisse dieser Untersuchungen sind beispielhaft für einen Kompaktwagen[2], einen Sportwagen[3] und einen Kleintransporter[4] in der Abbildung 2.4 gezeigt. Die Ergebnisse einer Untersuchung mit 42 Probanden in den Sommermonaten und die einer identischen Untersuchung in den Wintermonaten sind getrennt dargestellt, um den Einfluss der Witterung besser zu veranschaulichen.

Die Auswertung der Energieverbräuche ergibt eine fahrer- und verkehrsbedingte Streuung um den Mittelwert aus den Sommer- und Wintermonaten, die mit einer mittleren Standardabweichung von 10,7 % beim Kompaktwagen, 10,0 % beim Sportwagen und 3,93 % beim Transporter angegeben werden kann. Die maximalen Spannweiten der Verbrauchsstreuungen sind dabei abhängig von der Fahrzeugklasse und betragen 31,4 %, 32,4 % und 15,8 %. Die Auswertung der Verbrauchsaufteilungen zeigt, dass fahrzeugübergreifend und über Sommer und Winter gemittelt etwa 91 % der Gesamtenergie für den Antrieb aufgebracht wird. Der Rest entfällt für den Betrieb von Heizung und Klimaanlage sowie für alle sonstigen Nebenaggregate.

Die Auswirkungen von Durchschnittsgeschwindigkeit und Umgebungstemperatur auf den Energieverbrauch für den Antrieb sind in den beiden unteren Diagrammen in der Abbildung 2.4 gezeigt. Die gefahrene Durchschnittsgeschwindigkeit nimmt demnach nur geringen Einfluss auf die verbrauchte Antriebsenergie. Dagegen lässt sich eine deutliche Abhängigkeit zwischen Antriebsenergie und Umgebungstemperatur feststellen. Die Auswertung von jeweils 84 jahresübergreifenden Messfahrten mit den drei Versuchsfahrzeugen zeigt eine mittlere Zunahme der verbrauchten Antriebsenergie um etwa $1\,^{kWh}/_{100\,km}$ bei einem Temperaturabfall von 10 °C.

In diesem Kapitel wurden verschiedene Faktoren diskutiert, die den Energieverbrauch eines Fahrzeugs bestimmen. Neben der großen Bedeutung der grundlegenden Fahrzeugeigenschaften zeigen unterschiedliche wissenschaftliche Untersuchungen, dass der Energieverbrauch für eine vorgegebene Fahrstrecke eine beträchtliche Streuung aufweisen kann. Diese kann auf individuelle Fahrweise, verkehrliche Randbedingungen und variierende Umweltbedingungen zurückgeführt werden. Demzufolge bieten neben den fahrzeugseitigen Optimierungsmöglichkei-

---

[2]Leistung: 47 kW, Leergewicht: 1146 kg.
[3]Leistung: 225 kW, Leergewicht: 1334 kg.
[4]Leistung: 90 kW, Leergewicht: 1680 kg.

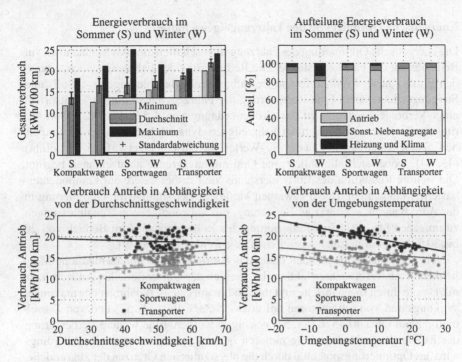

Abbildung 2.4: Verbrauchsergebnisse von drei Elektrofahrzeugen auf dem *Stuttgart-Rundkurs* [4]: Gesamtverbrauch (oben links), Verbrauchsaufteilungen (oben rechts), Einfluss der Durchschnittsgeschwindigkeit (unten links) und der Umgebungstemperatur (unten rechts) auf die Antriebsenergie.

ten auch Maßnahmen zur Optimierung der Verkehrsführung und insbesondere der Fahrzeugführung ein großes Verbrauchspotential.

2.1.2 Maßnahmen für die energetische Optimierung

Der Energieverbrauch eines Fahrzeugs kann durch Maßnahmen zur energetischen Optimierung der Fahrzeugeigenschaften, der Verkehrsführung und der Fahrzeugführung gesenkt werden. Diese Maßnahmen werden in den folgenden Abschnitten vorgestellt.

Energetische Optimierung der Fahrzeugeigenschaften

Die energetische Optimierung der Fahrzeugeigenschaften umfasst Maßnahmen zur Reduzierung der Fahrwiderstände. Die Reduzierung des Fahrzeuggewichts durch den Einsatz neuer Werkstoffe und Leichtbau senkt Beschleunigungs-, Roll- und Steigungswiderstände. Eine Reduzierung der Fahrzeugmasse um 10 % entspricht einer Verbrauchsersparnis in der Größenordnung von 4-5 % [41, 42]. Optimierungsmaßnahmen im Bereich der Fahrzeugaerodynamik haben in der Vergangenheit zu einem stetigen Sinken des c_W-Wertes von 0,4-0,5 auf etwa 0,25-0,3 geführt [43, 44], wobei sich allmählich eine Optimierungsgrenze abzuzeichnen beginnt. Die weitere Reduktion des Luftwiderstands zielt insbesondere auf komponentenbasierte Maßnahmen. Dabei gewinnen Methoden der simulativen Optimierung in der Aerodynamik verstärkt an Bedeutung, um aufwendige Windkanalmessungen zu umgehen [45, 46]. Eine Reduzierung des Rollwiderstands im Bereich von 20 bis 30 % kann durch Leichtlaufreifen erzielt werden [47, 48, 49].

Neben den Fahrwiderständen bietet das Antriebssystem unterschiedliche Möglichkeiten zur Verbrauchsreduktion. Im Bereich der konventionellen Antriebstechnik konnte durch mechanische und thermodynamische Maßnahmen der maximale Wirkungsgrad von Ottomotoren auf etwa 35-38 % [50, 51, 52] und von Dieselmotoren auf etwa 40-45 % [53, 54] gesteigert werden. Eine weitere Verbesserung der Effizienz von Verbrennungsmotoren ist in Zukunft zu erwarten. Allerdings wird das Optimierungspotential durch die physikalischen Grenzen der zugrundeliegenden thermodynamischen Kreisprozesse beschränkt. Aus diesem Grund kommt der effizienten Betriebsführung von Verbrennungsmotoren eine große Bedeutung zu. Im Rahmen der Einführung von automatisierten Schaltgetrieben werden in [55, 56] verbrauchssparende Schaltprogramme auf Verbrauchskennfeldbasis und in [57, 58] mit zusätzlicher Einbeziehung von Streckeninformationen entwickelt. Weitere Verbrauchseinsparungen bis zu 10 % können mit Start/Stopp-Systemen [59], die den Motor bei Fahrzeugstillstand abschalten, oder mit Start/Stopp-Segel-Systemen [60] realisiert werden, die den Motor des rollenden Fahrzeugs zur Vermeidung von Motorschleppverlusten abschalten und auskuppeln.

Um die Effizienz des Antriebssystems weiter zu steigern, werden vermehrt elektrische Antriebsmaschinen mit maximalen Wirkungsgraden von über 90 % [61, 62, 63] betrachtet. Diese werden entweder als zusätzliche Antriebsaggregate in Hybridfahrzeugen oder als primäre Antriebe in batterieelektrisch betriebenen Fahrzeugen und Brennstoffzellenfahrzeugen eingesetzt. Dabei weisen Fahrzeuge mit Hybridantrieb bereits eine große Kundenakzeptanz und eine nennenswerte Marktdurchdringung auf. Die Kombination aus konventionellem Verbrennungsmotor und elektrischer Antriebsmaschine mit Traktionsbatterie eröffnet eine Reihe von Möglichkeiten zur energetischen Optimierung des Antriebssystems. Neben der

Rückgewinnung und Speicherung von Bremsenergie bietet insbesondere die energetisch optimierte Aufteilung der Antriebsleistung zwischen Verbrennungsmotor und elektrischer Antriebsmaschine ein großes Verbrauchspotential. Der Entwurf von verbrauchssparenden Betriebsstrategien in Hybridfahrzeugen ist Gegenstand einer Reihe wissenschaftlicher Arbeiten. In [64] dienen kundenrelevante Fahrprofile als Grundlage für den Entwurf und die Optimierung einer verbrauchssparenden Betriebsstrategie für ein Minimalhybridfahrzeug. In [65, 66, 67] und in [68] werden vorausschauende Betriebsstrategien für Parallelhybridfahrzeuge entwickelt, die Informationen über die vorausliegende Strecke aus digitalen Karten bzw. aus einer selbstlernenden Historiendatenbank nutzen. Die Arbeit in [69] befasst sich mit dem Entwurf einer vorausschauenden Betriebsstrategie für den Spezialfall eines Erdgas-Parallelhybridfahrzeugs. Ein Ansatz für die energieeffiziente Leistungsverteilung in batterieelektrisch betriebenen Fahrzeugen mit Einzelradantrieb ist in [70] beschrieben.

Die Verbrauchseinsparpotentiale, die sich durch energetische Optimierung der Fahrwiderstände und des Antriebssystems erzielen lassen, können durch die energetische Optimierung von Nebenaggregaten erweitert werden. Dazu zählen zum einen Maßnahmen zur Senkung des Energiebedarfs für die Fahrzeugklimatisierung durch komponentenbasierte Verbesserungen [71, 72] und durch intelligente Betriebsstrategien [73, 74]. Zum anderen kann der Energieverbrauch durch die Elektrifizierung von Nebenaggregaten wie der Lenkung oder von Pumpensystemen gesenkt werden [75, 76, 77]. Eine Übersicht zu Verbrauchseinsparpotentialen nach Maßnahmen ist in [78, 79] zusammengefasst.

Energetische Optimierung der Verkehrsführung

Maßnahmen zur Verkehrsverflüssigung reduzieren unnötige Beschleunigungs- und Verzögerungsvorgänge und führen so zu Verbrauchseinsparungen bei den Verkehrsteilnehmern. Auf Autobahnen und Schnellstraßen werden Verkehrsbeeinflussungsanlagen mit situationsabhängigen Wechselverkehrszeichen zur Erhaltung eines gleichmäßigen Verkehrsflusses und zur Vermeidung von Staus eingesetzt. Durch den Einsatz von Verkehrsbeeinflussungsanlagen auf stark befahrenen Autobahnabschnitten konnte eine Reduzierung des Emissionsausstoßes um bis zu 25 % gemessen werden [80].

Im städtischen Bereich wird der Verkehrsfluss hauptsächlich durch Signalanlagen gesteuert. Es existiert eine Vielzahl von Ansätzen für die Ansteuerung von Signalanlagen mit dem Ziel der Verkehrsverflüssigung. Beispiele sind adaptive Echtzeit-Schaltstrategien von zentral gesteuerten Signalanlagen [81] und von Signalanlagen mit videobasierter Verkehrserkennung [82] sowie Ansätze, in denen Signalzeiten unter gleichzeitiger Berücksichtigung von Verkehrsfluss, Energieverbrauch und Emissionsausstoß optimiert werden [83]. Darüber hinaus werden auch Ansätze der kooperativen Optimierung von Signalsteuerungen und der Fahrzeugführung im Bereich der Signalanlagen erforscht [84, 85, 86, 87]. Dabei wird eine Kommunikation zwischen Fahrzeug und Signalanlage vorausgesetzt.

Energetische Optimierung der Fahrzeugführung

Im vorangehenden Kapitel wurde gezeigt, dass der Fahrer den Energieverbrauch auf unterschiedlichen Ebenen beeinflussen kann. Besonderes Einsparpotential ist dabei auf der organisatorischen Ebene und der Ebene des Manövrierens vorhanden. Auf der organisatorischen Ebene legen die Fahrzeugwahl, der Fahrzeugzustand sowie die Routenwahl maßgebliche Randbedingungen für den Energieverbrauch fest. Einfache, den Fahrzeugzustand betreffende Maßnahmen, die sich verbrauchssenkend auswirken, sind beispielsweise das Vermeiden von unnötiger Zuladung, regelmäßige Kontrolle des Reifendrucks sowie regelmäßige Wartung des Antriebssystems.

Neben dem Fahrzeugzustand kann der Energieverbrauch auf organisatorischer Ebene durch Wahl von verbrauchsgünstigen Fahrtrouten positiv beeinflusst werden. Dies gestaltet sich jedoch als schwierig, wie die Ergebnisse der Studie in [88] zeigen. Dort existierten zu 46 % aller von den Testpersonen gewählten Routen verbrauchsgünstigere Alternativen. Die Schwierigkeit liegt in der zuverlässigen Vorhersage des Energieverbrauchs für verschiedene Routenvarianten. Dazu müssen realistische Geschwindigkeitsprofile, topologische Eigenschaften der Strecke und Fahrzeugparameter bekannt sein. Die Vorhersage von Geschwindigkeitsprofilen ist besonders problematisch, da diese von Verkehrssituation und individuellem Fahrstil abhängen und deswegen stark von der streckenspezifischen zulässigen Höchstgeschwindigkeit abweichen können [89, 90]. Um den Fahrer bei der Wahl einer verbrauchsgünstigen Route zu unterstützen, werden Navigationssysteme mit sogenannten *Eco-Routing*-Algorithmen entwickelt. Ein frühes Beispiel für ein solches System, das Streckenabschnitte nach Fahrsituationskategorien klassifiziert und dazugehörige Energieverbrauchsprognosen aus einem Datenbanksystem bezieht, ist in [91] beschrieben. Aktuelle Ansätze nutzen Informationen aus digitalen Straßenkarten und Echtzeit-Verkehrsinformation [92] und erweitern diese Informationsquellen zum Teil mit Daten aus einer Fahrtenhistorie [93].

Wie die im Kapitel 2.1.1 vorgestellten wissenschaftlichen Untersuchungen im realen Fahrbetrieb zeigen, kann der Energieverbrauch für ein und dieselbe Fahrstrecke über 30 % um den statistischen Mittelwert streuen. Die große Streuung kann zum einen mit unterschiedlichen Witterungsbedingungen begründet werden, die Fahrwiderstände, Antriebsstrangwirkungsgrade und die Benutzung von Nebenaggregaten beeinflussen. Zum anderen beeinflusst das individuelle Fahrverhalten unter den gegebenen verkehrlichen Bedingungen den Energieverbrauch in einem weiten Ausmaß. Entsprechend groß ist das Einsparpotential, das sich durch eine angepasste und verbrauchssparende Fahrzeugführung erschließen lässt [94]. Konkrete Handlungsempfehlungen für eine verbrauchssparende Fahrweise sind in einer Vielzahl von Informationsbroschüren [95, 96, 97, 98, 99] zusammengetragen. Das Einsparpotential wird dort pauschal mit 20 bis 40 % angegeben. Ebenso kann ein gezieltes Fahrertraining, in dem eine verbrauchssparende Fahrweise geschult wird, zur Senkung des Energieverbrauchs beitragen. In [100] wird in einem Vorher-Nachher-Vergleich mit 28 Fahrern, die ein Fahrertraining absolviert haben, von Verbrauchseinsparungen zwischen 1,7 und 7,3 % berichtet und in [101] von einer mittleren Verbrauchseinsparung von 5,8 % bei 10 Fahrern. Die Messungen in [102], die sich allerdings auf eine Testperson beschränken, zeigen sogar eine Einsparung von 32 %.

Über die Maßnahmen der gezielten Wissensvermittlung bezüglich einer verbrauchssparenden Fahrweise gewinnen Assistenzsysteme verstärkt an Bedeutung, die dem Fahrer bei der Umsetzung einer verbrauchssparenden Fahrweise helfen sollen. Unterstützt wird diese Entwicklung durch die zunehmende Informationsbereitstellung in modernen Fahrzeugen in Form von Umfeldsensorik, digitalen Straßenkarten und telematischen Systemen, die zukünftig eine standardisierte Kommunikation mit anderen Fahrzeugen und der verkehrlichen Infrastruktur ermöglichen werden [103, 104]. Damit stehen den Assistenzsystemen umfassende Informationen über das direkte Fahrzeugumfeld und über zukünftige Streckenabschnitte zur Verfügung. Diese Systeme können dabei entweder passiv in die Fahrzeugführung eingreifen, indem über geeignete Schnittstellen Handlungsempfehlungen für eine verbrauchsgünstige Fahrweise übermittelt werden, oder Teilaufgaben der Fahrzeugführung durch Automatisierung komplett übernehmen.

Assistenzsysteme mit passivem Eingriff in die Fahrzeugführung werden oft als *Eco-Driving*-Systeme bezeichnet. Eine häufig vorkommende Ausprägung solcher Systeme ist die Bewertung und visuelle Rückmeldung der Effizienz der Fahrweise, wodurch der Fahrer zu einer verbrauchssparenden Fahrweise motiviert werden soll. Die Studie in [105] wertet das Verbrauchseinsparpotential eines derartigen Anzeigesystems bei 20 Testpersonen aus und stellt eine Verbrauchseinsparung von etwa 6 % im Stadtverkehr und etwa 1 % auf Autobahnen fest. Die Studie in [106], in der die Effizienz der Fahrweise mit einer Smartphone-Applikation durch geräteinterne Beschleunigungs- und GPS-Sensoren ausgewertet und angezeigt wird, kommt zu einer mittleren Verbrauchseinsparung von 3,23 % bei 25 Testperson auf nicht näher beschriebenen Straßenarten. Eine tabellarische Auflistung von weiteren Studien sowie den dabei ermittelten Verbrauchsergebnissen ist in [107] zusammengetragen.

Als Erweiterung zu den Assistenzsystemen, welche die Effizienz der Fahrweise bewerten und visuell anzeigen, werden zunehmend Systeme entwickelt, die konkrete Handlungsanweisungen für eine verbrauchssparende Fahrzeugführung bereitstellen. Dazu gehören beispielsweise Schalthinweise in Fahrzeugen mit manuellem Schaltgetriebe. Diese können entweder über visuelle Anzeigeelemente [108, 109] oder über eine haptische Schnittstelle mit einem aktiven Fahrpedal [110] übertragen werden. Ebenso können dem Fahrer verbrauchsgünstige Sollgeschwindigkeiten über eine visuelle Anzeige empfohlen werden. Ein Beispiel hierzu ist das in [111, 112] beschriebene System, das Echtzeit-Verkehrsinformationen auf Autobahnen zentral erfasst, auswertet und verbrauchsgünstige Sollgeschwindigkeiten über eine Fahrzeug-zu-Infrastruktur-Schnittstelle an die Verkehrsteilnehmer weiterleitet.

Andere Systeme nutzen Informationen über die vorausliegende Strecke, um bei der Umsetzung einer vorausschauenden und verbrauchsgünstigen Betriebsstrategie in Verzögerungsvorgängen zu unterstützen. Dazu werden visuelle Anzeigen [113] oder die Kombination aus visuellen Anzeigen mit einem aktiven Fahrpedal [114] eingesetzt. Ein auf visuellen Anzeigen und einem aktiven Fahrpedal mit variablem Druckpunkt basierendes Assistenzsystem, das zusätzlich die Fahrsituationen Beschleunigen, Fahrt mit konstanter Geschwindigkeit und Abstandsregelung umfasst, wird in [91] beschrieben. Das System wird prototypisch in einem Fahrzeug der Mittelklasse umgesetzt und in einer Probandenstudie mit 16 Testpersonen auf einer 37 km langen Versuchsstrecke mit überwiegend Landstraßen untersucht. Dabei kann eine mittlere Verbrauchsersparnis von 5,7 % bei einem geringen Anstieg der Fahrtdauer von 2 % ermittelt werden.

Die experimentellen und simulativen Ergebnisse aus den aufgeführten Literaturstellen unterstreichen das beachtliche Verbrauchspotential von passiven Assistenzfunktionen. Allerdings hängt die Effektivität dieser Systeme maßgeblich von der Bereitschaft des Fahrers ab, die bereitgestellten Handlungsanweisungen aktiv umzusetzen. Eine Möglichkeit zur Steigerung der Effektivität bietet die zunehmende Automatisierung der Fahrzeuglängsführung. Während die Einführung von heute etablierten Assistenzsystemen für die Fahrzeuglängsführung hauptsächlich durch die Verbesserung des Fahrkomforts (z.B. Geschwindigkeitsregelanlage oder Abstandsregeltempomat) oder der Fahrsicherheit (z.B. Notbremsassistent) motiviert war, gewinnen verstärkt energetische Aspekte bei der Gestaltung dieser Systeme an Bedeutung. Dieser Trend wird durch die eingangs erwähnte zunehmende Informationsbereitstellung in modernen Fahrzeugen weiter unterstützt. Umfassende Informationen über das Fahrzeugumfeld und die vorausliegende Strecke, die für die Realisierung einer energetisch optimierten und automatisierten Fahrzeuglängsführung erforderlich sind, werden schon heute in modernen Fahrzeugen serienmäßig bereitgestellt. Das folgende Kapitel fasst diesbezüglich den aktuellen Stand der Technik im Bereich der Assistenzsysteme für die energieeffiziente Fahrzeuglängsführung zusammen.

2.2 Assistenzsysteme für die energieeffiziente Fahrzeuglängsführung

Zunächst wird der aktuelle Stand der Technik in der Fahrerassistenz für die automatisierte und energieeffiziente Fahrzeuglängsführung dargestellt. Dazu wird eine Übersicht zu den in der Literatur dokumentierten Ansätzen und Systemen gegeben. Diese werden hinsichtlich der methodischen und anwendungsbezogenen Eigenschaften und Einschränkungen ausgewertet. Daraus wird anschließend der weitere Forschungsbedarf in diesem Themenbereich herausgearbeitet und die Zielsetzung für diese Arbeit festgelegt.

2.2.1 Literaturübersicht und weiterer Forschungsbedarf

Assistenzsysteme für die automatisierte und energieeffiziente Fahrzeuglängsführung können nach verschiedenen Kriterien eingeteilt werden. An dieser Stelle ist die Unterscheidung nach folgenden Kriterien und Eigenschaften dienlich:

- ■ Methodischer Ansatz zur Bestimmung einer energieeffizienten Fahrzeuglängsführung: Hierzu sind zwei unterschiedliche Methoden beschrieben. Ein Ansatz besteht in der Erkennung und Klassifikation von definierten Fahrsituationen und der Ableitung von verbrauchsgünstigen Fahrstrategien anhand von abgespeicherten Regeln oder Kennfeldern. Der Vorteil dieses Ansatzes liegt in der vergleichsweise einfachen Implementierung von regelbasierten Funktionen sowie in der Anschaulichkeit und der Vorhersagbarkeit des Systemverhaltens. Nachteilig ist insbesondere die Beschränkung auf eine endliche Anzahl von vordefinierten Fahrsituationen. Im anderen Ansatz wird die energieeffiziente Fahrzeuglängsführung als ein Problem der optimalen Steuerung bzw. optimalen Regelung aufgefasst. Verbrauchsgünstige Fahrstrategien werden durch die Optimierung eines Gütemaßes bestimmt, in welchem unterschiedliche Zielgrößen und Zielkriterien gewichtet werden können. Der große Vorteil dieses Ansatzes liegt in der nicht notwendigen Klassifikation von Fahrsituationen. Fahrsituationsbedingte Geschwindigkeitsbeschränkungen können im zu optimierenden Gütemaß oder als Randbedingungen berücksichtigt werden. Zielgrößen und Randbedingungen müssen dabei hinreichend genau in Form von modellbasierten Beschreibungen vorliegen. Ein Nachteil dieses Ansatzes liegt in der rechenintensiven Optimierung und den damit verbundenen Schwierigkeiten bei der Realisierung in echtzeitfähigen Anwendungen.

- ■ Anwendungsbereich: Der Anwendungsbereich bestimmt die Vielfalt und Komplexität der Fahrsituationen, die während der Nutzung des Assistenzsystems auftreten können. Anwendungsbereiche mit vergleichsweise niedriger Komplexität sind Autobahnen oder Überlandstraßen. Der Anwendungsbereich im urbanen Raum weist aufgrund der Vielzahl von Elementen der Verkehrsführung und der hohen Verkehrsdichte die größte Komplexität auf.

- Umfang der abgedeckten Fahrsituationen mit automatisierter Adaption der Fahrzeuglängsführung: Dazu zählen beispielsweise streckenspezifische Änderungen der zulässigen Höchstgeschwindigkeit, das Befahren von Kurven, die Annäherung an Kreuzungen, Signalanlagen und Fußgängerüberwege sowie die Abstandsregelung bei langsameren vorausfahrenden Fahrzeugen. Anwendbarkeit und Effektivität einer automatisierten Fahrzeuglängsführung werden maßgeblich vom Umfang der abgedeckten Fahrsituationen bestimmt.

- Umfeldinformationen: Grundsätzlich werden prädiktive Informationen über die vorausliegende Strecke zur Realisierung einer vorausschauenden und verbrauchssparenden Fahrzeugführung vorausgesetzt. Erweitert wird die Informationsbereitstellung häufig durch die sensorbasierte Erfassung von vorausfahrenden Fahrzeugen oder in Einzelfällen durch eine Fahrzeug-zu-Infrastruktur-Schnittstelle.

- Antriebstechnologie: Die Eigenschaften des betrachteten Zielfahrzeugs nehmen maßgeblichen Einfluss auf die technische Gestaltung des Assistenzsystems. Neben der Unterscheidung zwischen LKW und PKW, die hauptsächlich den Einsatzbereich des Fahrzeugs festlegt, bestimmt insbesondere die Antriebstechnologie Freiheitsgrade und Beschränkungen bei der Umsetzung einer energieeffizienten Fahrzeuglängsführung. So ist beispielsweise bei Hybrid- und Elektrofahrzeugen die Energierückgewinnung durch elektromotorisches Bremsen möglich. Auf der anderen Seite entfällt bei Elektrofahrzeugen für gewöhnlich der Freiheitsgrad der Gangwahl.

- Systemumsetzung: Die entwicklungsbegleitende Erprobung in Simulationsumgebungen ist eine häufig eingesetzte Methode. Dadurch können Systemeigenschaften und das Verhalten bei frei wählbaren Randbedingungen schnell, reproduzierbar und unter Vernachlässigung von harten Echtzeitanforderungen analysiert werden. Um derartige Systeme im realen Fahrbetrieb zu untersuchen, muss die Assistenzfunktion als Anwendung auf einem Steuergerät in die bestehende Systemarchitektur integriert werden. Dazu müssen Schnittstellen zu anderen elektrischen und elektronischen Systemen, zu Sensoren und gegebenenfalls zu Aktoren sowie zum Fahrzeugführer geschaffen werden. Neben der Echtzeitfähigkeit der Anwendung muss zudem besonders auf eine hinreichende Robustheit gegenüber Sensorungenauigkeiten und Störgrößen geachtet werden. Darüber hinaus stellt der Einsatz im realen Fahrbetrieb große Anforderungen an die Funktionsabsicherung, um die Sicherheit von Fahrzeuginsassen und anderer Verkehrsteilnehmer zu gewährleisten.

■ Systemevaluierung: Prognosen für Verbrauchseinsparpotentiale können in Simulationsstudien oder in einzelnen Versuchsfahrten gewonnen werden. Statistisch abgesicherte und aussagekräftige Ergebnisse bedürfen dagegen einer Vielzahl von aufwendigen Versuchsfahrten unter realen Verkehrsbedingungen. Insbesondere kann die Akzeptanz eines solchen Systems nur in Fahrversuchen mit Probanden in Fahrsimulatoren oder im realen Fahrbetrieb untersucht und bewertet werden.

In der folgenden Übersicht zu den in der Literatur beschriebenen Assistenzsystemen wird nach dem verwendeten methodischen Ansatz zur Bestimmung der energieeffizienten Fahrstrategien unterschieden. Eine vollständige Unterteilung der Systeme nach allen aufgezählten Kriterien und Eigenschaften wird am Ende dieses Kapitels in tabellarischer Form präsentiert.

Regelbasierte Systeme

In der Literatur werden Beispiele für regelbasierte Systeme mit unterschiedlichen Ausprägungen beschrieben. Ausgangspunkt für die Entwicklung dieser Systeme sind meistens gewöhnliche Geschwindigkeitsregelanlagen oder Abstandsregeltempomate, deren Funktionalität durch fahrsituationsbedingte und automatisierte Verzögerungs- oder Beschleunigungsvorgänge erweitert wird.

Ein Beispiel für ein solches System ist die in [115, 116] beschriebene Verzögerungsassistenzfunktion. Dieses System erkennt anhand prädiktiver Streckeninformationen Verringerungen der zulässigen Höchstgeschwindigkeit und Positionen von Signalanlagen auf vorausliegenden Streckenstücken. Dadurch kann der Zeitpunkt bestimmt werden, um das Fahrzeug durch Schub- oder Segelverzögerung auf die reduzierte Zielgeschwindigkeit zu verzögern. Das Verbrauchspotential wird im Rahmen einer Simulationsstudie untersucht. Darin dienen realistische Fahrprofile aus einer umfangreichen Probandenstudie im Realverkehr [2, 3] als Bewertungsgrundlage. Auf diese Weise kann das Grenzpotential bezüglich der Verbrauchseinsparungen bei Schubverzögerung mit 2,7 % und bei Segelverzögerung mit 5,6 % prognostiziert werden.

Ein ähnliches System ist das in [117, 118, 119] beschriebene *Green Driving*. Es werden prädiktive Streckeninformationen genutzt, um anhand einer regelbasierten Manöverplanung verbrauchssparende Verzögerungsstrategien zu bestimmen. Da dieses System auf einem Abstandsregeltempomat aufbaut, können zusätzlich verbrauchssparende Annäherungsvorgänge an langsamere vorausfahrende Fahrzeuge umgesetzt werden. Das System wird in einem Kompaktklassefahrzeug mit konventionellem Antriebsstrang prototypisch implementiert und in nicht näher beschriebenen Testfahrten auf einer 32,3 km langen Strecke im Realverkehr erprobt. Dabei können Verbrauchseinsparungen von etwa 13 % im Vergleich zu einem herkömmlichen Abstandsregeltempomat und etwa 5 % zu manuellen Fahrten bei einem Fahrtdaueranstieg von etwa 3 bzw. 8 % gemessen werden.

Der Einsatz von prädiktiven Streckeninformationen für die Realisierung einer energieeffizienten Fahrzeuglängsführung für den speziellen Anwendungsfall in einem Parallelhybridfahrzeug wird in [120] untersucht. Aufbauend auf einem Abstandsregeltempomat wird ein System entwickelt, das eine automatisierte Geschwindigkeitsadaption bei Änderungen der zulässigen Höchstgeschwindigkeit und im Bereich von Kurven vorsieht. Spezielles Augenmerk wird dabei auf die Umsetzung von verbrauchssparenden Beschleunigungsstrategien gelegt. Diese werden fahrsituationsabhängig aus Kennfeldern extrahiert. Bei Verzögerungsvorgängen wird hingegen eine konstante negative Beschleunigung verwendet. Es werden zudem verbrauchssparende Geschwindigkeitsvariationen im Bereich von Steigungen und Gefällen thematisiert. Ob diese aber im prototypisch umgesetzten Assistenzsystem Anwendung finden, ist unklar. Zur Systembewertung werden eine Testfahrt mit aktivem Assistenzsystem und eine manuelle Testfahrt auf einer 15 km langen Strecke mit überwiegend Überland- und Autobahnabschnitten durchgeführt. Dabei kann eine Verbrauchseinsparung von 6,32 % bei einem Anstieg der Fahrtdauer von 4,05 % ermittelt werden.

Optimierungsbasierte Systeme

Erste wissenschaftliche Untersuchungen bezüglich der Herleitung von mathematischen Problemformulierungen sowie von Optimierungsverfahren zur konkreten Berechnung von energetisch optimierten Geschwindigkeitsverläufen sind in [121, 122, 123] beschrieben. Dabei liegt der Schwerpunkt in [121] und [123] auf der Bestimmung von energetisch optimierten Geschwindigkeitsverläufen auf hügeligen Strecken. Obwohl unterschiedliche Optimierungsansätze verfolgt werden, können im Rahmen von Simulationsstudien ähnliche Geschwindigkeitsmuster für das energieeffiziente Befahren von Hügeln und Tälern gefunden werden. In [122] wird die Bestimmung von energetisch optimierten Geschwindigkeitstrajektorien auf komplexere Fahrsituationen wie das Beschleunigen auf eine Endgeschwindigkeit und das Fahren zwischen zwei Stoppschildern erweitert.

Die Entwicklung von optimierungsbasierten Ansätzen für die energieeffiziente Fahrzeuglängsführung mit praktischer Umsetzung hat ihren Ursprung im Nutzfahrzeugbereich [124]. Da bei LKWs etwa 30 % der gesamten Lebenszykluskosten auf den Energieverbrauch entfallen [125], ist eine wirtschaftliche Fahrzeugführung in diesem Bereich von besonderem Interesse. Darüber hinaus weist der Einsatzbereich, der sich hauptsächlich auf Autobahnen mit festgeschriebenen Richtgeschwindigkeiten für LKWs beschränkt, einen überschaubaren anwendungsbezogenen Komplexitätsgrad auf. Beispiele aus der Literatur bedienen sich daher herkömmlicher Geschwindigkeitsregelanlagen und erweitern diese um eine verbrauchssparende Variation der Geschwindigkeit in einem vorgegebenen Toleranzband um die Richtgeschwindigkeit. Aufgrund der prinzipbedingt großen Masse von LKWs bietet insbesondere die Geschwindigkeitsoptimierung im Bereich von Steigungen und Gefällen durch den Einsatz von prädiktiven Informationen über die Streckentopologie ein großes Verbrauchspotential.

Ein solches System und dessen prototypische Umsetzung in einem SCANIA-LKW wird in [126, 127, 128] beschrieben. Dieses System sieht eine sich alle 50 m wiederholende Berechnung von verbrauchssparenden Geschwindigkeitstrajektorien in einem Toleranzband zwischen 79 und 89 $^{km}/_h$ für einen vorausliegenden Streckenhorizont von 1500 m vor. Dazu wird ein Gütemaß optimiert, in dem Energieverbrauch und Fahrtdauer gegeneinander gewichtet werden. Zur Abschätzung des Energieverbrauchs wird dabei ein numerisches Verbrauchsmodell verwendet. Das Gütemaß wird in Echtzeit mit dem Verfahren der *Dynamischen Programmierung* optimiert. Die so berechneten Geschwindigkeitstrajektorien werden einer konventionellen Geschwindigkeitsregelanlage übergeben und in deren unterlagerten Regelkreis eingeregelt. Die Erprobung in Testfahrten auf einer 120 km langen Strecke ergibt eine mittlere Verbrauchseinsparung von 3,5 % gegenüber der Nutzung einer konventionellen Geschwindigkeitsregelanlage.

Ein vergleichbares System, das zusätzlich den Freiheitsgrad der Gangvorgabe für ein automatisiertes Schaltgetriebe nutzt, wird in [129, 130] entwickelt und prototypisch in einem *Class 8* Caterpillar Truck realisiert. Dieses System benutzt allerdings einen Vorausschauhorizont von 3000 m, einen Neuberechnungszyklus von 500 m und ein Verfahren der *nichtlinearen Programmierung* zur Berechnung der verbrauchsoptimalen Geschwindigkeitstrajektorien in Echtzeit. Untersucht wird in dieser Arbeit insbesondere der Einfluss von verschiedenen Streckentopologien auf das Verbrauchseinsparpotential des Systems. In Testfahrten auf unterschiedlichen Strecken mit variierender Topologie können Verbrauchseinsparungen im Bereich von unter 1 bis über 3 % im Vergleich zu einer konventionellen Geschwindigkeitsregelanlage nachgewiesen werden.

Während die aufgeführten Systeme dem Bereich der Forschung zuzuordnen sind und die Umsetzung prototypisch erfolgt, werden derartige Systeme zunehmend auch als serienreife Assistenzsysteme angeboten. Ein Beispiel hierfür ist das von Mercedes-Benz in LKWs der Modellreihe *Actros* angebotene PPC[5] [131].

---

[5]Predictive Powertrain Control

Dieses System nutzt ebenfalls prädiktive Informationen über die Topologie der zukünftigen Strecke zur verbrauchssparenden Variation der Geschwindigkeit und der Gangwahl auf Autobahnen. Das Verbrauchseinsparpotential von PPC wird vom Hersteller mit etwa 3 % angegeben. Zudem soll dieses System die Anzahl der Schaltvorgänge um 30 % reduzieren.

Ein System, das die energieeffiziente Längsführung eines LKWs auf alle Geschwindigkeitsbereiche erweitert, ist das in [132] entwickelte IPPC[6]. Um die durch den erweiterten Anwendungsbereich steigenden Anforderungen an die Automatisierung zu erfüllen, wird eine umfangreiche Informationsbereitstellung vorausgesetzt. Diese besteht aus prädiktiven Streckeninformationen aus einer digitalen Straßenkarte und sensorbasierter Erfassung von vorausfahrendem Verkehr. Dadurch können Änderungen der zulässigen Höchstgeschwindigkeit, die sicherheitsrelevante Geschwindigkeitsanpassung in Kurven sowie Annäherung und Folgefahrt bei langsameren vorausfahrenden Fahrzeugen bei der Berechnung des zulässigen Geschwindigkeitstoleranzbandes integriert werden. Ein wesentliches Alleinstellungsmerkmal des in [132] entwickelten Systems ist, dass nicht auf eine vorhandene Geschwindigkeitsregelanlage oder einen vorhandenen Abstandsregeltempomat zurückgegriffen wird. Stattdessen wird ein ganzheitlicher Ansatz zur Berechnung von Motorsollmoment und Gangvorgabe im Rahmen einer vorausschauenden und energieeffizienten Antriebsstrang- und Längsdynamikregelung verfolgt und praktisch umgesetzt. Zur Anwendung kommt das Verfahren der *Modellprädiktiven Regelung*, mit dem energieeffiziente Geschwindigkeitstrajektorien und Gangvorgaben für einen zeitlichen Vorausschauhorizont von 30-40 s durch wiederholtes Lösen eines Optimalsteuerungsproblems mit einem Neuberechnungszyklus von einer Sekunde bestimmt werden. Der Schwerpunkt der Arbeit in [132] liegt dabei in der Entwicklung eines echtzeitfähigen Lösungsverfahrens für das Optimalsteuerungsproblem unter Berücksichtigung von Zustands- und Stellgrößenbeschränkungen. Im Rahmen der Systemerprobung wird eine prototypische Umsetzung in *Actros*-LKWs von Mercedes-Benz realisiert. In Testfahrten auf einer abgeschiedenen 35 km langen öffentlichen Strecke mit hauptsächlich Überlandanteilen und ohne Einfluss anderer Verkehrsteilnehmer kann eine vollständige Automatisierung der Fahrzeuglängsführung erreicht werden. Im Vergleich zu einem geübten Werkstestfahrer erzielt das System dabei eine Verbrauchseinsparung von 9,38 % und steigert zudem die Durchschnittsgeschwindigkeit um 3,87 %.

Analog zu den Entwicklungen im Nutzfahrzeugbereich wird in der Literatur auch eine Vielzahl von optimierungsbasierten Ansätzen für die Längsführung von PKWs beschrieben. Ein Beispiel hierfür ist das in [133] vorgeschlagene Assistenzsystem. Dieses System ermittelt für eine vorgegebene Fahrstrecke den hinsicht-

---

[6]Integrated Predictive Powertrain Control

lich Energieverbrauch und Zeitaufwand optimalen Geschwindigkeitsverlauf unter Berücksichtigung von zulässigen Höchstgeschwindigkeiten sowie des Kurven- und Steigungsverlaufs. Die optimalen Geschwindigkeitsverläufe werden dabei mit dem Verfahren der *Dynamischen Programmierung* bestimmt. Das System wird in einer Simulationsumgebung umgesetzt und am Beispiel eines Fahrzeugmodells mit konventionellem Antriebsstrang untersucht. Der Schwerpunkt liegt in der Variation der Gewichtung der Zielgrößen Energieverbrauch und Zeitaufwand und der Darstellung des Pareto-Optimums dieser beiden Zielgrößen. Ein wesentlicher Nachteil dieses Systems ist, dass der optimale Geschwindigkeitsverlauf nur vor Fahrtantritt berechnet wird und eine zyklische Neuberechnung unter Berücksichtigung von sich ändernden verkehrlichen Randbedingungen nicht vorgesehen ist. Zudem werden andere Verkehrsteilnehmer nicht berücksichtigt, wodurch die Relevanz dieses Ansatzes für eine praktische Anwendung sehr beschränkt wird.

Ein vergleichbarer Ansatz, der jedoch eine zyklische Neuberechnung des optimalen Geschwindigkeitsverlaufs für einen Vorausschauhorizont von 1500 m vorsieht, wird in [134] vorgestellt und die Funktionsweise in einem sehr vereinfachten Simulationsszenario veranschaulicht. Eine Weiterentwicklung dieses Ansatzes um eine Schnittstelle zu Signalanlagen sowie die praktische Umsetzung in einem Versuchsträger mit konventionellem Antrieb ist in [135] veröffentlicht. Zur Evaluierung des Systems dienen drei Versuchsfahrten zwischen zwei entsprechend präparierten Signalanlagen im öffentlichen Straßenverkehr. Dabei werden Verbrauchseinsparungen von etwa 7 % bei einer Fahrtdaueränderung im Bereich von -1,9 bis +6,5 % im Vergleich zu durchschnittlichen Referenzwerten gemessen. Ein konzeptioneller Nachteil des vorgeschlagenen Systems ist, dass kein geschlossener Ansatz für die Bestimmung von energieeffizienten Geschwindigkeitstrajektorien unter Berücksichtigung anderer Verkehrsteilnehmer verfolgt wird. Stattdessen erfolgt bei vorausfahrenden Fahrzeugen eine Übergabe der Fahrzeuglängsführung an einen konventionellen Abstandsregeltempomat.

Ein weiteres Assistenzsystem, das energieeffiziente Geschwindigkeitstrajektorien und zusätzlich eine energieeffiziente Gangvorgabe auf Basis von prädiktiven Streckeninformationen mit dem Verfahren der *Dynamischen Programmierung* bestimmt, ist das in [136, 137] vorgestellte *InnoDrive*. Der Funktionsumfang des Systems sieht eine automatisierte Geschwindigkeitsadaption bei Änderungen der zulässigen Höchstgeschwindigkeit und in Kurven vor. Auch bei diesem System wird kein ganzheitlicher Optimierungsansatz für eine integrierte und energieeffiziente Abstandsregelung verfolgt, sondern eine Übergabe der Fahrzeuglängsführung an einen herkömmlichen Abstandsregeltempomat. Details zur technischen Realisierung wie Angaben zur Länge des Vorausschauhorizonts und zu Neuberechnungszyklen sind in [136, 137] nicht geschildert. Als Auslöser für die Neuberechnung der Geschwindigkeitsprofile werden nicht näher beschriebene „Ereignisse" im automatisierten Fahrbetrieb genannt. Das System wird zur Erprobung in unterschiedlichen Fahrzeugen prototypisch umgesetzt. Zur Abschätzung des Verbrauchspotentials werden Messfahrten auf einer 23 km langen Versuchsstrecke mit vorwiegend Überlandanteilen und einigen Ortsdurchfahrten in einem Porsche *Panamera S* durchgeführt. Dabei kann eine mittlere Verbrauchseinsparung von 10,2 % bei gleichzeitiger Erhöhung der Durchschnittsgeschwindigkeit um 1,3 % erzielt werden. Als Bewertungsgrundlage dienen eine manuell durchgeführte Fahrt und eine Fahrt mit aktivem Assistenzsystem von 18 Testpersonen. Das Verhalten und die Nutzung des Assistenzsystems an Kreuzungen und Signalanlagen im Bereich der Ortsdurchfahrten sowie die Nutzungszeiten des Systems sind nicht beschrieben.

Über die aufgelisteten Literaturstellen hinaus existiert auch eine Reihe von wissenschaftlichen Veröffentlichungen, in denen Lösungsansätze basierend auf dem Verfahren der *Modellprädiktiven Regelung* vorgeschlagen werden: [138], [139], [140], [141], [142, 143, 144], [145]. Im Gegensatz aber zu der erwähnten Arbeit im Nutzfahrzeugbereich [132], wo eine energieeffiziente und modellprädiktive Antriebsstrang- und Längsdynamikregelung umgesetzt wird, haben diese Ansätze überwiegend theoretischen Status und kommen nicht über eine konzeptionelle Umsetzung in Simulationsumgebungen hinaus. Aus diesem Grund wird an dieser Stelle auf eine detaillierte Vorstellung dieser Ansätze verzichtet.

In der Literatur ist eine Vielzahl von optimierungsbasierten Ansätzen für die energieeffiziente und automatisierte Längsführung für Fahrzeuge mit konventioneller Antriebstechnologie beschrieben. Dagegen sind nur sehr wenige wissenschaftliche Veröffentlichungen vorhanden, in denen derartige Systeme für hybride oder rein elektrische Antriebstechnologien ausgelegt werden. Ein Beispiel für die Entwicklung einer energieeffizienten Geschwindigkeitsregelanlage für ein rein batterieelektrisch betriebenes Kleinfahrzeug wird in [146] vorgestellt. Die vorgeschlagene Geschwindigkeitsregelanlage nutzt prädiktive Topologieinformationen, um die Setzgeschwindigkeit im Bereich von Überlandstraßen oder auf Autobahnen innerhalb eines vorgegebenen Toleranzbandes energetisch zu optimieren. Zur Umsetzung des Ansatzes wird ein vereinfachtes Verbrauchsmodell für das Elektrofahrzeug hergeleitet und das Verfahren der *Modellprädiktiven Regelung* angewandt. Als Stellgröße dient ausschließlich die Fahrpedalstellung. Das notwendige Bremsmoment zur Einregelung von Verzögerungsvorgängen kann dadurch nur über die fahrzeugspezifische und elektromotorisch gestellte Schleppmomentenkennlinie des Fahrpedals eingestellt werden und ist deshalb stark beschränkt. Dieser sehr unübliche Ansatz muss gezwungenermaßen verfolgt werden, da keine definierte Momentenschnittstelle zur Steuerung des Antriebssystems bei der angestrebten praktischen Umsetzung im betrachteten Versuchsfahrzeug vorhanden ist. In [146] werden die Funktionsweise und das Verbrauchseinsparpotential einer ersten Realisierung des vorgeschlagenen Ansatzes anhand einer Simulationsstudie vorgestellt. In einem Simulationsszenario mit hügeliger Strecke und konstanter zulässiger Höchstgeschwindigkeit erzielt die energieeffiziente Geschwindigkeitsregelanlage eine Verbrauchseinsparung von 14,9 % bei einem erheblichen Fahrtdaueranstieg von 9,5 % im Vergleich zu einer Fahrt mit konstanter Geschwindigkeit.

Ein Assistenzsystem für die energieeffiziente Fahrzeuglängsführung mit praktischer Umsetzung in einem batterieelektrisch betriebenen Sportwagen wird in [147, 148, 149] vorgestellt. Dieses System nutzt prädiktive Streckeninformationen aus einer umfangreichen digitalen Straßenkarte sowie einen Fernbereichs-RADAR-Sensor. Der vorgestellte Ansatz sieht eine Verteilung der Fahrzeuglängsführung in Abhängigkeit von den Fahrsituationen Geschwindigkeit halten, Beschleunigen und Verzögern sowie Abstandsregelung auf unterschiedliche Regler und zudem eine fahrerspezifische Adaption des Systemverhaltens vor. Eine energetische Optimierung der Fahrzeuglängsführung wird dabei nur bei Verzögerungsvorgängen vor Kurven oder aufgrund einer Reduzierung der zulässigen Höchstgeschwindigkeit in Betracht gezogen. In allen anderen Fahrsituationen verhält sich das System wie ein Abstandsregeltempomat, der einer konstanten Setzgeschwindigkeit folgt oder bei vorausfahrenden Fahrzeugen einen Sicherheitsabstand einhält. Die Optimierung der Verzögerungsvorgänge wird mit dem Verfahren der *Dynamischen Programmierung* realisiert und in den aufgeführten Quellen nicht näher erläutert. Ob und in welcher Form dabei die Streckentopologie berücksichtigt wird, ist nicht geschildert. Mit dem System gelingt es im realen Fahrbetrieb eine durchschnittliche Verbrauchsersparnis von etwa 6,5 % bei nahezu gleichbleibender Durchschnittsgeschwindigkeit nachzuweisen. Verglichen werden aussagekräftige Verbrauchsergebnisse aus einer Messfahrtenstudie mit dem Versuchsfahrzeug und vom Entwickler durchgeführte Messfahrten, in denen das Assistenzsystem eingesetzt wird. Der Umfang und die Zeitanteile, mit denen dabei das Assistenzsystem die Fahrzeuglängsführung übernimmt, werden nicht erwähnt.

Zusammenfassung und Ableitung von weiterem Forschungsbedarf

Die Durchsicht der aktuellen Literatur zeigt, dass eine Reihe von vielversprechenden Ansätzen mit unterschiedlichen Ausprägungen im Themenbereich der Fahrerassistenz für die automatisierte und energieeffiziente Fahrzeuglängsführung beschrieben ist. Die Tabelle 2.1 fasst diesbezüglich den aktuellen Stand der Technik und die systemspezifischen Eigenschaften nach den eingangs definierten Unterscheidungsmerkmalen zusammen.

Die genaue Analyse der vorhandenen Ansätze und deren systemspezifischen Ausprägungen anhand von Tabelle 2.1 ergibt einen Forschungsbedarf in den folgenden Bereichen:

Tabelle 2.1: Vorhandene Ansätze für die automatisierte energieeffiziente Fahrzeuglängsführung (Legende: ●=ja, ○=nein, ◐=teilweise, ?=nicht beschrieben oder unklar)

Quelle	Methodischer Ansatz		Anwendungsbereich			Fahrsituationen mit aut. Adaption der Längsführung				Umfeldinformationen			Antriebstechnologie				Art der Umsetzung		Systemevaluierung		
	Regelbasierter Ansatz	Optimierungsbasierter Ansatz	Autobahn	Überland	Urbaner Bereich	Änderung zul. Geschw.	Kurven	Kreuzungen, Signalanl., FGÜ	Abstandsregelung	Digitale Straßenkarte	Erfassung vorausfahrender Fzg.	Fzg.-zu-Infrastruktur-Schnittst.	LKW	PKW, Antrieb konventionell	PKW, Antrieb hybrid	PKW, Antrieb rein elektrisch	Simulationsumgebung	Versuchsfahrzeug	Simulationsstudien	Fahrvers. Entwickler/Testfahrer	Fahrvers. mit Probanden
[115, 116]	●	○	●	●	●	◐	●	○	◐	●	○	●	●	○	○	○	○	●	○	●	○
[117, 118, 119]	●	○	●	●	○	●	○	○	●	●	●	○	○	●	○	○	●	○	●	●	○
[120]	●	○	●	●	○	●	○	○	●	●	○	○	○	●	○	○	●	○	●	○	○
[124]	○	●	●	○	○	○	○	○	●	○	●	○	○	●	○	●	●	●	●	●	○
[126, 127, 128]	○	●	●	○	○	○	○	○	●	○	●	○	○	●	○	○	●	○	●	○	○
[129, 130]	○	●	●	○	○	○	○	○	●	○	●	○	○	●	○	○	●	○	●	○	○
[131]	○	●	●	○	○	○	○	○	●	○	●	○	○	●	○	○	●	○	●	○	○
[132]	○	●	●	●	○	●	○	●	●	○	●	○	○	●	○	○	●	○	●	○	○
[133]	○	●	●	●	◐	●	○	●	◐	○	●	○	◐	●	○	○	●	○	●	○	○
[134]	○	●	●	●	○	●	○	○	●	○	●	○	○	●	○	○	●	○	●	○	○
[135]	○	◐	●	●	○	●	○	○	●	○	●	○	○	●	○	○	●	○	●	○	○
[136, 137]	○	◐	●	●	●	?	●	○	●	○	●	○	○	●	○	○	●	○	●	○	○
[139]	○	●	●	◐	○	○	○	○	●	○	●	○	○	●	○	○	●	○	●	○	○
[140]	○	●	●	○	○	●	○	○	●	○	●	○	○	●	○	○	●	○	●	○	○
[141]	○	●	●	●	○	●	○	○	●	○	●	○	○	●	○	○	●	○	●	○	○
[142, 143, 144]	○	●	●	●	◐	●	○	◐	○	○	●	○	○	●	○	○	●	○	●	○	○
[145]	○	●	●	●	○	●	○	●	●	○	●	○	○	●	○	○	●	○	●	○	○
[146]	○	●	●	●	○	○	○	○	●	○	●	○	○	●	●	○	●	○	○	○	○
[147, 148, 149]	○	◐	●	●	?	●	●	●	○	○	●	○	○	○	●	○	●	●	?	●	○

■ Anwendungsbereich und berücksichtigte Fahrsituationen: Die meisten Systeme legen den Schwerpunkt vorzugsweise auf die Anwendungsbereiche Autobahn und Überlandstraße. Es existieren nur wenige Ansätze, in denen eine automatisierte energieeffiziente Fahrzeuglängsführung für den urbanen Bereich ausgelegt wird. Dies hängt primär mit der hohen anwendungsspezifischen Komplexität im urbanen Bereich zusammen. Grund dafür ist die hohe Verkehrsdichte sowie die hohe Dichte an Elementen der Verkehrsführung wie beispielsweise Kreuzungen, Signalanlagen und Fußgängerüberwege (FGÜ). Diesbezüglich sind nur Systeme beschrieben, die entweder Positionen von Signalanlagen [115, 116] oder zusätzlich auch Signalzustände [133], [135], [139], [142, 143, 144] zur energetischen Optimierung der Fahrzeuglängsführung im Bereich von Signalanlagen nutzen. Da aktuell keine standardisierte Fahrzeug-zu-Infrastruktur-Schnittstelle vorhanden ist, beschränken sich diese Ansätze entweder auf rein theoretische Simulationsszenarien oder exemplarische Umsetzungen wie in [135]. Ansätze, die zusätzlich die automatisierte Fahrzeuglängsführung im Bereich von Kreuzungen oder Fußgängerüberwegen energetisch optimieren, sind dem Verfasser nicht bekannt.

■ Antriebstechnologie: Der Großteil der vorhandenen Systeme wird für LKWs oder PKWs mit konventionellem Antriebsstrang ausgelegt. Dies ist nachvollziehbar, da die Marktdurchdringung von Hybrid- oder Elektrofahrzeugen momentan noch gering ist. Ausnahmen sind hier die Berücksichtigung eines Parallelhybridfahrzeugs in [120] und von rein batterieelektrisch betriebenen Fahrzeugen in [146] und [147, 148, 149]. Es ist davon auszugehen, dass die Relevanz des elektrischen Antriebs im automobilen Bereich in Zukunft zunehmen wird und dementsprechend der Bedarf an Konzepten für die energieeffiziente Längsführung von Fahrzeugen mit elektrischem Antrieb. In diesem Zusammenhang stellt insbesondere die Energierückgewinnung durch elektromotorisches Bremsen einen bedeutenden Freiheitsgrad beim Entwurf von verbrauchssparenden Fahrstrategien für Hybrid- und Elektrofahrzeuge dar. Dieser Aspekt wird allerdings weder in [120], wo anstelle von energetisch optimierten Verzögerungsvorgängen konstante negative Beschleunigungen angesetzt werden, noch in [146] berücksichtigt, wo Verzögerungsvorgänge nicht durch den Funktionsumfang des entwickelten Assistenzsystems abgedeckt sind. Eine Ausnahme ist hier die energetische Optimierung von Verzögerungsvorgängen in [147, 148, 149]. Der Nachteil des dort verfolgten Ansatzes ist jedoch, dass eine energetische Optimierung der Fahrzeuglängsführung nur bei Verzögerungsvorgängen vorgesehen ist und das Optimierungspotential in allen anderen Fahrsituationen vernachlässigt wird.

■ Systemumsetzung und -evaluierung: Die entwicklungsbegleitende Umsetzung von Assistenzfunktionen in Simulationsumgebungen wird in nahezu allen Arbeiten verfolgt. Darüber hinaus existiert auch eine Vielzahl von Veröffentlichungen, in denen eine prototypische Systemrealisierung in einem Versuchsfahrzeug sowie die Systemevaluierung im Rahmen von Fahrversuchen beschrieben werden. Ein Alleinstellungsmerkmal weist dabei das in [131] vorgestellte System für die energieeffiziente Längsführung von LKWs auf Autobahnen auf, das bereits in Serie angeboten wird. Bei genauer Betrachtung der übrigen Systeme lässt sich hingegen feststellen, dass im Großteil der Veröffentlichungen der Systemtest und die Systemevaluierung im realen Fahrbetrieb vom Entwickler selbst oder von ausgebildeten Testfahrern durchgeführt werden. Zudem dienen in diesen Veröffentlichungen entweder nur eine Versuchsfahrt oder eine sehr begrenzte Anzahl von Versuchsfahrten zum Funktionsnachweis und zur Prognose von Verbrauchseinsparungen. Dadurch ist die Aussagekraft der ermittelten Ergebnisse stark eingeschränkt. Fahrversuche mit Probanden oder Systeme, deren technische Realisierungsgrade Fahrversuche mit Probanden zulassen, sind nur in den Veröffentlichungen in [117, 118, 119] und [136, 137] dokumentiert. Dabei wird in [117, 118, 119] eine Studie mit nicht erwähnter Teilnehmerzahl und in [136, 137] eine nicht repräsentative Studie mit 18 Probanden (1 weiblich, 17 männlich) zur Bestimmung des durchschnittlichen Verbrauchspotentials beschrieben. Wesentliche Randbedingungen während der Fahrversuche wie verkehrliche Einflüsse oder Nutzungszeiten der Assistenzsysteme, die eine Aussage über Anwendbarkeit und Fahrerakzeptanz erlauben, werden dabei nicht erwähnt. Ein Nachweis über die statistische Signifikanz der ermittelten Ergebnisse wird in beiden Fällen nicht erbracht.

■ Ganzheitlicher Optimierungsansatz für eine integrierte und energieeffiziente Abstandsregelung mit praktischer Umsetzung: Viele in der Literatur beschriebene und praktisch umgesetzte Systeme für die automatisierte energieeffiziente Fahrzeuglängsführung berücksichtigen eine Abstandsregelung. Der Großteil dieser Ansätze, wie beispielsweise [135], [136, 137] oder [147, 148, 149], liefert aber keinen ganzheitlichen Optimierungsansatz mit integrierter Abstandsregelung. Stattdessen wird eine Übergabe der Fahrzeuglängsführung an konventionelle Abstandsregeltempomate vorgesehen. Dies hat zur Folge, dass Verbrauchspotentiale, die sich durch eine energetisch optimierte Annäherung an vorausfahrende Fahrzeuge und Folgefahrt ergeben, nicht ausgenutzt werden. Die einzige Ausnahme mit praktischer Umsetzung diesbezüglich ist der in [132] entwickelte Ansatz zur Integration der Abstandsregelung in eine modellprädiktive Antriebsstrang- und Längsdynamikregelung für einen LKW. Die grundsätzliche Funktionsweise dieses Ansatzes kann in Fahrversuchen erfolgreich nachgewiesen werden. Da sich die Verbrauchsuntersuchungen allerdings auf Fahrversuche auf einer abgeschiedenen Versuchsstrecke ohne das Auftreten von anderen Verkehrsteilnehmern beschränken, kann das Verbrauchspotential der integrierten und energetisch optimierten Abstandsregelung nicht bewertet werden.

Zusammenfassend lässt sich somit feststellen, dass keine Ansätze mit praktischer Umsetzung für die energieeffiziente und automatisierte Fahrzeuglängsführung

■ basierend auf einem ganzheitlichen Optimierungskonzept

■ für ein Fahrzeug mit elektrischem Antrieb

■ im primär urbanen Verkehrsumfeld

■ mit statistisch nachgewiesenem Verbrauchspotential und Fahrerakzeptanzbewertung anhand von Fahrversuchen mit Probanden

existieren. Aufbauend auf diesem Ergebnis werden im folgenden Kapitel die Zielsetzung und die Gliederung dieser Arbeit vorgestellt.

2.2.2 Zielsetzung und Gliederung der vorliegenden Arbeit

Das Ziel ist der Entwurf, die praktische Umsetzung und die Evaluierung einer Assistenzfunktion für die energetisch optimierte und automatisierte Fahrzeuglängsführung. Unter Berücksichtigung der Ergebnisse aus der Literaturübersicht zu vorhandenen Ansätzen und Systemen und dem daraus abgeleiteten Forschungsbedarf besteht der wesentliche Beitrag der vorliegenden Arbeit in der Entwicklung eines Systems für ein Fahrzeug mit elektrischem Antrieb und primär urbanem Anwendungsbereich. Dazu wird ein Optimierungs- und Regelungskonzept für die energieeffiziente und automatisierte Fahrzeuglängsführung unter Berücksichtigung eines weiten Funktionsumfangs und der spezifischen Eigenschaften eines Elektrofahrzeugs entworfen und prototypisch umgesetzt. Der Funktionsumfang des Assistenzsystems sieht eine automatisierte und energetisch optimierte Fahrzeuglängsführung bei streckenspezifischen Änderungen der zulässigen Höchstgeschwindigkeit, im Bereich von Kurven sowie bei Annäherung und Folgefahrt bei langsameren vorausfahrenden Fahrzeugen vor. Darüber hinaus ist eine Steuerung durch den Fahrer in Form von Halte- und Weiterfahrbefehlen vorgesehen, um den Anwendungsbereich durch automatisierte und energetisch optimierte Annäherungs-, Anhalte- und Weiterfahrmanöver an Kreuzungen, Signalanalgen und Fußgängerüberwegen zu erweitern. Zur Realisierung des Funktionsumfanges werden prädiktive Streckeninformationen aus einer digitalen Straßenkarte und die sensorbasierte Erfassung von vorausfahrenden Fahrzeugen genutzt.

Der Schwerpunkt dieser Arbeit liegt in dem Entwurf eines ganzheitlichen Ansatzes zur Bestimmung und Umsetzung von energieeffizienten Fahrstrategien. Anders als im überwiegenden Teil der im vorangehenden Kapitel vorgestellten Ansätze sieht der verfolgte Ansatz keine Klassifizierung oder Unterscheidung von Fahrsituationen und damit auch keine Aufteilung der Längsführung auf unterschiedliche Reglerkonzepte vor. Es wird stattdessen ein modellprädiktives und fahrsituationsunabhängiges Gesamtkonzept entwickelt. Dabei wird die energieeffiziente Fahrzeuglängsführung als eine Optimierungsaufgabe interpretiert, die in ein Optimalsteuerungsproblem für einen endlichen Streckenhorizont überführt werden kann. Dazu wird ein geeignetes Optimalsteuerungsproblem zur Bestimmung von energieeffizienten Fahrstrategien aufgestellt. In diesem werden relevante Zielgrößen wie der Energieverbrauch, die Fahrtdauer oder der Fahrkomfort optimiert und fahrsituationsabhängige Geschwindigkeitsgrenzen, Zeitlücken zu vorausfahrenden Fahrzeugen sowie physikalische Grenzwerte des elektrischen Antriebssystems als Randbedingungen berücksichtigt. Zur Beschreibung von Zielgrößen und Randbedingungen in den betrachteten Streckenhorizonten müssen numerische Modelle für die Fahrwiderstände des Fahrzeugs, das elektrische Antriebssystem sowie für die Traktionsbatterie hergeleitet werden. Um vorausfahrenden Verkehr in die energetische Optimierung einzubinden, muss eine Methode zur Abschätzung des zukünftigen Geschwindigkeitsverlaufs von Führungsfahrzeugen entwickelt werden.

Im realen Fahrbetrieb muss das Optimalsteuerungsproblem in dem verfolgten modellprädiktiven Ansatz periodisch mit einem fest vorgegebenen Neuberechnungstakt gelöst werden, um ausreichend schnell auf Änderungen der Fahrsituation und andere Verkehrsteilnehmer zu reagieren. Dazu muss ein geeignetes Lösungsverfahren entwickelt werden, mit dem das schnelle Lösen des Optimalsteuerungsproblems unter harten Echtzeitbedingungen auf einem Steuergerät ermöglicht wird. Zudem muss ein robustes Regelkreiskonzept für die praktische Umsetzung in einem Versuchsfahrzeug entworfen werden.

Das entwickelte Assistenzsystem wird in Simulationsstudien und Fahrversuchen mit Probanden im realen Fahrbetrieb untersucht. Anders als in den vorhandenen Literaturstellen, in denen Fahrversuche zur Systemevaluierung dienen, wird dabei eine genaue Versuchsplanung zur Ermittlung von statistisch aussagekräftigen und repräsentativen Ergebnissen beschrieben und die statistische Signifikanz der ermittelten Ergebnisse bewertet. Zudem werden den Energieverbrauch im realen Verkehrsbetrieb beeinflussende Faktoren und Ursachen für Verbrauchseinsparungen genau analysiert. Darüber hinaus werden die Fahrerakzeptanz und der anwendbare Nutzungsbereich des Systems im Rahmen der durchgeführten Fahrversuche mit Probanden untersucht und ausgewertet. Das vorgestellte System ist eine Weiterentwicklung der Ansätze und Untersuchungen in den begleitenden Veröffentlichungen [150, 151, 152].

Diese Arbeit ist in sechs Kapitel aufgeteilt. Nach der Einleitung und der Darstellung des Stands der Technik in diesem Kapitel werden im anschließenden Kapitel 3 die notwendigen Grundlagen und Methoden für die Entwicklung des Assistenzsystems eingeführt. Der Entwurf der energetisch optimierten Fahrzeuglängsführung wird im Kapitel 4 beschrieben. Die Vorstellung des Verbrauchspotentials im realen Fahrbetrieb sowie von Einflussgrößen und Ursachen für die Verbrauchsersparnisse ist Gegenstand von Kapitel 5. Das Kapitel 6 fasst die Ergebnisse dieser Arbeit zusammen und gibt einen Ausblick auf künftige Weiterentwicklungen.

3 Grundlagen und Methoden

Im folgenden Kapitel 3.1 werden zunächst allgemeine Grundlagen im Bereich der Automatisierung der Fahrzeugführung zusammengefasst. Der Schwerpunkt liegt dabei auf der systematischen Klassifikation von Assistenzsystemen für die automatisierte Fahrzeugführung und in der Beschreibung des Stands der Technik bei der Informationsbereitstellung für derartige Systeme. Im darauf folgenden Kapitel 3.2 werden regelungstechnische Grundlagen für den Entwurf einer energetisch optimierten Fahrzeuglängsführung vorgestellt.

3.1 Automatisierte Fahrzeugführung

Erste Forschungsentwicklungen zur Automatisierung der Fahrzeugführung mit praktischer Umsetzung in Versuchsträgern wurden Ende der 80er bzw. Anfang der 90er Jahre unternommen. Zu den bedeutendsten Versuchsfahrzeugen dieser Zeit zählen das *Navlab*[1] der Carnegie-Mellon University [153], das *VITA*[2]- und das *VaMoRs*[3]-Fahrzeug von Mercedes-Benz [154, 155] sowie das *PVS*[4] von Nissan [156]. Mit diesen konnten wichtige Erkenntnisse und Ansätze für die Entwicklung von Algorithmen in der Bildverarbeitung, der Fahrzeugpositionierung und der Trajektorienplanung gewonnen werden. Weitere Entwicklungen wurden in der Folgezeit maßgeblich durch Innovationen in den Rechner- und Sensortechnologien sowie durch die Einführung der *DARPA*[5]-*Challenges* [157] getragen, in deren Rahmen eine Vielzahl unterschiedlicher Versuchsfahrzeuge [158, 159, 160, 161, 162] entwickelt wurden. Über die auf nichtöffentlichen Straßen ausgetragen Wettkämpfe der *DARPA-Challenges* hinaus wird die automatisierte Fahrzeugführung zunehmend im öffentlichen Verkehr erprobt. Beispiele in diesem Zusammenhang sind die automatisiert fahrenden Fahrzeuge von *Google* [163] oder das Projekt *Stadtpilot* [164, 165]. Die zunehmende Relevanz der Automatisierung der Fahrzeugführung spiegelt sich auch in den Bestrebungen der Automobilhersteller zur Entwick-

---

[1]Navigation Laboratory
[2]Vision Technology Application
[3]Versuchsfahrzeug für autonome Mobilität und Rechnersehen
[4]Personal Vehicle System
[5]Defense Advanced Research Project Agency

lung serienreifer und praxistauglicher Assistenzsysteme wider. Beispiele hierzu sind die Assistenzsysteme von Mercedes-Benz [166] und BMW [167], die basierend auf seriennahen Fahrzeugplattformen die automatisierte Fahrzeugführung in Längs- und Querrichtung in allen Geschwindigkeitsbereichen bzw. auf Autobahnen ermöglichen.

Die schnelle Markteinführung dieser Systeme wird durch die schwierige und aufwendige Funktionsabsicherung erschwert. Die zu testenden Funktionsumfänge wachsen dabei direkt mit den Umfängen der von den Assistenzsystemen abgedeckten Fahrsituationen. Zudem müssen in realistischen Testszenarien das Fahrzeug und dessen Umfeld, das Assistenzsystem sowie das Verhalten des Fahrers und das anderer Verkehrsteilnehmer abgebildet werden. Derartige Assistenzsysteme werden daher vermehrt in Simulationsumgebungen oder als *Vehicle in the Loop* in Fahrsimulatoren erprobt [168, 169, 170, 171]. Dadurch können reproduzierbare Testszenarien bereitgestellt und im realen Fahrbetrieb zu testende Umfänge reduziert werden.

In den weiteren Abschnitten dieses Kapitels wird zunächst zur besseren Einstufung von Funktionsumfängen eine Klassifikation von Assistenzsystemen für die automatisierte Fahrzeugführung vorgenommen. Darauf folgend wird ein kurzer Überblick zum heutigen Stand der Informationsbereitstellung durch Umfeldsensorik und digitale Straßenkarten gegeben.

3.1.1 Klassifikation

Funktionsumfänge und Anwendungsbereiche von Assistenzsystemen für die automatisierte Fahrzeugführung wachsen kontinuierlich mit zunehmendem Einsatz von Umfeldsensoren und Informationen aus digitalen Straßenkarten. Der langfristige Trend geht dahin, die Komponente Fahrer in dem Regelkreis, der vom Fahrer, dem Fahrzeug und der Umwelt gebildet wird, vollwertig durch die Komponente Assistenzsystem zu ersetzen. Dieser Vorgang ist durch einen stufenweisen Entwicklungsprozess gekennzeichnet, in dessen Verlauf Assistenzsysteme mit unterschiedlichsten Ausprägungen entstehen. Um diese besser einstufen zu können, ist eine systematische Klassifikation notwendig. Diese erfolgt üblicherweise unter den Gesichtspunkten des Automatisierungsgrades oder des anwendungsbezogenen Komplexitätsgrades und wird im Folgenden kurz erläutert.

Klassifikation nach Automatisierungsgrad

Die Klassifikation nach Automatisierungsgrad [172] wurde von einer Projektgruppe aus BASt[6]-Vertretern sowie Mitwirkenden aus der Automobil-, der Zulieferin-

---

[6]Bundesanstalt für Straßenwesen

dustrie und der Wissenschaft erarbeitet und ist in der Abbildung 3.1 gezeigt. Angesichts der stetigen Zunahme von Assistenzsystemen für die automatisierte Fahrzeugführung in modernen Fahrzeugen sollte eine einheitliche Nomenklatur und Definition von Automatisierungsgraden für die rechtliche Bewertung dieser Systeme geschaffen werden. Demnach wird neben den rein informierenden Assistenzsystemen, zu denen beispielsweise Spurhaltewarnsysteme oder Auffahrwarnsysteme gehören, zwischen drei Automatisierungsgraden unterschieden. Das wesentliche Einstufungskriterium liegt dabei im Umfang der notwendigen Überwachung des Assistenzsystems durch den Fahrer.

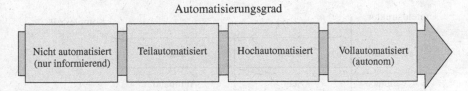

Automatisierungsgrad

Nicht automatisiert (nur informierend) | Teilautomatisiert | Hochautomatisiert | Vollautomatisiert (autonom)

Abbildung 3.1: Klassifikation der Automatisierungsgrade von Assistenzsystemen [172].

Bei einer teilautomatisierten Fahrzeugführung muss der Fahrer permanent das Assistenzsystems überwachen, um jederzeit sofort die Fahrzeugkontrolle wieder übernehmen zu können. Das Assistenzsystem kann nicht eigenständig entscheiden, wann eine Übernahme notwendig ist. Beispiele für solche Assistenzsysteme sind der Abstandsregeltempomat für die Fahrzeuglängsführung oder aktive Spurhalteassistenzsysteme für die Fahrzeugquerführung.

Bei der hochautomatisierten Fahrzeugführung ist eine permanente Überwachung nicht notwendig. Das Assistenzsystem entscheidet eigenständig, wann eine Übernahme der Fahrzeugkontrolle durch den Fahrer erforderlich ist. Der Vorgang der Übernahme und insbesondere die Vorwarnzeit, die der Fahrer zur Beurteilung der Verkehrssituation im Zeitpunkt der Übernahme benötigt, sind bisher noch nicht einheitlich definiert. Erste, serienreife Assistenzsysteme werden mittlerweile für die hochautomatisierte Fahrzeuglängs- und querführung bei kleinen Geschwindigkeiten zum Einsatz in Stop-and-go-Szenarien auf Autobahnen angeboten.

Die vollautomatisierte Fahrzeugführung setzt eine sichere Funktionsweise in allen Verkehrssituationen ohne Überwachung durch den Fahrer voraus. Im Falle einer Fehlfunktion oder wenn das Assistenzsystem dennoch situationsbedingt keine sichere Fahrzeugkontrolle gewährleisten kann, erfolgt eine Übernahmeaufforderung an den Fahrer. Kommt der Fahrer dieser nicht nach, muss das Assistenzsystem das Fahrzeug eigenständig und sicher zum Stillstand bringen.

Klassifikation nach anwendungsbezogenem Komplexitätsgrad

Assistenzsysteme für die automatisierte Fahrzeugführung können zusätzlich anhand der Komplexität der Fahraufgabe in ihrem vorgesehenen Anwendungsgebiet klassifiziert werden [173], wie in der Abbildung 3.2 veranschaulicht ist. Die Komplexität einer Fahraufgabe wird durch die Fahrzeuggeschwindigkeit und durch die Strukturierung des Umfelds im betrachteten Anwendungsgebiet bestimmt. Demnach steigt diese mit der Fahrzeuggeschwindigkeit, da bei hohen Geschwindigkeiten Reaktionszeiten abnehmen und Eingriffe in die Fahrzeugdynamik aus Stabilitätsgründen nur in beschränktem Ausmaß getätigt werden können.

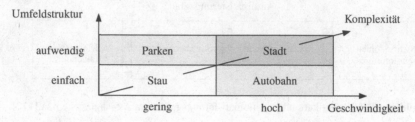

Abbildung 3.2: Klassifikation nach anwendungsbezogenem Komplexitätsgrad [173].

Neben der Fahrzeuggeschwindigkeit bestimmt die Struktur des Umfelds die Komplexität der Fahraufgabe. Strukturelle Elemente des Umfelds mit direktem Einfluss auf die Fahrzeugführung sind statische oder ortsfeste Eigenschaften der zu befahrenden Strecke (Kurven, Steigungen, usw.) sowie Elemente der Verkehrsführung (Beschilderung, Kreuzungen, Signalanlagen, usw.). Hinzu können bauliche Gegebenheiten im Bereich der Fahrbahn gezählt werden, die Einfluss auf den einsehbaren Fahrbahnbereich oder die Lichtverhältnisse nehmen. An ortsfesten Elementen wie Signalanlagen und Kreuzungen müssen zudem der aktuelle Zustand der Anlage bzw. Vorfahrtsregeln berücksichtigt werden. Zusätzlich bestimmen das Auftreten und die Dichte von anderen Verkehrsteilnehmern die Komplexität des verkehrlichen Umfelds. Zu diesen zählen auch Fußgänger, Fahrradfahrer sowie Busse oder Schienenfahrzeuge. Insbesondere steigt die Komplexität, wenn gleichzeitig unterschiedliche Verkehrsteilnehmer beachtet werden müssen. Andere Verkehrsteilnehmer sind zudem dynamische Objekte, deren aktuelle Bewegung getrackt und die zukünftige mit Hilfe von Bewegungsmodellen [174, 175, 176] vorausgesagt werden muss.

Nach [173] stellt demnach der urbane Straßenverkehr mit seinem aufwendigen strukturellen Umfeld und den gleichzeitig hohen Geschwindigkeiten das komplexeste Anwendungsszenario dar. Als typische Anwendungsgebiete mit mittlerer Komplexität werden Parkaufgaben und Autobahnfahrten bewertet. Dabei liegt die

Schwierigkeit beim Parken im aufwendigen strukturellen Umfeld und bei Autobahnfahrten in der hohen Geschwindigkeit. Der Stop-and-go-Betrieb in Stausituationen wird als das Anwendungsgebiet mit der geringsten Komplexität eingestuft und eignet sich somit besonders als Ausgangspunkt für die Einführung von Assistenzsystemen für die automatisierte Fahrzeugführung.

3.1.2 Informationsbereitstellung

Die zuverlässige Erfassung des Fahrzeugumfelds und von Streckeninformationen unter wechselnden Witterungs- und Lichtbedingungen ist eine wesentliche Herausforderung bei der Entwicklung von Assistenzsystemen für die automatisierte Fahrzeugführung. Als Informationsquellen werden hauptsächlich Sensoren zur Erfassung des direkten Fahrzeugumfelds und digitale Straßenkarten eingesetzt. Langfristig werden diese Informationsquellen durch die Einführung von standardisierten Fahrzeug-zu-Infrastruktur- und Fahrzeug-zu-Fahrzeug-Schnittstellen erweitert werden können.

Da die getrennte Verarbeitung von Informationen einzelner Sensoren in der Regel nicht ausreichend ist, werden Informationen aus verschiedenen Sensorquellen fusioniert [177, 178, 179]. Die auf diese Weise zentral gebündelten Informationen werden zur Beschreibung von umfangreichen Umfeldmodellen genutzt und ermöglichen eine Situationsinterpretation. Die Abbildung 3.3 zeigt eine vereinfachte Darstellung der Architektur für die Sensordatenfusion.

Abbildung 3.3: Vereinfachte Architektur für die Sensordatenfusion [173].

Die Sensordatenfusion kann in eine komplementäre (ergänzende), konkurrierende (redundante) oder kooperative (qualitätssteigernde) Fusion unterteilt werden [180]. Komplementäre Fusion liegt beispielsweise bei der Erweiterung des Erfassungsbereichs durch Einsatz gleichartiger Sensoren an unterschiedlichen Einbauorten vor. Mit der konkurrierenden Fusion werden redundante Informationen zur Steigerung der Fehlertoleranz generiert, während mit der kooperativen Fusion die Messqualität verbessert bzw. der Informationsgehalt gesteigert werden sollen. Konkurrierende und kooperative Fusion können durch Einsatz unterschiedlicher Sensorkonzepte für den gleichen Erfassungsbereich erzielt werden.

Zur Darstellung der aktuellen Fahrsituation werden modellbasierte Beschreibungen für das Fahrzeugumfeld benutzt. Das Fahrzeugumfeld wird entweder mit Objektlisten [181] oder mit Hilfe eines *occupancy grid* [182, 183, 184] beschrieben. Bei Objektlisten handelt es sich um eine tabellarische Auflistung von statischen und dynamischen Objekten samt ihrer Attribute wie Position oder Geometrie und eventuellen Zuständen wie Geschwindigkeit oder Beschleunigung. Beim *occupancy grid* wird das Fahrzeugumfeld in ein diskretes Netzgitter zerlegt und den Gitterelementen die Eigenschaften „belegt" oder „nicht belegt" zur Beschreibung eines befahrbaren Bereichs zugewiesen. Der Ansatz mit dem *occupancy grid* eignet sich für die umfassende Darstellung eines statischen Fahrzeugumfelds, während Objektlisten zur Beschreibung von dynamischen Objekten geeignet sind. Häufig werden daher hybride Umfeldmodelle verwendet, um die Vorteile beider Ansätze zu kombinieren [185, 186, 187].

Im nächsten Abschnitt wird der aktuelle Stand der Technik bezüglich der Informationsquellen für die automatisierte Fahrzeugführung beschrieben. Dazu werden zunächst die wichtigsten Sensortechnologien zur Erfassung des direkten Fahrzeugumfelds besprochen. Im Anschluss wird die Informationsbereitstellung mit digitalen Straßenkarten vorgestellt.

Sensoren zur Erfassung des direkten Fahrzeugumfelds

Das direkte Fahrzeugumfeld wird mit Sensoren erfasst, die auf unterschiedlichen physikalischen Messprinzipien beruhen. Die gängigsten Sensortechnologien im Bereich der Fahrerassistenz für die automatisierte Fahrzeugführung sind RADAR[7], Kamera und LIDAR[8]. Diese weisen aufgrund der verwendeten physikalischen Messprinzipien prinzipbedingte Vor- und Nachteile auf, die ihren funktionalen Anwendungsbereich einschränken. Die unterschiedlichen Eigenschaften sind in der Tabelle 3.1 zusammengefasst und werden im Folgenden kurz beschrieben.

RADAR-Sensoren senden hochfrequente elektromagnetische Wellen aus und empfangen das von reflektierenden Materialien zurückgeworfene Echo zur Ortung von Objekten. In der Regel kommen Sensoren auf Basis von FMCW[9] zum Einsatz [189]. Durch die Frequenzmodulation kann die direkte Laufzeitmessung der hochfrequenten elektromagnetischen Wellen umgangen werden. Die Relativgeschwindigkeit zu detektierten Objekten wird mit dem Doppler-Effekt bestimmt. Der laterale Versatz von Objekten kann bei Sensoren mit einem einzelnen Strahl durch Schwenken um die Hochachse und bei Sensoren mit mehreren Strahlen durch paralleles Senden und Auswerten der reflektierten Wellen ermittelt werden

---

[7]Radio Detecting and Ranging
[8]Light Detecting and Ranging
[9]Frequency Modulated Continuous Wave

Tabelle 3.1: Eigenschaften von RADAR, Kamera und LIDAR [188]

		RADAR	Kamera	LIDAR
Primäre Messungen	Position	+	-	+
	Geschwindigkeit	+	-	-
	Helligkeitsmuster	-	+	+
Funktions-beispiele	Detektion von Objekten	+	+	+
	Erkennung von Objekten	+/-	+	+
	Fahrbahnerkennung	-	+	+/-
	Verkehrszeichenerkennung	-	+	-
Physikalische Eigenschaften	Wetterabhängigkeit	+	-	+
	Lichtabhängigkeit	+	-	+

[190]. Die maximale horizontale Strahlaufweitung variiert dabei sensorabhängig von +/-10 bis +/-100° [191]. Um den horizontalen Erfassungsbereich zu vergrößern, kann ein Verbund von mehreren RADAR-Sensoren am Fahrzeug verbaut werden [192, 193, 166]. Im Automotiv-Bereich werden RADAR-Sensoren mit unterschiedlichen, international festgelegten Frequenzbändern eingesetzt. Zur Erfassung von Objekten im Nahbereich bis 100 m ist das Frequenzband von 24,0-24,25 GHz und im Fernbereich bis zu 250 m von 76-77 GHz vorgesehen [191]. RADAR-Sensoren sind prinzipbedingt robust gegen äußere Einflüsse wie Witterung und unempfindlich gegen Lichtverhältnisse. Sie verfügen allerdings über eine geringere Auflösung als LIDAR-Sensoren oder Kameras.

Kameras nutzen den photoelektrischen Effekt, um Licht mit lichtempfindlichen Bildsensoren in elektrische Signale zu wandeln [194]. Diese werden von einer nachgeschalteten Bildverarbeitungssoftware ausgewertet. Durch die Auswertung von statischen Bildmustern wie Kanten, Formen und Symmetrien oder zeitlichen Bewegungsmustern in der Bildsequenz können Objekte wie andere Verkehrsteilnehmer oder Verkehrszeichen detektiert und klassifiziert werden [195, 196]. Ebenso können Lichtkontraste ausgewertet werden, um beispielsweise Fahrbahnlinien zu erkennen. Um Zustände von Lichtanlagen zu erfassen, werden farbempfindliche Bildsensoren verwendet [197]. In Anwendungen für Assistenzsysteme kommen Mono- und Stereokameras zum Einsatz. Bei Stereokameras werden zwei Kameras parallel geschaltet. Dadurch können Tiefeninformationen der Umgebungsgeometrie erfasst und eine direkte Entfernungsbestimmung von Objekten ermöglicht werden. Die nutzbare Reichweite von typischen Kamerasystemen im Bereich der Fahrerassistenz beträgt etwa 80 bis 90 m bei einem maximalen Öffnungswinkel von 30° [198, 199]. Da Kamerasysteme auf einem optischen Messverfahren beruhen, sind sie im Allgemeinen sehr anfällig gegenüber Licht- und Witterungsverhältnissen. Auf der anderen Seite bietet die kamerabasierte visuelle Erfassung und Interpretation des Fahrzeugumfelds eine nahezu vollständige Beschreibung der Fahrsituation, da Verkehrsinfrastruktur und -führung hauptsächlich auf die ebenso visuelle Wahrnehmung des Fahrers ausgelegt sind. Einen umfassenden Überblick zu kamerabasierten Anwendungen im Bereich der Fahrerassistenz liefert [200].

LIDAR-Sensoren funktionieren ähnlich wie RADAR-Sensoren. Anstelle von kontinuierlichen elektromagnetischen Wellen werden gepulste Laserstrahlen im Infrarotbereich mit Wellenlängen von 800 bis 1500 nm emittiert und die an Objekten reflektierten Laserstrahlen zur Entfernungsmessung empfangen und ausgewertet [201]. Mit Multibeam-Sensoren (mehrere parallele Laserstrahlen [202]) oder Laserscannern (mechanisch rotierende Optik [203, 204]) kann ein großer horizontaler Abtastbereich bis hin zu einer 360° Abtastung der Umgebung bei Reichweiten bis zu 200 m realisiert werden. Neben dem großen horizontalen Abtastbereich kombinieren LIDAR-Sensoren die positiven Eigenschaften von RADAR-Sensoren und Kameras. Sie sind unempfindlich gegenüber Witterungs- und Lichtverhältnissen, bieten eine gute Messgenauigkeit und eine hohe Messauflösung. Im Bereich der kommerziellen Assistenzsysteme sind LIDAR-Sensorkonzepte momentan aus Kosten- und Bauraumgründen wenig verbreitet. Sie werden aber als Schlüsseltechnologie in zukünftigen Anwendungen für die automatisierte Fahrzeugführung gesehen [5].

Digitale Straßenkarten

Mit digitalen Straßenkarten werden das Streckennetz und spezifische Streckenattribute in einer flächendeckenden Form auf einem fahrzeuginternen Speichermedium abgebildet. Das logische Datenmodell zur Beschreibung des Streckennetzes und der Streckenattribute wird durch den GDF[10]-Standard geregelt [205]. Zur Bereitstellung einer einheitlichen Datenstrukturierung auf Endgeräteebene wurde der *Navigation Data Standard* (NDS) entwickelt [206].

Informationen aus digitalen Karten sind insbesondere in Form von prädiktiven Streckeninformationen wertvoll. Dadurch kann der auf wenige hundert Meter beschränkte Erfassungsbereich heutiger Umfeldsensoren nahezu beliebig erweitert werden. Prädiktive Streckeninformationen sind statische, die vorausliegende Fahrstrecke beschreibende Attribute und werden oftmals als *Elektronischer Horizont* bezeichnet [207, 208, 209]. Bei der automatisierten Fahrzeuglängsführung häufig verwendete Streckenattribute sind beispielsweise Straßenkrümmungen und -steigungen, Geschwindigkeitsbegrenzungen, Positionen von Kreuzungen und dor-

---

[10]Geographic Data Files

tige Vorfahrtsregeln sowie Positionen von Signalanlagen und Fußgängerüberwegen.

Ein im Bereich der Entwicklung von Assistenzsystemen weit genutztes kommerzielles System für die Bereitstellung von prädiktiven Streckeninformation ist ADASRP[11] [210]. Als Grundlage für die Bereitstellung von prädiktiven Streckendaten dient eine digitale Straßenkarte auf NDS-Basis, die das Streckennetz von 196 Ländern abbildet [211]. Zur Beschreibung von spezifischen Streckeneigenschaften sind über 200 verschiedene Attribute definiert [212]. Bei ADASRP werden Straßen abhängig von ihrer Bedeutung und der Verkehrsdichte in die fünf Funktionsklassen F0 (Autobahnen) bis F4 (kleine Seitenstraßen) unterteilt. Verfügbarkeit und Genauigkeit der Streckenattribute fallen dabei von den kleinen zu den großen Funktionsklassen stark ab. ADASRP verfügt analog zu gewöhnlichen Navigationssystemen über einen Routenplaner. Wird keine Route eingegeben, kann die zukünftige Fahrstrecke mit einem MPP[12]-Algorithmus geschätzt werden [212, 213, 214]. Als physikalische Schnittstelle zwischen ADASRP und Steuergeräten, die die Informationen verarbeiten sollen, kann entweder eine Breitband-Ethernet-Verbindung mit proprietärem UDP-Protokoll oder eine High-Speed-CAN-Verbindung mit standardisiertem ADASISv2-Protokoll [215, 216] verwendet werden.

Neben der Nutzung von digitalen Straßenkarten existieren weitere Konzepte zur Bereitstellung von Streckeninformation. Dazu zählen zum einen Ansätze mit selbstlernenden Datenbanken, in denen mit fahrzeuginternen Sensoren gemessene Streckeneigenschaften abgespeichert werden [217, 218, 219]. Zuverlässige Streckeninformationen liegen demnach erst dann vor, wenn eine Strecke mehrmalig befahren wurde. Ein anderer Ansatz basiert auf der kooperativen Streckendatenerfassung [220, 221]. Dabei werden die durch fahrzeuginterne Sensoren erfassten Daten mehrerer Verkehrsteilnehmer (*Floating Car Data*) zentral ausgewertet, gespeichert und den Verkehrsteilnehmern zur weiteren Verarbeitung wieder zur Verfügung gestellt. Dieser Ansatz benötigt eine standardisierte Fahrzeug-zu-Infrastruktur-Schnittstelle und zentrale Dienste, welche die Daten weiterverarbeiten und wieder bereitstellen. Beides ist momentan nicht vorhanden. Deshalb eignen sich diese Konzepte nur für konzeptionelle Untersuchungen oder als Ergänzung zu digitalen Straßenkarten, um beispielsweise das statische Kartenmaterial durch aktualisierte Informationen zu erweitern.

Ein sehr wichtiger Aspekt bei der Nutzung von digitalen Straßenkarten ist die zuverlässige und genaue Positionierung des Fahrzeugs auf der Fahrstrecke. Standardmäßig werden dazu Verfahren verwendet, die eine globale Positionsbestimmung durch GPS mit einer modellbasierten Bewegungsschätzung anhand von messba-

---

[11]Advanced Driver Assistance System Research Plattform
[12]Most Probable Path

ren Fahrzeugzuständen wie der Geschwindigkeit, der Längs- und Querbeschleunigung und der Gierrate kombinieren [222, 223, 224]. Um in speziellen Anwendungen die Genauigkeit der Positionsbestimmung weiter zu verbessern, ist auch der Einsatz eines differentiellen GPS möglich [225, 226, 227]. Durch Kombination der Langzeitgenauigkeit der GPS-Ortung und der Kurzzeitgenauigkeit der Bewegungsschätzung kann eine hinreichend genaue Positionsbestimmung erzielt werden. Eine Positionsbestimmung basierend auf einer reinen Bewegungsschätzung und ohne den Einsatz von GPS ist ebenfalls möglich [228].

Die eigentliche Positionierung des Fahrzeugs im Streckennetz der digitalen Straßenkarte wird durch ein *map matching* durchgeführt [229, 230]. Bei Anwendungen für die automatisierte Längs- und Querführung ist zudem eine zentimetergenaue Positionsbestimmung in der Fahrspur notwendig. Dazu werden hauptsächlich kamerabasierte Verfahren eingesetzt, die Spurmarkierungen, Bordstein- und Häuserkanten als Fixpunkte für die hochgenaue Fahrzeugpositionierung nutzen [231, 232, 233]. Eine umfassende Übersicht zu Positionierungsverfahren ist in [234] zusammengetragen.

3.2 Optimale Steuerungen und Regelungen

In diesem Kapitel werden die methodischen Grundlagen für den regelungstechnischen Entwurf einer energetisch optimierten Fahrzeuglängsführung vorgestellt. Dazu werden die in dieser Arbeit angewandten Verfahren und Methoden aus den Teilgebieten der optimalen Steuerungen und Regelungen eingeführt. Zunächst wird eine allgemeine Einführung in die Methodik der Optimalsteuerungsprobleme und deren Lösungsverfahren präsentiert. Im Anschluss wird das methodische Konzept des in dieser Arbeit umgesetzten Verfahrens der *Dynamischen Programmierung* zur Lösung von Optimalsteuerungsproblemen erläutert. Die für die energieeffiziente und automatisierte Fahrzeuglängsführung notwendige Überführung des Optimalsteuerungsproblems in ein modellprädiktives Regelungskonzept sowie notwendige Anpassungen hinsichtlich der praktischen Umsetzbarkeit werden am Ende dieses Kapitels beschrieben.

3.2.1 Optimalsteuerungsprobleme und Lösungsverfahren

Zur Beschreibung eines Optimalsteuerungsproblems soll ein dynamisches System als Grundlage dienen, dessen zeitliche Änderung durch eine gewöhnliche Differentialgleichung

$$\frac{dx(t)}{dt} = f_x\left(x(t), u(t)\right), \quad x(0) = x_A \tag{3.1}$$

in der unabhängigen Größe t beschrieben werden kann. Zur Vereinfachung soll (3.1) ein eindimensionales System mit dem Systemzustand $x(t)$ und dem Systemeingang $u(t)$ sein. Für den Systemzustand und -eingang sollen Beschränkungen in der Form

$$x(t) \in [x_{min}(t), x_{max}(t)], \quad u(t) \in [u_{min}(t, x(t)), u_{max}(t, x(t))] \quad (3.2)$$

gelten, wobei Eingangsbeschränkungen zusätzlich vom Systemzustand abhängig sein sollen.

Es wird ein Optimalsteuerungsproblem für einen endlichen Zeithorizont $t \in [0, T_{opt}]$ betrachtet. Das Optimalsteuerungsproblem besteht darin, für den betrachteten Optimierungshorizont die optimale Eingangstrajektorie $u^*(t)$ und die dazugehörige optimale Zustandstrajektorie $x^*(t)$ zu bestimmen, die ein vorgegebenes Gütemaß unter Berücksichtigung der Beschränkungen (3.2) minimieren. Eine allgemeingültige Formulierung eines Optimalsteuerungsproblems unter Verwendung eines Gütemaßes J in *Bolza*-Form lautet [235]

$$\min_{u(t)} J(T_{opt}) = \Phi(x(t), u(t), T_{opt}) + \varphi_f(x(T_{opt}))$$
$$\text{u.B.v.} \quad (3.1), (3.2). \quad (3.3)$$

Das in (3.3) gewählte Gütemaß setzt sich aus einem integralen Term

$$\Phi(x(t), u(t), T_{opt}) = \int_0^{T_{opt}} \varphi(x(t), u(t)) dt \quad (3.4)$$

zur Bewertung der Zustands- und Eingangstrajektorie innerhalb des Optimierungshorizonts und einem Endkostenterm $\varphi_f(x(T_{opt}))$ zur Bewertung des Systemzustandes am Horizontende zusammen. Der integrale Term wird durch das Gütekriterium $\varphi(x(t), u(t))$ bestimmt. In diesem werden üblicherweise die Abweichung der Zustandstrajektorie zu einer vorgegebenen Solltrajektorie und die Eingangstrajektorie unter energetischen Gesichtspunkten bewertet. Der Endkostenterm wird auch als *Mayer*-Term bezeichnet und dient ausschließlich zur Bewertung der Abweichung des Systemzustandes zu einer vorgegebenen Referenz am Horizontende.

In der Literatur finden sich vielfältige Variationen des Gütemaßes. Eine andere Variante besteht darin, den Endkostenterm wegzulassen und stattdessen den Endzustand des Systems (3.1) am Horizontende durch Erweiterung der Randbedingungen (3.2) entweder fest vorzugeben oder auf eine vordefinierte Endregion zu beschränken. Darüber hinaus existieren auch Problemformulierungen mit unendlichem Horizont und ohne Endkostenterm, die allerdings für praktische Anwendungen aufgrund des unendlichen Optimierungshorizonts nicht relevant sind.

Die Restriktion des Systemzustandes am Ende eines endlichen Optimierungshorizonts ist insbesondere dann von Bedeutung, wenn das Optimalsteuerungsproblem im Rahmen einer Regelung mit neuen Anfangsbedingungen wiederholt neu gelöst wird und die Stabilitätseigenschaften des dann geschlossenen Regelkreises untersucht werden sollen. In diesem Kontext ist auf die im Abschnitt 3.2.3 gelistete weiterführende Literatur zur *Modellprädiktiven Regelung* verwiesen. Für weitere theoretische Ausführungen und praktische Beispiele zu Optimalsteuerungsproblemen wird auf [236, 237, 238] verwiesen.

Das durch (3.3) festgelegte Optimalsteuerungsproblem stellt ein Problem der *dynamischen Optimierung* dar. Kennzeichnend hierfür ist, dass für die optimale Eingangstrajektorie $u^*(t)$ eine zeitabhängige Funktion gesucht wird, die das Gütefunktional in (3.3) minimiert. Bei Problemstellungen der *statischen Optimierung* wird hingegen eine endliche Anzahl von Optimierungsvariablen gesucht, die eine algebraische Gütefunktion minimieren. Bei der *dynamischen Optimierung* von Optimalsteuerungsproblemen wird zwischen den in der Abbildung 3.4 dargestellten Ansätzen unterschieden. Die Verfahren unterscheiden sich stark im gewählten Optimierungsansatz. Ihre Anwendbarkeit hängt maßgeblich von den spezifischen Eigenschaften des betrachteten dynamischen Systems, des gewählten Gütemaßes sowie von Vorhandensein und Form von Zustands- und Eingangsbeschränkungen ab. Die wesentlichen Merkmale dieser Verfahren werden im Folgenden kurz zusammengefasst.

Abbildung 3.4: Übersicht zu Verfahren der *dynamischen Optimierung* [130].

Indirekte Verfahren

Indirekte Verfahren nutzen die Methodik der Variationsrechnung, um Optimalitätsbedingungen in Form von sogenannten *kanonischen* oder *Hamilton*-Gleichungen aus der *Hamilton*-Funktion abzuleiten [235, 239, 240]. Diese bilden ein Differentialgleichungssystem, das als Randwertproblem interpretiert und mit numerischen Verfahren gelöst wird. Da bei indirekten Verfahren nur notwendige Optimalitätsbedingungen ausgewertet werden, ist nicht zwangsläufig sichergestellt, dass die gefundene Lösung ein globales Optimum darstellt.

Problematisch bei den indirekten Verfahren ist die Handhabung von Zustands- und Eingangsbeschränkungen. Einen Ansatz zur Einbindung von Eingangsbeschränkungen durch Anpassung der Optimalitätsbedingungen liefert beispielsweise *Pontryagin's Maximumprinzip* [241]. Erweiterungsansätze für Zustandsbeschränkungen sind in [239, 242] beschrieben. Starke Vereinfachungen ergeben sich hingegen im Sonderfall, wenn lineare Systeme und quadratische Gütefunktionale behandelt werden. In diesem Fall kann die *Matrix-Riccati*-Differentialgleichung [243] aus den Optimalitätsbedingungen hergeleitet werden, deren Lösung durch Rückwärtsintegration auf die optimale Eingangstrajektorie $u^*(t)$ führt. Eine weitere erhebliche Vereinfachung kann erreicht werden, wenn anstelle eines endlichen Horizonts ein unendlicher Optimierungshorizont betrachtet wird. Die *Matrix-Riccati*-Differentialgleichung kann dann in ein nichtlineares algebraisches Gleichungssystem überführt werden, für dessen Lösung effiziente Verfahren existieren. Das Gleichungssystem kann zudem mit Hilfe des *Schur-Komplements* [244] in ein lineares Ungleichungssystem überführt werden. Dieses kann mit Zustands- und Eingangsbeschränkungen in Form von zusätzlichen Ungleichungen erweitert und mit Verfahren der *linearen Programmierung* effizient gelöst werden [245].

Direkte Verfahren

Bei direkten Verfahren wird das dynamische Optimierungsproblem in ein statisches Problem überführt, welches dann mit den Verfahren der *statischen Optimierung* gelöst wird. Um eine derartige Überführung zu realisieren, wird der Verlauf der optimalen Eingangstrajektorie $u^*(t)$ auf einer endlichen Anzahl von Intervallen im Optimierungshorizont diskretisiert. Dadurch muss keine Funktion für die optimale Eingangstrajektorie $u^*(t)$, sondern ein Parametervektor endlicher Länge bestimmt werden. Unterschieden wird bei der Diskretisierung zwischen sequentiellen und simultanen Verfahren [235]. Bei sequentiellen Verfahren wird nur die Eingangstrajektorie diskretisiert, weshalb die Zustandsgrößen durch numerische Integration berechnet werden müssen [246]. Bei simultanen Verfahren werden durch Kollokationsverfahren [247] zusätzlich die Zustandsgrößen diskretisiert und als Optimierungsvariablen angesetzt. Durch die Diskretisierung von Eingangs- und Zustandstrajektorien entsteht ein statisches nichtlineares Optimierungsproblem, das beispielsweise mit dem Verfahren der *sequentiellen quadratischen Programmierung* [235, 248] gelöst werden kann. Bei diesem Ansatz werden die nichtlineare Gütefunktion sowie nichtlineare Beschränkungen durch linear-quadratische bzw. lineare Darstellungen auf den Diskretisierungsintervallen approximiert. Das resultierende quadratische Optimierungsproblem mit Zustands- und Eingangsbeschränkungen in linearer Form wird mit den gängigen Verfahren der *quadratischen Programmierung* [248, 249] gelöst. Anzumerken ist, dass die dabei ausgewerteten Optimalitätsbedingungen (*Karush-Kuhn-Tucker*-Bedingungen) in Abhängigkeit von den Eigenschaften des quadratischen Terms in der Gütefunktion nicht zwangsläufig hinreichende Bedingungen für ein globales Optimum darstellen. Praktische Umsetzungen von indirekten Optimierungsverfahren im Bereich der energieeffizienten Fahrzeuglängsführung finden sich in den im Kapitel 2.2.1 vorgestellten Ansätzen [129, 130] und [132].

Dynamische Programmierung

Bei der *Dynamischen Programmierung* wird das Optimalsteuerungsproblem als ein mehrstufiger Entscheidungsprozess betrachtet. Dazu wird der Optimierungshorizont in eine endliche Anzahl von Optimierungsstufen zerlegt. Anschließend werden in einer rekursiven Folge optimale Teillösungen in den einzelnen Stufen berechnet. Die Lösung des Optimalsteuerungsproblems über den gesamten Optimierungshorizont ergibt sich anschließend aus der kombinatorischen Rekonstruktion der optimalen Teillösungen an den einzelnen Optimierungsstufen. Eine umfassende Einführung in die Methodik der *Dynamischen Programmierung* wird in [250, 251] präsentiert. Anwendungsbeispiele zur Berechnung von optimalen Steuerungen werden in [252, 253] vorgestellt. Die *Dynamische Programmierung* weist einige wesentliche Vorteile gegenüber den indirekten und direkten Verfahren der *dynamischen Optimierung* auf:

- Die mit der *Dynamischen Programmierung* berechnete Lösung für ein Optimalsteuerungsproblem stellt immer ein globales Optimum dar.

- Es können beliebig komplexe oder nichtlineare Systeme, Zustands- und Eingangsbeschränkungen sowie Gütemaße behandelt werden.

- Beschränkungen für Systemzustände- oder eingänge reduzieren den Berechnungsaufwand, indem beispielsweise die Größe des abzusuchenden Zustandsraums durch Zustandsbeschränkungen verkleinert wird.

- Die Anzahl der notwendigen Recheniterationen zur Bestimmung der optimalen Lösung hängt von der gewählten Diskretisierung ab. Damit weist die *Dynamische Programmierung* ein deterministisches Verhalten auf.

Nachteilig ist, dass das kombinatorische Verfahren nur auf Probleme mit wenigdimensionalen Zustands- und Eingangsgrößen effizient angewandt werden kann, da die Komplexität exponentiell mit der Dimension der zu optimierenden Zustands- und Eingangsgrößen wächst [250]. Bei Problemstellungen mit sehr wenigen Zustands- und Eingangsgrößen hingegen stellt die *Dynamische Programmierung* ein sehr effizientes und weitverbreitetes Optimierungsverfahren mit den beschriebenen vorteilhaften Eigenschaften dar. So wird in den im Kapitel 2.2.1 beschriebenen Ansätzen [126, 127, 128], [133], [134, 135] oder [136, 137] die Fahrzeuglängsführung mit dem Verfahren der *Dynamischen Programmierung* energetisch optimiert. In dieser Arbeit dient ebenfalls das Verfahren der *Dynamischen Programmierung* zur Lösung des Optimalsteuerungsproblems der energetisch optimierten Fahrzeuglängsführung. Im folgenden Kapitel wird die grundsätzliche Funktionsweise der *Dynamischen Programmierung* erläutert.

3.2.2 Dynamische Programmierung

Bei der *Dynamischen Programmierung* werden optimale Steuerungen durch das Lösen einer rekursiven Folge von Teiloptimierungsproblemen und anschließender kombinatorischer Rekonstruktion der optimalen Zustands- und Eingangstrajektorien bestimmt. Das Verfahren sieht zunächst eine Diskretisierung des Optimalsteuerungsproblems und die Generierung eines diskreten Lösungssuchraums vor. Bei den klassischen Verfahren der *Dynamischen Programmierung* [250, 251] werden dazu der Zustandsraum und zusätzlich die Systemeingänge an den Stützstellen des Zustandsraums diskretisiert. Die Menge der Optimierungsvariablen wird in diesem Fall durch die Anzahl der Zustandsstützstellen und der dortigen Eingangsdiskretisierungen festgelegt. Die zu lösenden Teiloptimierungsprobleme bestehen darin, in jeder Zustandsstützstelle optimale Systemeingänge durch iterative Variation der dortigen Eingangsdiskretisierungen zu bestimmen. Die in den Zustandsstützstellen auszuwertenden Systemeingänge führen in der Regel zu Folgezuständen, die nicht mit den Zustandsstützstellen in den nachfolgenden Optimierungsstufen zusammenfallen. Dadurch werden rechenaufwendige Interpolationen notwendig.

Dieser Nachteil kann umgangen werden, wenn das zugrundeliegende dynamische System invertiert werden kann, so dass Systemeingänge in Abhängigkeit von vorgegebenen Zustandsänderungen berechnet werden können. Die Diskretisierung der Systemeingänge ist dann nicht notwendig, wodurch die Menge der Optimierungsvariablen und die Komplexität des Lösungsverfahrens reduziert werden. Die zu lösenden Teiloptimierungsprobleme bestehen folglich darin, optimale Zustandsübergänge zwischen den Zustandsstützstellen zweier benachbarter Optimierungsstufen zu bestimmen. Die für die Zustandsübergänge notwendigen Systemeingänge werden dabei mit einer inversen Systembeschreibung berechnet. Das Optimalsteuerungsproblem kann somit als ein *Kürzester-Weg*-Problem interpretiert werden [254, 255]. Darin ergibt sich die optimale Steuerung aus der optimalen Zustandstrajektorie.

Bei der *Dynamischen Programmierung* werden Optimierungsprobleme üblicherweise durch Anwendung einer Rückwärtsrekursion gelöst. Dabei werden optimale Teillösungen in den Zustandsstützstellen in rückwärtiger Richtung ausgehend vom Ende des Optimierungshorizonts hin zum Horizontanfang bestimmt. Eine Umkehrung der Rekursionsrichtung ist möglich und führt zu äquivalenten Ergebnissen.

In dieser Arbeit werden energetisch optimierte Fahrstrategien durch das Lösen eines Optimalsteuerungsproblems mit der *Dynamischen Programmierung* bestimmt. Dieses Kapitel stellt das methodische Grundkonzept zur Lösung eines Optimalsteuerungsproblems vor. Dabei wird ein Lösungsverfahren mit Vorwärtsrekursion verfolgt und vorausgesetzt, dass das Optimalsteuerungsproblem in ein *Kürzester-Weg*-Problem überführt werden kann. In den nächsten Abschnitten werden im ersten Schritt diskrete Formulierungen für das im vorangegangen Kapitel eingeführte Optimalsteuerungsproblem und für den Zustandssuchraum angegeben. Darauf folgend werden die Funktionsweise des Optimierungsalgorithmus und die Rekonstruktion der optimalen Zustands- und Eingangstrajektorien beschrieben.

Diskrete Formulierung des Optimalsteuerungsproblems und des Suchraums

Es wird eine zeitliche Diskretisierung auf den Intervallen

$$\Delta t_k = t_{k+1} - t_k \tag{3.5}$$

betrachtet. Dabei bezeichnet der Index k die Optimierungsstufe und Δt_k die Länge eines Diskretisierungsintervalls zwischen zwei Optimierungsstufen. Systemeingänge werden als konstant innerhalb eines Diskretisierungsintervalls Δt_k angesetzt, d.h.

$$\frac{du(t)}{dt} = 0, \quad t \in [t_k, t_{k+1}). \tag{3.6}$$

Die zeitkontinuierliche Systembeschreibung (3.1) kann in diskreter Form als

$$x_{k+1} = F_x\left(\Delta t_k, x_k, u_k\right), \quad x_0 = x_A \tag{3.7}$$

angegeben werden. Darin ist $F_x\left(\Delta t_k, x_k, u_k\right)$ eine Überführungsfunktion, mit der ausgehend von einem Zustand x_k und einem wirkenden Eingang u_k in der Diskretisierungsstufe k der Folgezustand x_{k+1} in der nächsten Diskretisierungsstufe $k+1$ bestimmt wird. Es wird vorausgesetzt, dass für die diskrete Systembeschreibung (3.7) eine inverse Funktion $F_u(\Delta t_k, x_k, x_{k+1})$ existiert. Mit dieser kann nach

$$u_k = F_u(\Delta t_k, x_k, x_{k+1}) \tag{3.8}$$

der Systemeingang u_k berechnet werden, der einen Systemzustand x_k in einen vorgegebenen Folgezustand x_{k+1} überführt.

Die in (3.2) zeitkontinuierlich formulierten Zustands- und Eingangsbeschränkungen werden in diskreter Form mit

$$x_k \in [x_{min,k}, x_{max,k}], \quad k = 0, 1, ..., n_k, \tag{3.9}$$

$$u_k \in [u_{min,k}(x_k), u_{max,k}(x_k)], \quad k = 0, 1, ..., n_k - 1 \tag{3.10}$$

ausgedrückt. Vereinfachend wird dabei angenommen, dass die Eingangsbeschränkungen in einer Diskretisierungsstufe k nur vom Systemzustand x_k und nicht zusätzlich vom Systemzustand x_{k+1} in der folgenden Diskretisierungsstufe abhängen.

Das zeitkontinuierliche Optimalsteuerungsproblem (3.3) wird in eine zeitdiskrete Form gebracht, indem der Optimierungshorizont $t \in [0, T_{opt}]$ in n_k Intervalle zerlegt wird. Die Intervallgrenzen sind durch die diskreten Zeitpunkte t_k für $k = 0, 1, ..., n_k$ und $T_{opt} = t_{n_k}$ gegeben. Das Optimalsteuerungsproblem wird als *Kürzester-Weg*-Problem behandelt, in dem die Zustandstrajektorie als zu optimierende Variable angesetzt ist. Das zeitdiskrete Optimalsteuerungsproblem kann damit durch

$$\min_{x_k,\ k=0,1,...,n_k} J_{n_k} = \Phi_{n_k} + \varphi_{f,n_k}$$
$$\text{u.B.v.} \quad (3.8),\ (3.9),\ (3.10) \tag{3.11}$$

mit

$$\Phi_{n_k} = \sum_{k=0}^{n_k-1} \varphi(x_k, x_{k+1}) \tag{3.12}$$

angegeben werden. Die Lösung dieses Problems liefert die optimale diskrete Zustandstrajektorie $\underline{x}^*$ und die mit (3.8) bestimmte zugehörige Eingangstrajektorie $\underline{u}^*$

$$\underline{x}^* = \begin{bmatrix} x_0^* & x_1^* & \cdots & x_{n_k}^* \end{bmatrix}^T, \quad \underline{u}^* = \begin{bmatrix} u_0^* & u_1^* & \cdots & u_{n_k-1}^* \end{bmatrix}^T. \tag{3.13}$$

Der Unterstrich in (3.13) soll dabei auf eine vektorielle Schreibweise entlang der Stützstellen des Optimierungshorizonts verweisen.

Zur Lösung des Optimalsteuerungsproblems (3.11) mit der *Dynamischen Programmierung* werden die Systemzustände an allen Optimierungsstufen k diskretisiert. Dadurch wird ein diskreter Zustandssuchraum aufgespannt. Das Optimierungsproblem reduziert sich damit auf die Bestimmung des optimalen Pfades entlang der Zustandsstützstellen im diskreten Zustandssuchraum. Zur vereinfachten Darstellung wird im Folgenden ein eindimensionales System mit einem Zustand und einem Eingang betrachtet. Die Übertragbarkeit auf höherdimensionale Systeme ist uneingeschränkt möglich. Die Abbildung 3.5 zeigt in beispielhafter Darstellung einen diskreten Zustandssuchraum.

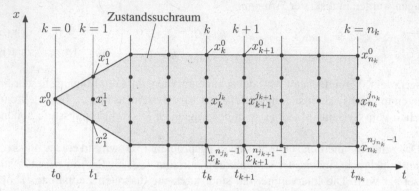

Abbildung 3.5: Beispielhafte Darstellung eines diskreten Zustandssuchraums.

Wie in der Abbildung 3.5 veranschaulicht ist, werden die Systemzustände an den diskreten Zeitpunkten t_k des Optimierungshorizonts durch n_{j_k} Stützstellen

$$x_k^{j_k} \in [x_{min,k}, x_{max,k}],$$
$$k = 0, 1, ..., n_k, \quad j_k = 0, 1, ..., n_{j_k} - 1, \quad x_0^0 = x_A \tag{3.14}$$

abgebildet. Diese werden durch den hochgestellten Index j_k separiert. Die Anzahl der n_{j_k} Stützstellen kann in Abhängigkeit der Optimierungsstufe k variieren. Um am Horizontende verschiedene Endzustände vorzusehen, gilt $n_{j_{n_k}} > 1$. Die Größe des Zustandssuchraums wird durch die Zustandsbeschränkungen (3.9) begrenzt. Die Zustandsstützstellen des diskreten Zustandssuchraums werden in kompakter Form in einer Matrix $\underline{\mathcal{X}}$ und die Zeitintervalle in einem Vektor $\Delta \underline{t}$ abgespeichert. Für eine beliebige Stützstelle und ein beliebiges Zeitintervall gilt damit $x_k^{j_k} = \underline{\mathcal{X}}\{k, j_k\}$ bzw. $\Delta t_k = \Delta \underline{t}\{k\}$.

Lösung des Optimalsteuerungsproblems

Bei der *Dynamischen Programmierung* mit Vorwärtsrekursion werden in einer vorwärtsschreitenden rekursiven Folge optimale Teillösungen in den Zustandsstützstellen des Zustandssuchraums bestimmt. Das prinzipielle Vorgehen wird für die Zustandsstützstelle x_2^2 in der Optimierungsstufe $k = 2$ anhand der Abbildung 3.6(a) erläutert. Auf die Berücksichtigung von Eingangsbeschränkungen wird dabei vorerst verzichtet.

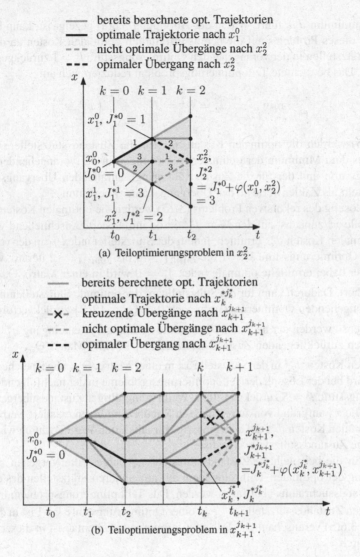

(a) Teiloptimierungsproblem in x_2^2.

(b) Teiloptimierungsproblem in $x_{k+1}^{j_{k+1}}$.

Abbildung 3.6: Teiloptimierungsprobleme bei der Lösung des Optimalsteuerungsproblems.

Das Teiloptimierungsproblem in der Zustandsstützstelle x_2^2 besteht darin, die optimale Zustandstrajektorie zur Stützstelle x_2^2 zu berechnen, die dort zu einem

Kostenminimum J_2^{*2} führt. Wie in der Abbildung 3.6(a) gezeigt ist, kann bei der Lösung dieses Problems auf die bereits ermittelten optimalen Kosten an den Zustandsstützstellen in der vorangehenden Optimierungsstufe $k = 1$ zurückgegriffen werden. Das betrachtete Teiloptimierungsproblem reduziert sich auf

$$\min_{j_1 \in [j_{min,1}, j_{max,1}]} J_2^2 = \Phi_2^2 = J_1^{*j_1} + \varphi\left(x_1^{j_1}, x_2^2\right). \tag{3.15}$$

In (3.15) werden die optimalen Kosten J_2^{*2} für die Zustandsstützstelle x_2^2 demnach aus dem Minimum der optimalen Teillösungen in der vorangehenden Optimierungsstufe und der für die Zustandsübergänge anfallenden Übergangskosten (dargestellt als Zahlenwerte an den Übergangskanten) bestimmt.

Zur Lösung des rekursiven Problems (3.15) werden die optimalen Kosten in der Stützstelle x_2^2 zunächst auf den Wert $J_2^{*2} = \infty$ initialisiert. Anschließend werden die optimalen Kosten J_2^{*2} ermittelt, indem der Stützstellenindex j_1 in der vorangehenden Optimierungsstufe $k = 1$ für $j_{min,1} = 0$ bis $j_{max,1} = 2$ iterativ variiert wird. Der dabei ermittelte optimale Index $j_1^* = 0$ wird in einer Matrix $\underline{\Theta}_{j_{k-1}^*}$ abgespeichert. Dadurch kann für die Stützstelle x_2^2 der optimale Stützstellenindex in der vorangehenden Optimierungsstufe nach $0 = \underline{\Theta}_{j_{k-1}^*}\{2,2\}$ zurückverfolgt werden. Ebenso werden der nach (3.8) bestimmte optimale Systemeingang u_1^{*0} in der optimalen zurückliegenden Zustandsstützstelle x_1^0 in einer Matrix $\underline{\Theta}_{u_{k-1}^*}$ und die optimalen Kosten J_2^{*2} in der Stützstelle x_2^2 in einer Matrix $\underline{\Theta}_{J^*}$ abgespeichert. Auf diese wird bei der Lösung der Teiloptimierungsprobleme in der nachfolgenden Optimierungsstufe $k = 3$ zurückgegriffen. Wenn kein gültiger Zustandsübergang zur Stützstelle x_2^2 aufgrund von zu restriktiven Randbedingungen existiert, verbleiben die optimalen Kosten J_2^{*2} auf dem eingangs initialisierten Wert. Dadurch wird eine ungültige Zustandsstützstelle signalisiert.

Das für die beispielhafte Zustandsstützstelle x_2^2 dargestellte Vorgehen zur Bestimmung der optimalen Teillösung kann auf alle anderen Stützstellen des diskreten Zustandssuchraums übertragen werden. Das Teiloptimierungsproblem in einer beliebigen Zustandsstützstelle $x_{k+1}^{j_{k+1}}$ in einer Optimierungsstufe $k+1$ ist in der Abbildung 3.6(b) veranschaulicht. Das zu minimierende Gütemaß ist in dieser Stützstelle durch

$$J_{k+1}^{j_{k+1}} = \underbrace{J_k^{*j_k} + \varphi\left(x_k^{j_k}, x_{k+1}^{j_{k+1}}\right)}_{\Phi_{k+1}^{j_{k+1}}} + \begin{cases} 0 & , k+1 < n_k \\ \varphi_{f,n_k}^{j_{n_k}} & , k+1 = n_k \end{cases} \tag{3.16}$$

gegeben. Das Teiloptimierungsproblem kann damit in allgemeiner Form mit

$$\min_{j_k \in [j_{min,k}, j_{max,k}]} J_{k+1}^{j_{k+1}} \tag{3.17}$$

u.B.v. $\quad J_k^{*j_k} \neq \infty, \ J_k^{*j_k} = \underline{\Theta}_{J^*}\{k, j_k\},$ \hfill (3.18)

$$u_k^{j_k} \in \left[u_{min,k}(x_k^{j_k}), u_{max,k}(x_k^{j_k})\right], \tag{3.19}$$

$$u_k^{j_k} = F_u(\Delta t_k, x_k^{j_k}, x_{k+1}^{j_{k+1}}) \tag{3.20}$$

formuliert werden. Zustandsübergänge und Anfangsbedingungen sind darin durch

$$\Delta t_k = \Delta\underline{t}\{k\}, \quad x_k^{j_k} = \underline{\mathcal{X}}\{k, j_k\}, \quad x_{k+1}^{j_{k+1}} = \underline{\mathcal{X}}\{k+1, j_{k+1}\} \tag{3.21}$$

gegeben. Die explizite Berücksichtigung von Zustandsbeschränkungen entfällt, da diese durch die Größe des Zustandssuchraums abgedeckt werden. Die Lösung des Teiloptimierungsproblems (3.17) in einer Stützstelle $x_{k+1}^{j_{k+1}}$ liefert die optimalen Kosten $J_{k+1}^{*j_{k+1}}$ sowie den optimalen Stützstellenindex j_k^* und den optimalen Systemeingang $u_k^{j_k^*}$ in der vorangehenden Optimierungsstufe k. Diese werden in den Matrizen $\underline{\Theta}_{J^*}, \underline{\Theta}_{j_{k-1}^*}$ und $\underline{\Theta}_{u_{k-1}^*}$ nach

$$\begin{aligned}
\underline{\Theta}_{J^*}\{k+1, j_{k+1}\} &= J_{k+1}^{*j_{k+1}}, \\
\underline{\Theta}_{j_{k-1}^*}\{k+1, j_{k+1}\} &= j_k^*, \\
\underline{\Theta}_{u_{k-1}^*}\{k+1, j_{k+1}\} &= u_k^{j_k^*}
\end{aligned} \tag{3.22}$$

abgespeichert.

Der Berechnungsaufwand zur Lösung des Teiloptimierungsproblems (3.17) kann durch Anwendung der Regel, dass optimale Zustandstrajektorien sich nicht kreuzen dürfen, reduziert werden. Dem liegt zugrunde, dass der Schnittpunkt zweier optimaler Zustandstrajektorien einen Zustand darstellen würde, in den ausgehend vom Anfangszustand zwei optimale Zustandstrajektorien führen. Das widerspricht dem Prinzip der Optimalität. Für jeden Zustand im Zustandsraum kann immer nur genau eine optimale Zustandstrajektorie existieren, die ausgehend vom Anfangszustand in diesen führt. Die praktische Anwendung dieser Regel ist exemplarisch für die Teiloptimierung in der Stützstelle $x_{k+1}^{j_{k+1}}$ in der Abbildung 3.6(b) veranschaulicht. In dem dargestellten Fall reduziert sich die Auswertung der möglichen Zustandsübergänge um die beiden durchgestrichenen Übergänge. Die Regel wird in das Teiloptimierungsproblem integriert, indem die abzusuchenden Indexgrenzen $j_{min,k}$ und $j_{max,k}$ in der vorangehenden Optimierungsstufe mit der Bedingung

$$\forall j_k \in [j_{min,k}, j_{max,k}] : \vec{x}(x_k^{j_k}, x_{k+1}^{j_{k+1}}) \cap \vec{x}^* = \emptyset \qquad (3.23)$$

bestimmt werden. Dadurch werden Kreuzungen von zu bewertenden Zustandsübergängen $\vec{x}$ mit bereits ermittelten optimalen Zustandsübergängen $\vec{x}^*$ vermieden.

Um die Regel möglichst effektiv zur Reduktion von Berechnungsiterationen einzusetzen, werden die Zustandsstützstellen $x_{k+1}^{j_{k+1}}$ in einer Optimierungsstufe $k+1$ nicht in numerischer Reihenfolge $j_{k+1} = 0, 1, ..., n_{j_{k+1}} - 1$ abgearbeitet. Stattdessen wird eine möglichst gleichmäßige Abdeckung der dortigen Zustände angestrebt. Dies kann durch die Einführung von spezifischen Iterationssequenzen[13] $\underline{S}_{n_{j_{k+1}}}$ erreicht werden, in welchen nach

$$j_{k+1} = \underline{S}_{n_{j_{k+1}}} \{j\}, \quad j = 0, 1, ..., n_{j_{k+1}} - 1 \qquad (3.24)$$

die abzuarbeitenden Indizes j_{k+1} abgelegt sind. Nach [256] kann durch die Nichtberücksichtigung von kreuzenden Zustandsübergängen die Gesamtzahl der Berechnungsiterationen n_{var} in allen Teiloptimierungsproblemen des Zustandssuchraums von

$$n_{var} = \sum_{k=0}^{n_k-1} \sum_{j_{k+1}=0}^{n_{j_{k+1}}-1} (n_{j_k} - 1) \qquad (3.25)$$

auf schätzungsweise

$$n_{var} \approx \sum_{k=0}^{n_k-1} \sum_{j_{k+1}=0}^{n_{j_{k+1}}-1} \log_2 (n_{j_k} - 1) \qquad (3.26)$$

reduziert werden. Eine weitere Möglichkeit zur Reduktion von Berechnungsiterationen ist der Einsatz von Beschränkungen für zulässige Zustandsänderungen zwischen zwei Optimierungsstufen.

Durch das Lösen der Teiloptimierungsprobleme in einer rekursiven vorwärtsschreitenden Folge über den gesamten Optimierungshorizont werden optimale Zustandstrajektorien in die Zustandsstützstellen am Ende des Optimierungshorizonts und die dazugehörigen optimalen Kosten bestimmt. Dies ist in der Abbildung 3.7 veranschaulicht. Der dabei zur Anwendung kommende Lösungsalgorithmus ist im Algorithmus A.1.1 im Anhang A.1 in Form eines Pseudo-Programmcodes zusammengefasst.

---

[13]Beispiel: $\underline{S}_{11} = [5\ 2\ 4\ 3\ 1\ 0\ 8\ 6\ 7\ 9\ 10]^T$.

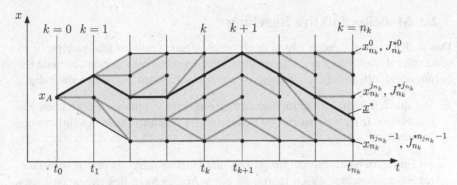

Abbildung 3.7: Optimale Zustandstrajektorien in die Endstützstellen (grau) und optimale Lösung (schwarz).

Rekonstruktion der optimalen Eingangs- und Zustandstrajektorie

Zur Rekonstruktion der optimalen Trajektorien wird zunächst die optimale Zustandsstützstelle $x_{n_k}^{j_{n_k}^*}$ am Ende des Optimierungshorizonts bestimmt, die über alle Endstützstellen betrachtet zu einem Gesamtkostenminimum führt. Dazu wird der optimale Stützstellenindex $j_{n_k}^*$ durch Lösen des Problems

$$\min_{j_{n_k}=0,1,\ldots,n_{j_{n_k}}-1} J_{n_k} = J_{n_k}^{*j_{n_k}} \tag{3.27}$$

ermittelt. Die sich ergebenden optimalen Gesamtkosten $J_{n_k}^*$ entsprechen der optimalen Lösung des eingangs definierten Optimalsteuerungsproblems (3.11). Der Stützstellenindex $j_{n_k}^*$ legt die optimale Zustandsstützstelle am Ende des Optimierungshorizonts fest. Die optimalen Zustands- und Eingangstrajektorien (3.13) werden ausgehend von der optimalen Endstützstelle in einer rückwärtsschreitenden rekursiven Folge für $k = n_k, n_k - 1, \ldots, 1$ mit

$$\begin{aligned} x_k^* &= \underline{\mathcal{X}}\{k, j_k^*\}, \\ u_{k-1}^* &= \underline{\Theta}_{u_{k-1}^*}\{k, j_k^*\}, \\ j_{k-1}^* &= \underline{\Theta}_{j_{k-1}^*}\{k, j_k^*\} \end{aligned} \tag{3.28}$$

rekonstruiert. Am Anfang des Optimierungshorizonts bei $k = 0$ gilt für den optimalen Zustand $x_0^* = x_A = \underline{\mathcal{X}}\{0, 0\}$. Das Vorgehen zur Rekonstruktion der optimalen Trajektorien ist im Algorithmus A.1.2 im Anhang A.1 als Pseudo-Programmcode veranschaulicht.

3.2.3 Modellprädiktive Regelung

Das in den vorangehenden Abschnitten beschriebene Optimalsteuerungsproblem wird unter Beibehaltung des aufgezeigten Lösungsverfahrens in eine optimale Regelung überführt. Diese Überführung ist aus den folgenden Gründen notwendig:

1. Die durch Lösen des Optimalsteuerungsproblems bestimmten optimalen Zustands- und Eingangstrajektorien gelten nur für einen endlichen Optimierungshorizont.

2. Im Fahrbetrieb auftretende Störgrößen und Ungenauigkeiten in den verwendeten Systembeschreibungen führen zu einer Abweichung des realen Zustandsverlaufs vom ermittelten optimalen Verlauf, wenn die optimalen Eingangstrajektorien als reine Steuerungen eingesetzt werden.

3. Im realen Fahrbetrieb können innerhalb des betrachteten Optimierungshorizonts vielfältige situationsbedingte und dynamische Anpassungen der Fahrzeuglängsführung und damit des zulässigen Zustandsraums notwendig werden. Beispiele sind Annäherung und Folgefahrt bei langsameren vorausfahrenden Fahrzeugen oder die Annäherung und Weiterfahrt an Kreuzungen, Signalanlagen oder Fußgängerüberwegen.

Diese Probleme können durch periodische Neuberechnung des Optimalsteuerungsproblems gelöst werden:

1. Bei jeder Neuberechnung wird ein neuer, endlicher und sich schrittweise in die Zukunft verschiebender Optimierungshorizont berücksichtigt und für diesen neue Verläufe für die optimalen Zustands- und Eingangstrajektorien bestimmt.

2. Bei jeder Neuberechnung können aktuell gemessene Systemzustände als Anfangsbedingungen bei der Lösung des Optimalsteuerungsproblems genutzt werden, wodurch ein geschlossener Regelkreis mit Zustandsrückführung entsteht. Störgrößen und Modellungenauigkeiten können so ausgeregelt werden.

3. Bei jeder Neuberechnung kann die Fahrsituation neu bewertet werden. Notwendige Anpassungen der Fahrzeuglängsführung können durch entsprechende Änderung des zulässigen Zustandssuchraums bei der wiederholten Lösung des Optimalsteuerungsproblems integriert werden.

Die notwendigen Verfahren und Methoden für den Entwurf einer optimalen Regelung durch periodische Neuberechnung eines Optimalsteuerungsproblems liefert das Konzept der *Modellprädiktiven Regelung*. Die grundsätzliche Funktionsweise wird im Folgenden erläutert. Für eine umfangreiche Einführung in die *Modellprä-diktive Regelung* wird auf den Übersichtsaufsatz [257] sowie auf die darin referen-zierten Quellen und für Ansätze zur Reduktion der Berechnungskomplexität auf [258, 259] verwiesen.

Die *Modellprädiktive Regelung* sieht eine zyklische Neuberechnung von opti-malen Eingangs- und Zustandstrajektorien durch wiederholtes Lösen eines Opti-malsteuerungsproblems vor. Dazu wird in der Regel ein konstanter zeitlicher Neu-berechnungstakt

$$\Delta T = t_{k_t+1} - t_{k_t} \tag{3.29}$$

angesetzt und das Optimalsteuerungsproblem an den diskreten Zeitpunkten t_{k_t} für einen endlichen Optimierungshorizont der Länge $T_{opt|k_t}$ gelöst. Der zum Zeit-punkt t_{k_t} messtechnisch ermittelte Systemzustand $x_A = x_A(t_{k_t})$ wird dabei als Anfangsbedingung bei der Lösung des Optimalsteuerungsproblems benutzt. Die Lösung des Optimalsteuerungsproblems zum Zeitpunkt t_{k_t} liefert die optimalen Zustands- und Eingangstrajektorien

$$
\begin{aligned}
\underline{x}_{k_t}^* &= \begin{bmatrix} x_{0|k_t}^* & x_{1|k_t}^* & \cdots & x_{n_k|k_t}^* \end{bmatrix}^T, \\
\underline{u}_{k_t}^* &= \begin{bmatrix} u_{0|k_t}^* & u_{1|k_t}^* & \cdots & u_{n_k-1|k_t}^* \end{bmatrix}^T.
\end{aligned}
\tag{3.30}
$$

Diese gelten für einen zeitlichen Horizont $t \in [t_{k_t}, t_{k_t} + T_{opt|k_t}]$. Der zweite tiefge-stellte Index k_t in (3.30) kennzeichnet den Neuberechnungstakt, an dem die Trajek-torien berechnet wurden. Das Prinzip ist für den vereinfachten Fall eines Systems mit einem Zustand und einem Eingang in der Abbildung 3.8(a) veranschaulicht.

Beim klassischen Ansatz der *Modellprädiktiven Regelung* wird die zum Zeit-punkt t_{k_t} bestimmte optimale Eingangstrajektorie $\underline{u}_{k_t}^*$ für das Zeitintervall $t \in [t_{k_t}, t_{k_t} + \Delta T) = [t_{k_t}, t_{k_t+1})$ bis zum nächsten Neuberechnungszeitpunkt t_{k_t+1} als Steuerung auf das zu regelnde System geschaltet. Im folgenden Neuberech-nungszeitpunkt t_{k_t+1} wird das Optimalsteuerungsproblem mit der aktualisierten Anfangsbedingung $x_A = x_A(t_{k_t+1})$ für einen um den Neuberechnungstakt ΔT in die Zukunft verschobenen Optimierungshorizont der Länge $T_{opt|k_t+1}$ wiederholt gelöst. Die dabei neu bestimmte optimale Eingangstrajektorie $\underline{u}_{k_t+1}^*$ wird wieder-um als Steuerung im Zeitintervall $t \in [t_{k_t+1}, t_{k_t+1} + \Delta T) = [t_{k_t+1}, t_{k_t+2})$ bis zum nächsten Neuberechnungszeitpunkt t_{k_t+2} genutzt. Dieses Vorgehen wird in allen folgenden Neuberechnungszeitpunkten wiederholt. Durch die zyklische Neu-berechnung der optimalen Steuerungen unter Berücksichtigung von aktualisierten Anfangszuständen weist die *Modellprädiktive Regelung* die Charakteristik eines geschlossenen Regelkreises mit Zustandsrückführung auf.

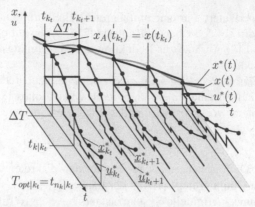

(a) Klassisches Konzept der *Modellprädiktiven Regelung* mit gleitendem Optimierungshorizont.

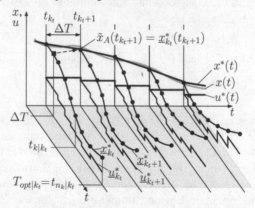

(b) *Modellprädiktive Regelung* mit Zeitschrittverschiebung und Anfangszustandsprädiktion.

Abbildung 3.8: Vergleich des klassischen Konzepts (links) der *Modellprädiktiven Regelung* mit dem Ansatz der Zeitschrittverschiebung (rechts).

Die praktische Umsetzbarkeit des klassischen Ansatzes der *Modellprädiktiven Regelung* hängt im Wesentlichen von der Berechnungsdauer ΔT_{calc} für das Lösen des Optimalsteuerungsproblems ab. Die Umsetzbarkeit ist insbesondere dann problematisch, wenn Systeme mit schneller Dynamik betrachtet werden, die mit einem entsprechend kleinen Neuberechnungstakt ΔT geregelt werden müssen. Aus der notwendigen Berechnungszeit ΔT_{calc} zur Lösung des Optimalsteuerungsproblems ergeben sich zusammenfassend zwei Probleme:

1. Wird zu einem Neuberechnungszeitpunkt t_{k_t} die optimale Lösung für den Zeithorizont $t \in [t_{k_t}, t_{k_t} + T_{opt|k_t}]$ gesucht, dann liegt diese verschoben um die notwendige Berechnungszeit zum Zeitpunkt $t = t_{k_t} + \Delta T_{calc}$ vor. Dieser zeitliche Verzug muss in geeigneter Form kompensiert werden.

2. Der Neuberechnungstakt ΔT muss mindestens genauso groß oder idealerweise größer als die Berechnungszeit ΔT_{calc} gewählt werden. Die zur Lösung des Optimalsteuerungsproblems notwendige Berechnungszeit ΔT_{calc} wird unter Berücksichtigung der vergleichbaren Anwendung für die energetische Optimierung der Fahrzeuglängsführung in [132] auf 100 ms bis 1 s abgeschätzt. Übliche Neuberechnungstakte für Regelungsanwendungen im Bereich der Fahrdynamik liegen allerdings bei 1-20 ms [260].

Die beschriebenen Probleme resultieren aus der rechenintensiven Lösung des Optimalsteuerungsproblems und sind charakteristisch für die Anwendung der *Modellprädiktiven Regelung*. In der Literatur werden unterschiedliche Ansätze zur Lösung dieser Probleme beschrieben, die in den nächsten Abschnitten vorgestellt werden.

Kompensation der Berechnungszeit durch Zeitschrittverschiebung

Ein Ansatz zur Kompensation der Berechnungszeit ist die in [261, 262] beschriebene und in dem Anwendungsbeispiel [132] praktisch umgesetzte Zeitschrittverschiebung bei der Lösung des Optimalsteuerungsproblems. Die grundlegende Idee der Zeitschrittverschiebung besteht darin, das Optimalsteuerungsproblem in einem Neuberechnungszeitpunkt t_{k_t} nicht für den Zeithorizont $t \in [t_{k_t}, t_{k_t} + T_{opt|k_t}]$ zu lösen, sondern für einen um einen Neuberechnungstakt ΔT in die Zukunft verschobenen Zeithorizont $t \in [t_{k_t+1}, t_{k_t+1} + T_{opt|k_t+1}]$. Durch diese Maßnahme kann die Berechnung der optimalen Zustands- und Eingangstrajektorien $\underline{x}^*_{k_t+1}$ und $\underline{u}^*_{k_t+1}$ auf das Zeitintervall $t \in [t_{k_t}, t_{k_t+1})$ ausgeweitet werden. Dieses stellt durch die Bedingung $\Delta T = t_{k_t+1} - t_{k_t} \geq \Delta T_{calc}$ ein ausreichend großes Zeitfenster zur Bestimmung der optimalen Lösung dar. Die auf diese Weise im Zeitintervall $t \in [t_{k_t}, t_{k_t+1})$ ermittelte optimale Eingangstrajektorie $\underline{u}^*_{k_t+1}$ wird im anschließenden Zeitintervall $t \in [t_{k_t+1}, t_{k_t+2})$ zur Steuerung des Systems genutzt. Gleichzeitig werden in diesem anschließenden Zeitintervall wiederum die optimalen Trajektorien $\underline{x}^*_{k_t+2}$ und $\underline{u}^*_{k_t+2}$ für den um einen Neuberechnungstakt ΔT in die Zukunft verschobenen Optimierungshorizont $t \in [t_{k_t+2}, t_{k_t+2} + T_{opt|k_t+2}]$ berechnet.

Nachteilig bei der Zeitschrittverschiebung ist, dass zur Lösung des Optimalsteuerungsproblems Schätzwerte für die Anfangsbedingungen bestimmt werden müssen. So muss zu Beginn eines Neuberechnungsintervalls $t \in [t_{k_t}, t_{k_t+1})$ die zur Lösung des Optimalsteuerungsproblems für den Zeithorizont $t \in [t_{k_t+1}, t_{k_t+1} + T_{opt|k_t+1}]$ notwendige Anfangsbedingung $\tilde{x}_A(t_{k+1})$ geschätzt werden. Hierzu existieren zwei unterschiedliche Vorgehensweisen. Die Anfangsbedingung $\tilde{x}_A(t_{k+1})$ kann mit dem zum Zeitpunkt t_{k_t} gemessenen Systemzustand $x_A(t_{k_t})$ und der im vorangegangenen Neuberechnungsintervall bestimmten optimalen Eingangstrajektorie $\underline{u}_{k_t}^*$ mit Hilfe eines Systemmodells prädiziert werden. Eine andere Möglichkeit ist, auf eine explizite Zustandsrückführung zu verzichten und die Anfangsbedingung nach $\tilde{x}_A(t_{k+1}) = \underline{x}_{k_t}^*(t_{k_t+1})$ direkt entlang der im vorangegangen Neuberechnungsintervall bestimmten optimalen Zustandstrajektorie $\underline{x}_{k_t}^*$ zu berechnen. Dieser vereinfachte Ansatz zur Abschätzung von Anfangsbedingungen ist in der Abbildung 3.8(b) gezeigt und nur dann zulässig, wenn die Abweichung zwischen realem Zustandsverlauf $x(t)$ und optimalem Zustandsverlauf $x^*(t)$ vernachlässigbar klein ist. Ein Vorteil dieses Ansatzes ist, dass Anfangszustände immer auf den vorangehend berechneten optimalen Zustandstrajektorien liegen. Dadurch weist die resultierende globale optimale Zustandstrajektorie $x^*(t)$ einen stetigen Verlauf an den Grenzen der Neuberechnungsintervalle auf, wie in der Abbildung 3.8(b) veranschaulicht ist. Der stetige Verlauf der optimalen Zustandstrajektorie $x^*(t)$ ist vorteilhaft, wenn sie als Führungsgröße in einer unterlagerten Folgeregelung dienen soll.

Regelkreiskonzept für die modellprädiktive Fahrzeuglängsführung

Der Standardregelkreis der *Modellprädiktiven Regelung* ist in der Abbildung 3.9(a) gezeigt. In dieser Form werden optimale Eingangstrajektorien $u^*(t)$ mit einem konstanten Neuberechnungstakt ΔT durch wiederholtes Lösen eines Optimalsteuerungsproblems unter Berücksichtigung des zurückgeführten Systemzustandes $x(t)$ als Anfangsbedingung berechnet. Die optimalen Eingangstrajektorien $u^*(t)$ werden zwischen den Neuberechnungsintervallen für die Zeit ΔT als Steuerungen auf das zu regelnde System geschaltet.

Die praktische Umsetzung des in der Abbildung 3.9(a) dargestellten Regelkreises für die energetisch optimierte Fahrzeuglängsführung ist aus den eingangs erwähnten Gründen nicht zielführend. Die Größe des Neuberechnungstakts ΔT kann aufgrund der rechenintensiven Lösung des Optimalsteuerungsproblems nicht ausreichend klein gewählt werden. Zudem wurde im vorangehenden Abschnitt das Konzept der Zeitschrittverschiebung zur Kompensation von Berechnungszeiten eingeführt, das die Schätzung von Anfangsbedingungen erforderlich macht. In dieser Arbeit werden dabei Anfangszustände entlang von vorangehend bestimm-

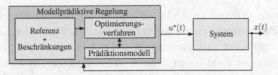

(a) Standardregelkreis der *Modellprädiktiven Regelung*.

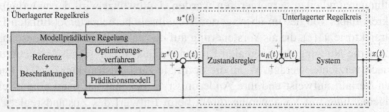

(b) *Modellprädiktive Regelung* als überlagerter Regler in einer 2-Freiheitsgradestruktur [263, 264, 130].

Abbildung 3.9: Verschiedene Regelkreiskonzepte mit *Modellprädiktiver Regelung*.

ten optimalen Zustandstrajektorien ohne explizite Zustandsrückführung berechnet. Dazu müssen zusätzliche regelungstechnische Maßnahmen berücksichtigt werden, da die *Modellprädiktive Regelung* bei diesem Ansatz aufgrund der fehlenden Zustandsrückführung vom zu regelnden System entkoppelt wird.

Eine häufig angewandte Maßnahme zur Sicherstellung eines stabilen und robusten Regelkreises bei einer *Modellprädiktiven Regelung* mit unzulässig großem Neuberechnungstakt ist die Nutzung von hierarchischen Regelkreiskonzepten [265, 263, 266, 264, 267]. Dabei wird die *Modellprädiktive Regelung* um einen unterlagerten schnellen Regelkreis erweitert, wie in der Abbildung 3.9(b) veranschaulicht ist. Durch die Erweiterung entsteht ein Regelkreiskonzept mit einem langsamen überlagerten und einem schnellen unterlagerten Regelkreis. Im überlagerten Regelkreis wird eine *Modellprädiktive Regelung* implementiert, mit der optimale Zustands- und Eingangstrajektorien mit einem großen Neuberechnungstakt ΔT bestimmt werden. Im unterlagerten Regelkreis wird ein Zustandsregler mit einem kleinen Neuberechnungstakt ΔT_R implementiert, der die Regelabweichung zu der optimalen Zustandstrajektorie minimiert. Der Systemeingang $u(t) = u^*(t) + u_R(t)$ ergibt sich in diesem Konzept aus der Summe der optimalen Eingangstrajektorie $u^*(t)$, die als Vorsteuerung auf das System geschaltet wird, und einem Anteil $u_R(t)$, der zur Ausregelung von Zustandsabweichungen $e(t) = x^*(t) - x(t)$ vom Zustandsregler berechnet wird.

Das in der Abbildung 3.9(b) gezeigte Konzept wird häufig als Regelung mit 2-Freiheitsgradestruktur bezeichnet, um auf die unterschiedlichen Aufgaben der beiden Regelkreise anzuspielen. Dabei dient der überlagerte Regelkreis zur modellprädiktiven Bestimmung einer optimalen Regelstrategie, welche im Wesentlichen durch den optimalen Zustandsverlauf $x^*(t)$ beschrieben wird. Der schnelle unterlagerte Regelkreis dient hauptsächlich zur Stabilisierung des gesamten Regelkreises durch Ausregelung von Regelabweichungen, die durch Störgrößen und Modellungenauigkeiten hervorgerufen werden. Unterstützt wird der unterlagerte Regelkreis dabei von der im überlagerten Regelkreis berechneten optimalen Eingangstrajektorie $u^*(t)$, die als Vorsteuerung auf das zu regelnde System geschaltet wird. Auf die Nutzung der optimalen Eingangstrajektorie $u^*(t)$ als Vorsteuerung kann auch verzichtet werden. Wenn die optimale Zustandstrajektorie $x^*(t)$ einen stetigen Verlauf aufweist und ihre Änderungsrate bekannt ist, kann eine effektive Folgeregelung mit Vorsteuerung direkt beim Entwurf des Zustandsreglers im unterlagerten Regelkreis entwickelt werden.

Das vorgestellte hierarchische Regelkreiskonzept stellt die Grundlage für die Entwicklung eines praktisch umsetzbaren modellprädiktiven Ansatzes für die energetisch optimierte Fahrzeuglängsführung in dieser Arbeit dar. In diesem Ansatz wird in einem überlagerten Regelkreis eine energieeffiziente Fahrstrategie abhängig von der aktuellen Fahrsituation in Form einer energetisch optimierten Geschwindigkeitstrajektorie bestimmt. Dazu wird ein Optimalsteuerungsproblem mit gleitendem Optimierungshorizont periodisch gelöst. Der Neuberechnungstakt ΔT für den überlagerten Regelkreis kann aufgrund der verhältnismäßig langsamen Dynamik, mit der sich Fahrsituationen ändern, so gewählt werden, dass ein hinreichend großes Zeitfenster im Bereich von 100 ms bis 1 s für die rechenintensive Lösung des Optimalsteuerungsproblems bereitgestellt wird. Auf die explizite Rückführung der gemessenen Fahrzeuggeschwindigkeit zur Schätzung von Anfangszuständen im Rahmen der Zeitschrittverschiebung zur Kompensation der Berechnungszeit wird dabei vollständig verzichtet. Da bei der periodischen Neuberechnung des zulässigen Geschwindigkeitssuchraums die aktuelle und vom gefahrenen Geschwindigkeitsprofil abhängige Position des Fahrzeugs auf der Fahrstrecke berücksichtigt wird, kann zumindest eine implizite Zustandsrückführung umgesetzt werden.

Im unterlagerten Regelkreis wird zur Einregelung der optimalen Geschwindigkeitstrajektorie ein Geschwindigkeitsregler mit expliziter Rückführung der gemessenen Fahrzeuggeschwindigkeit und mit schnellem Neuberechnungstakt ΔT_R von unter 20 ms implementiert. Da eine stetige optimale Geschwindigkeitstrajektorie vorliegt, deren Änderungsrate zudem bekannt ist, kann eine effektive Folgeregelung innerhalb des unterlagerten Regelkreises entwickelt werden. Ausgangsgröße des Geschwindigkeitsreglers ist typischerweise ein Antriebssollmoment, das dem Antriebssystem zur weiteren Einregelung übergeben wird.

4 Energetisch optimierte Fahrzeuglängsführung

Dieses Kapitel beschreibt den Entwurf und die praktische Umsetzung der energetisch optimierten Fahrzeuglängsführung. Zunächst werden im folgenden Kapitel 4.1 das Versuchsfahrzeug und das umgesetzte Systemlayout vorgestellt und die Randbedingungen für diese Arbeit festgelegt. Im Kapitel 4.2 werden im ersten Schritt Funktionsumfang und Optimierungsansatz erläutert. Anschließend werden bei der Optimierung zu berücksichtigende Referenz- und Grenzfahrstrategien eingeführt und eine mathematische Formulierung für das Optimalsteuerungsproblem der energetisch optimierten Fahrzeuglängsführung aufgestellt. Das Verfahren zum Lösen des Optimalsteuerungsproblems sowie die Herleitung von Modellbeschreibungen für die Prädiktion von Zielgrößen und Fahrzeugzuständen innerhalb der Optimierungshorizonte werden in dem Kapitel 4.3 beschrieben. Im darauf folgenden Kapitel 4.4 werden Details zur Echtzeit-Implementierung des modellprädiktiven Ansatzes und das praktisch umgesetzte Regelkreiskonzept vorgestellt.

4.1 Versuchsfahrzeug

Das Versuchsfahrzeug für die Erprobung der energetisch optimierten Fahrzeuglängsführung ist ein Smart *ForTwo*. Dieses wurde auf batterieelektrischen Antrieb umgerüstet und für die Zwecke dieser Arbeit mit umfangreicher Mess- und Regelungstechnik instrumentiert. Das Versuchsfahrzeug ist in der Abbildung 4.1 gezeigt. Technische Details zu den elektrischen Komponenten des Antriebssystems sind in der Tabelle A.2.1 im Anhang A.2 zusammengefasst. Es werden im Folgenden zunächst die wichtigsten Fahrzeugeigenschaften besprochen. Anschließend wird das umgesetzte Systemlayout beschrieben, in dem die energetisch optimierte Fahrzeuglängsführung eingebettet ist.

4.1.1 Fahrzeugeigenschaften

Das Versuchsfahrzeug wurde umfangreich vermessen. Die Maßnahmen umfassten die Bestimmung von Verbrauchs- und Fahrdynamikkennwerten auf abgesperrten

(a) Versuchsfahrzeug.   (b) Mess- und Regelungstechnik.

Abbildung 4.1: Auf elektrischen Antrieb umgerüsteter Smart *ForTwo* 450 CDI als Versuchsfahrzeug und dessen Mess- und Regelungstechnik im Kofferraum.

Teststrecken sowie die Vermessung des Antriebssystems im ausgebauten Zustand auf einem Leistungsprüfstand. Die wichtigsten Fahrzeugeigenschaften sind in der Abbildung 4.2 gezeigt.

Die beiden oberen Diagramme in der Abbildung 4.2 zeigen die geschwindigkeitsabhängigen maximalen Zug- und Bremsleistungen des Elektromotors sowie das resultierende maximale Beschleunigungs- und Verzögerungsvermögen. Demnach liegt die maximale Zugleistung des Fahrzeugs bei etwa 35 kW und die maximale Beschleunigung in der Ebene bei etwa $2\,^{\mathrm{m}}/_{\mathrm{s}^2}$. Im elektromotorischen Bremsbetrieb kann mit einer maximalen Verzögerung von $-2{,}5\,^{\mathrm{m}}/_{\mathrm{s}^2}$ bei einer maximalen Bremsleistung von etwa -50 kW gebremst werden. Der Leistungsunterschied zwischen Zug- und Bremsbetrieb ergibt sich aus den unterschiedlichen Spannungslagen der Traktionsbatterie in diesen Betriebsweisen. Im Zugbetrieb ist die Traktionsbatterie unter Last, was zu einem Spannungsabfall im Hochvoltsystem führt. Dadurch wird die maximal aussteuerbare Wechselspannung des Inverters, die direkt an die Spannungslage im Hochvoltsystem gekoppelt ist, reduziert. Die Leistungsgrenze bei maximaler Stromaussteuerung wird bei geringeren Drehzahlen bzw. Fahrzeuggeschwindigkeiten erreicht. Im Bremsbetrieb verhält es sich genau umgekehrt.

In den beiden unteren Diagrammen in der Abbildung 4.2 sind der streckenspezifische Energieverbrauch des Fahrzeugs bei Fahrt mit konstanter Geschwindigkeit in der Ebene und das am Leistungsprüfstand ermittelte Wirkungsgradkennfeld des Elektromotors und Inverters gezeigt. Der streckenspezifische Energiever-

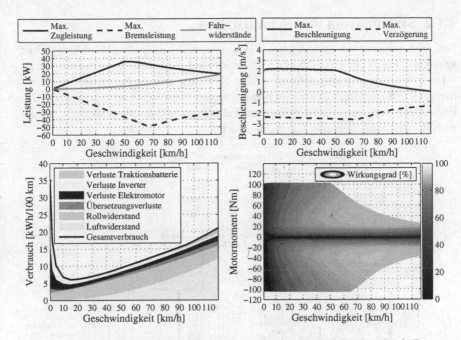

Abbildung 4.2: Oben: Maximale Zug- und Bremsleistung (links) sowie maximale Beschleunigung und Verzögerung in der Ebene (rechts). Unten: Streckenbezogener Energieverbrauch aufgeteilt nach Verbraucher (links) und Gesamtwirkungsgrad von Elektromotor und Inverter (rechts).

brauch hat sein Minimum bei einer Geschwindigkeit von $15\,{}^{km}/_{h}$ und beträgt dort etwa $6\,{}^{kWh}/_{100\,km}$. Der Verbrauchsanstieg hin zu kleineren Geschwindigkeiten resultiert aus dem mit der Motordrehzahl sinkenden Wirkungsgrad des elektrischen Antriebssystems. Eine gesonderte Darstellung der messtechnisch ermittelten Wirkungsgradkennfelder für den Elektromotor und den Inverter sowie ein simuliertes statisches Wirkungsgradkennfeld für die Traktionsbatterie sind in der Abbildung A.2.1 im Anhang A.2 gezeigt. Der Anstieg des streckenspezifischen Energieverbrauchs mit zunehmender Geschwindigkeit wird durch die steigenden Fahrwiderstände verursacht. Die messtechnisch ermittelten Fahrwiderstandsparameter und -kennlinien sind in der Tabelle A.2.2 und in der Abbildung A.2.2 im Anhang A.2 gezeigt.

4.1.2 Systemlayout und Schnittstellen

Das Systemlayout des umgesetzten Assistenzsystems ist in der Abbildung 4.3 in schematischer Form veranschaulicht. Gezeigt sind die Einbettung der energetisch optimierten Fahrzeuglängsführung in das Fahrzeug und die Schnittstellen zu anderen elektrischen und elektronischen Systemen, Sensoren und zum Fahrer. Die Funktionen der energetisch optimierten Fahrzeuglängsführung sind darin auf einem Entwicklungssteuergerät implementiert[1].

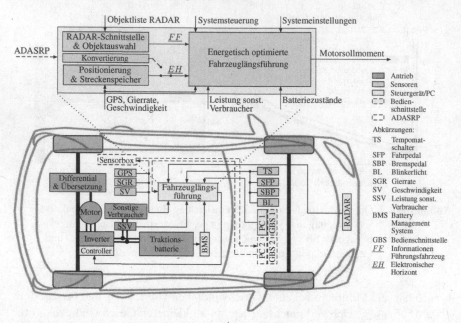

Abbildung 4.3: Systemlayout und Schnittstellen der umgesetzten Fahrzeuglängsführung.

Zur Realisierung der Fahrzeugkontrolle wird von der energetisch optimierten Fahrzeuglängsführung ein Motorsollmoment vorgegeben. Dieses wird über eine analoge Signalschnittstelle vom Controller des Inverters eingelesen, interpretiert und von dessen Leistungselektronik eingeregelt. Dabei kann ein verzugfreies Phasenverhalten zwischen dem angeforderten und dem eingeregelten Motormoment angenommen werden. Die mechanische Reibbremse des Fahrzeugs wird in dieser Arbeit nicht verwendet, da die elektromotorische Bremsleistung für die betrachteten Verzögerungsvorgänge ausreichend ist. Eine Integration der mechanischen

---

[1] dSPACE MicroAutobox II 1505/1507 mit 900 MHz IBM PowerPc.

Reibbremse zur zusätzlichen Verzögerung aus Sicherheitsgründen ist jedoch prinzipiell möglich. Darüber hinaus ist es grundsätzlich erstrebenswert, Verzögerungsvorgänge durch elektromotorisches Bremsen zu realisieren, um einen Teil der kinetischen Fahrzeugenergie wieder der Traktionsbatterie zuzuführen. Im Folgenden werden die notwendigen Eingangsgrößen für die energetisch optimierte Fahrzeuglängsführung beschrieben. Diese können in die drei Bereiche Umfeld, Fahrzeug und Fahrer unterteilt werden.

Das System nutzt einen RADAR-Sensor und prädiktive Streckeninformationen aus einer digitalen Straßenkarte zur Erfassung vorausfahrender Fahrzeuge und zur Beschreibung der vorausliegenden Fahrstrecke. Als RADAR-Sensor[2] dient ein Doppelbereichssensor mit einer Nahbereichserfassung bis 60 m bei einem Öffnungswinkel von 56° und einer Fernbereichserfassung bis 200 m bei 17° Öffnungswinkel. Der Sensor überträgt zyklisch eine Objektliste mit bis zu 40 erfassten Objekten, die dazugehörigen Positionen, dynamischen Zustände und geometrischen Eigenschaften über eine High-Speed-CAN-Schnittstelle. Für die Identifikation und Auswahl von relevanten Objekten wurde ein Objektauswahlalgorithmus entwickelt. Um die Zuverlässigkeit bei der Objektauswahl auf kurvigen Streckenabschnitten zu verbessern, werden dabei Straßenkrümmungen auf vorausliegenden Streckenteilen zur Beschreibung des zukünftigen Fahrbahnverlaufs genutzt [150]. Wird ein relevantes Führungsfahrzeug identifiziert, werden dessen Abstand s_{FF}, Absolutgeschwindigkeit v_{FF} und Beschleunigung a_{FF} gebündelt im Vektor $\underline{FF} = [s_{FF}\ v_{FF}\ a_{FF}]^T$ an die nachfolgenden Funktionen weitergegeben.

Neben der Erfassung von vorausfahrenden Fahrzeugen werden prädiktive Streckeninformationen in Form eines *Elektronischen Horizonts* zur Beschreibung der vorausliegenden Fahrstrecke genutzt. Hierzu wurde das im Kapitel 3.1.2 vorgestellte kommerzielle System ADASRP in das Versuchsfahrzeug integriert. Dieses besteht aus einer Sensorbox zur Bündelung von Sensorsignalen, einer Computer-Applikation (PC 2 in Abbildung 4.3) mit Positionierungsalgorithmus und digitaler Straßenkarte sowie einer grafischen Bedienschnittstelle (GBS 2 in Abbildung 4.3) für die Routenwahl und Navigation. Als Schnittstelle zwischen ADASRP und dem Entwicklungssteuergerät der energetisch optimierten Fahrzeuglängsführung dient eine Breitband-Ethernet-Verbindung mit proprietärem UDP-Protokoll.

In Voruntersuchungen wurde festgestellt, dass die bei ADASRP eingesetzte digitale Straßenkarte hinsichtlich der Verfügbarkeit von Höhen- und Steigungsangaben insbesondere auf Nebenstraßen im urbanen Bereich nur bedingt für den Einsatz in der vorliegenden Aufgabenstellung geeignet ist. Aus diesem Grund wurde parallel zu ADASRP ein zweites Vorausschausystem entwickelt. Dieses ist im selben Entwicklungssteuergerät eingebettet, auf dem auch die Funktionen der energetisch

---

[2]Continental ARS308-2T

optimierten Fahrzeuglängsführung implementiert sind. Anders als bei ADASRP bildet das entwickelte Vorausschausystem nur eine endliche Anzahl an vordefinierten Fahrtrouten mit jedoch sehr genauen Streckenattributen in einem internen Streckenspeicher ab. Zur Positionsbestimmung des Fahrzeugs auf den vordefinierten Fahrtrouten ist ein Positionierungsalgorithmus in das Vorausschausystem integriert, in dem Signale aus GPS-, Geschwindigkeits- und Gierratensensoren fusioniert werden. Der vom entwickelten Vorausschausystem bereitgestellte *Elektronische Horizont* ist vollständig kompatibel zu dem von ADASRP. Eine Unterscheidung bezüglich des eingesetzten Vorausschausystems ist in nachgeschalteten Funktionen nicht notwendig, wie in der Abbildung 4.3 veranschaulicht ist. Inhalt und Aufbau der im *Elektronischen Horizont* übermittelten Daten $\underline{EH}$ werden im Kapitel 4.2.2 vorgestellt.

Neben den beschriebenen Umfeldinformationen werden Sensorsignale zu fahrdynamischen Zuständen, die gemessene Leistung der sonstigen Verbraucher im Hochvoltsystem sowie von einem Battery Management System (BMS in Abbildung 4.3) gemessene oder berechnete Zustände der Traktionsbatterie als Eingangsgrößen verarbeitet. Zu den fahrdynamischen Größen zählen Fahrzeuggeschwindigkeit sowie GPS-Position und Gierrate, die primär zur Positionsbestimmung des Fahrzeugs im entwickelten Vorausschausystem verwendet werden. Die gemessene Leistung der sonstigen Verbraucher im Hochvoltsystem wird zur Abschätzung der Gesamtleistung der Traktionsbatterie benötigt. Die vom BMS übertragenen Zustände werden als Anfangswerte für eine Batteriezustandsprädiktion genutzt.

Die energetisch optimierte Fahrzeuglängsführung ist eine Assistenzfunktion. Dementsprechend kommt der Schnittstelle zum Fahrer eine große Bedeutung zu. Über die Fahrerschnittstelle kann das System gesteuert und seine Funktionsweise konfiguriert werden. Die Bedienelemente zur Steuerung sind ein Tempomatschalter sowie Fahr- und Bremspedal. Mit dem Tempomatschalter kann das System aktiviert und mit dem Fahr- und Bremspedal überstimmt werden. Darüber hinaus können Fahr- und Bremspedal in Kombination mit dem Blinklichtschalter auch zur Übertragung von Halte- und Weiterfahrbefehlen eingesetzt werden. Die energetisch optimierte Fahrzeuglängsführung kann hinsichtlich fahrdynamischer Eigenschaften und zu optimierender Zielgrößen vielfältig über eine grafische Bedienschnittstelle (GBS 1 in Abbildung 4.3) vom Fahrer eingestellt werden. Die grafischen Bedienschnittstellen des Versuchsfahrzeugs sind in der Abbildung 4.4 gezeigt.

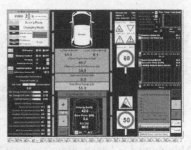

(a) Innenraumansicht.   (b) Bedienschnittstelle Assistenzsystem (GBS 1).

(c) ADASRP Bedienschnittstelle (GBS 2).

Abbildung 4.4: Bedienschnittstellen im Versuchsfahrzeug.

4.2 Definition des Optimalsteuerungsproblems

Zunächst werden Funktionsumfang und Optimierungsansatz des in dieser Arbeit entwickelten Assistenzsystems für die energetisch optimierte Fahrzeuglängsführung vorgestellt. Darauf folgend wird das Konzept der Referenz- und Grenzfahrstrategien eingeführt und das Berechnungsprinzip anhand der bereitgestellten Umfeldinformationen veranschaulicht. Zum Abschluss des Kapitels werden zu optimierende Zielgrößen und zu berücksichtigende Beschränkungen festgelegt und das Optimalsteuerungsproblem der energetisch optimierten Fahrzeuglängsführung formuliert.

4.2.1 Funktionsumfang und Optimierungsansatz

Funktionsumfang und Optimierungsansatz des Assistenzsystems für die energetisch optimierte Fahrzeuglängsführung werden anhand der in der Abbildung 4.5 exemplarisch dargestellten Fahrsituationen erläutert.

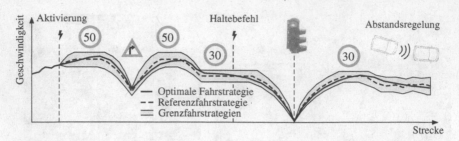

Abbildung 4.5: Funktionsumfang und Optimierungsansatz der energetisch optimierten Fahrzeuglängsführung.

Funktionsumfang

Der Funktionsumfang umfasst eine energetisch optimierte Automatisierung der Fahrzeuglängsführung bei

- Änderungen der zulässigen Höchstgeschwindigkeit,

- Geschwindigkeitsanpassungen in Kurven,

- Annäherung, Halt- und Weiterfahrt an Kreuzungen, Signalanlagen und Fußgängerüberwegen auf Fahrerbefehl,

- Annäherung und Folgefahrt bei langsameren vorausfahrenden Fahrzeugen.

Zur Anpassung der Fahrzeuggeschwindigkeit an die zulässige Höchstgeschwindigkeit und beim Befahren von Kurven werden prädiktive Streckeninformationen aus dem *Elektronischen Horizont* verwendet. Darüber hinaus werden Positionen von Kreuzungen und die dort geltenden Vorfahrtsregeln sowie die Positionen von Signalanlagen und Fußgängerüberwegen im *Elektronischen Horizont* bereitgestellt.

Da keine Sensorik und keine Fahrzeug-zu-Infrastruktur-Schnittstellen zur Erfassung der Fahrsituation im Bereich von Kreuzungen, Signalanlagen und Fußgängerüberwegen vorhanden sind, muss das Assistenzsystem in diesen Bereichen vom Fahrer gesteuert werden. Als Schnittstelle zur Übermittlung von Halte- und Weiterfahrbefehlen sind dabei das Brems- und das Fahrpedal vorgesehen. Das System ist derart appliziert, dass automatisierte Haltevorgänge bis zum Fahrzeugstillstand an Kreuzungen ohne eigene Vorfahrt oder mit Rechts-vor-links-Regel durchgeführt werden. Diese automatisierten Haltevorgänge können jederzeit vom Fahrer durch Antippen des Fahrpedals abgebrochen werden. Um an Signalanlagen mit rotem Licht oder an belegten Fußgängerüberwegen zu halten, muss dem System ein aktiver Haltebefehl durch Antippen des Bremspedals signalisiert werden. Haltebefehle auf Linksabbiegespuren werden durch Antippen des Bremspedals bei gleichzeitig aktiviertem Blinkerlicht signalisiert. Alle Haltevorgänge können durch Antippen des Fahrpedals jederzeit abgebrochen bzw. durch Antippen des Bremspedals wieder neu eingeleitet werden. Die Antippschwellen liegen in einem Bereich von 5 bis 20 % des Brems- und Fahrpedalweges.

Anders als bei herkömmlichen Geschwindigkeitsregelanlagen oder Abstandsregeltempomaten muss bei dem in dieser Arbeit entwickelten System keine Setzgeschwindigkeit vom Fahrer vorgegeben werden. Das System bestimmt und ändert die Fahrzeuggeschwindigkeit ab dem Zeitpunkt der Aktivierung vollständig automatisiert und kann darüber hinaus durch Halte- und Weiterfahrbefehle aktiv durch den Fahrer gesteuert werden. Das System kann jederzeit durch Betätigung von Fahr- oder Bremspedal mit über 20 % Pedalweg temporär überstimmt werden. In diesem Fall wird das System inaktiv und läuft im Hintergrund weiter, um bei erneuter Freigabe (Pedalweg von Fahr- und Bremspedal unter 20 %) die Fahrzeuglängsführung direkt wieder übernehmen zu können. Eine vollständige Deaktivierung ist über den Tempomatschalter möglich.

Optimierungsansatz

Der grundsätzliche Optimierungsansatz der energetisch optimierten Fahrzeuglängsführung ist ebenfalls in der Abbildung 4.5 veranschaulicht. In dem verfolgten Ansatz werden optimale Fahrstrategien in Form von optimalen Geschwindigkeitstrajektorien durch wiederholtes Lösen eines Optimalsteuerungsproblems für einen endlichen, sich schrittweise in die Zukunft verschiebenden Streckenhorizont bestimmt. Als Bewertungsgrundlage bei der Bestimmung der optimalen Geschwindigkeitstrajektorien dienen die Geschwindigkeitsprofile einer Referenzfahrstrategie. Diese werden vor jeder Lösung des Optimalsteuerungsproblems unter Einbezug von aktuellen Umfeldinformationen sowie eventuell vorliegenden Halte- oder Weiterfahrbefehlen neu berechnet. Die sich mit den Referenzgeschwindigkeitstrajektorien ergebenden Zielgrößen wie Energieverbrauch oder Fahrtdauer legen dabei Referenzwerte fest, gegen die eine energetische Optimierung des Geschwindigkeitsprofils durchgeführt wird. Die Referenzfahrstrategie kann in einem weiten Umfang vom Fahrer parametriert werden.

Neben den Referenzgeschwindigkeitstrajektorien werden nach oben und nach unten hin abweichende Grenzgeschwindigkeitstrajektorien bestimmt. Diese legen den zulässigen Geschwindigkeitssuchraum für die Lösung des Optimalsteuerungsproblems fest. Um vorausfahrende Fahrzeuge in die Optimierung zu integrieren, werden zusätzliche Fahrtdauerbeschränkungen zur Sicherstellung einer ausreichenden Zeitlücke zu Führungsfahrzeugen bestimmt. Die Parametrierung und Berechnung der Referenz- und Grenzfahrstrategien anhand der bereitgestellten Umfeld-

informationen sowie unter Berücksichtigung von Halte- und Weiterfahrbefehlen
werden im nächsten Kapitel beschrieben.

4.2.2 Referenz- und Grenzfahrstrategien

Die Berechnung der Referenz- und Grenzfahrstrategien stellt eine wesentliche
Komponente in der energetisch optimierten Fahrzeuglängsführung dar. Durch die
Referenzfahrstrategie wird eine Bezugsgrundlage für die energetische Optimierung der Fahrzeuglängsführung bereitgestellt und durch die Grenzfahrstrategien
der zulässige Geschwindigkeitssuchraum festgelegt. In diesem Kapitel werden zunächst die einstellbaren Parameter zur Gestaltung der Referenz- und Grenzfahrstrategien eingeführt und das Konzept zur Integration von vorausfahrenden Fahrzeugen vorgestellt. Anschließend wird die Bestimmung der Fahrstrategien anhand
von exemplarischen Fahrsituationen in realen Fahrszenarien veranschaulicht.

Parametrierung

Referenz- und Grenzfahrstrategien können bezüglich der zulässigen Höchstgeschwindigkeit, der zulässigen Querbeschleunigung beim Befahren von Kurven,
bei Beschleunigungsvorgängen im Allgemeinen sowie beim Verhalten bei der Annäherung und der Abstandsregelung zu vorausfahrenden Fahrzeugen parametriert
werden. Die Referenzgeschwindigkeit bezüglich der zulässigen Höchstgeschwindigkeit $v_{\S,ref}(s)$ kann mit dem Faktor $f_{v_\S}$ nach

$$v_{\S,ref}(s) = (1 + f_{v_\S})\, v_\S(s) \tag{4.1}$$

eingestellt werden. Darin ist $v_\S(s)$ die durch den *Elektronischen Horizont* bereitgestellte zulässige Höchstgeschwindigkeit auf der Fahrstrecke in Abhängigkeit von
der vorausliegenden Wegstrecke s. Mit der Referenzgeschwindigkeit $v_{\S,ref}(s)$ und
dem Parameter $\Delta_{v_\S}$ zur Einstellung der Breite des zulässigen Geschwindigkeitsbandes ergeben sich die Grenzgeschwindigkeiten bezüglich der zulässigen Höchstgeschwindigkeit zu

$$\begin{aligned}
v_{\S,min}(s) &= (1 - \Delta_{v_\S})\, v_{\S,ref}(s), \\
v_{\S,max}(s) &= (1 + \Delta_{v_\S})\, v_{\S,ref}(s).
\end{aligned} \tag{4.2}$$

Parametrierungsmöglichkeiten der Fahrstrategien im Hinblick auf die zulässige
Höchstgeschwindigkeit zeigt die Abbildung 4.6(a).

Um das Verhalten beim Befahren von Kurven festzulegen, wird die Querbeschleunigung unter Berücksichtigung der durch den *Elektronischen Horizont* bereitgestellten Fahrbahnradien $r(s)$ beschränkt. Bei Vorgabe einer Referenzquerbe-

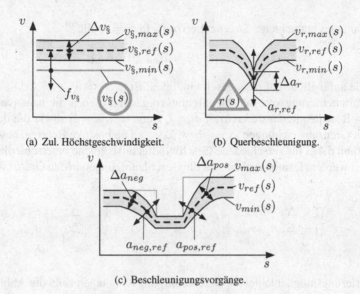

(a) Zul. Höchstgeschwindigkeit. (b) Querbeschleunigung.

(c) Beschleunigungsvorgänge.

Abbildung 4.6: Parametrierung der Fahrstrategien bezüglich zul. Höchstgeschwindigkeit, Querbeschleunigung in Kurven und bei allgemeinen Beschleunigungsvorgängen.

schleunigung $a_{r,ref}$ und einer Grenzabweichung Δ_{a_r} werden die zulässigen Kurvengeschwindigkeiten der Referenzstrategie $v_{r,ref}(s)$ sowie der Grenzstrategien $v_{r,min}(s)$ und $v_{r,max}(s)$ mit

$$
\begin{aligned}
v_{r,ref}(s) &= \sqrt{|r(s)|\,a_{r,ref}}, \\
v_{r,min}(s) &= \sqrt{(1 - \Delta_{a_r})\,|r(s)|\,a_{r,ref}}, \\
v_{r,max}(s) &= \sqrt{(1 + \Delta_{a_r})\,|r(s)|\,a_{r,ref}}
\end{aligned}
\tag{4.3}
$$

bestimmt. Die Parametrierungsmöglichkeiten der zulässigen Querbeschleunigung beim Befahren von Kurven sind in der Abbildung 4.6(b) veranschaulicht. Grundsätzlich gilt bei der Berechnung der Referenz- und Grenzgeschwindigkeiten

$$
\begin{aligned}
v_{ref}(s) &= \min\{v_{\S,ref}(s), v_{r,ref}(s)\}, \\
v_{min}(s) &= \min\{v_{\S,min}(s), v_{r,min}(s)\}, \\
v_{max}(s) &= \min\{v_{\S,max}(s), v_{r,max}(s)\}.
\end{aligned}
\tag{4.4}
$$

Am Anfang des betrachteten Streckenhorizonts für $s = 0$ gilt

$$v_{ref}(0) = v_{min}(0) = v_{max}(0) = v_A, \tag{4.5}$$

wo v_A die anfängliche Fahrzeuggeschwindigkeit ist.

Zur Parametrierung von Beschleunigungsvorgängen dienen die negativen und positiven Beschleunigungsreferenzen $a_{neg,ref}$ und $a_{pos,ref}(v)$ sowie die dazugehörenden Grenzabweichungen $\Delta_{a_{neg}}$ bzw. $\Delta_{a_{pos}}$. Die positive Referenzbeschleunigung kann dabei für verschiedene Geschwindigkeitsbereiche unterschiedlich parametriert werden. Damit ergeben sich die Beschleunigungen in den Grenzfahrstrategien zu

$$
\begin{aligned}
a_{neg,min} &= (1 - \Delta_{a_{neg}})\, a_{neg,ref}, & a_{pos,min}(v) &= (1 - \Delta_{a_{pos}})\, a_{pos,ref}(v), \\
a_{neg,max} &= (1 + \Delta_{a_{neg}})\, a_{neg,ref}, & a_{pos,max}(v) &= (1 + \Delta_{a_{pos}})\, a_{pos,ref}(v).
\end{aligned}
$$

$$(4.6)$$

Parametrierungsmöglichkeiten zu Beschleunigungsvorgängen zeigt die Abbildung 4.6(c).

Bei vorausfahrenden Fahrzeugen können das Verhalten bei der Annäherung und der einzuhaltende Sicherheitsabstand parametriert werden. Annäherungsvorgänge an langsamere vorausfahrende Fahrzeuge werden durch die Referenzannäherungsverzögerung $a_{FF,ref}$ und die Grenzabweichung $\Delta_{a_{FF}}$ festgelegt. Die Annäherungsverzögerungen der Grenzfahrstrategien werden damit nach

$$
\begin{aligned}
a_{FF,min} &= (1 - \Delta_{a_{FF}})\, a_{FF,ref}, \\
a_{FF,max} &= (1 + \Delta_{a_{FF}})\, a_{FF,ref}
\end{aligned}
\tag{4.7}
$$

berechnet. Der einzuhaltende Sicherheitsabstand zum Führungsfahrzeug

$$s_{FF,zul} = v_{FF}\, \Delta t_{FF,zul} + \Delta s_{FF,0} \tag{4.8}$$

ist abhängig von der Geschwindigkeit v_{FF} des Führungsfahrzeugs und kann über die Zeitlücke $\Delta t_{FF,zul}$ und einen Abstandsoffset $\Delta s_{FF,0}$ eingestellt werden. Der einzuhaltende Sicherheitsabstand ist dabei für Referenz- und Grenzfahrstrategien gleich.

Die vorgestellten Parameter zur Berechnung der Referenz- und Grenzfahrstrategien wurden in Versuchsfahrten appliziert und sind in der Tabelle A.3.1 im Anhang A.3 zusammengetragen. In dieser Arbeit wird keine Abweichung der Referenzgeschwindigkeitstrajektorie zur zulässigen Höchstgeschwindigkeit vorgesehen und ein Geschwindigkeitstoleranzband von +/-10 % bezüglich dieser verwendet. Dem

Fahrer stehen alle Parameter zur individuellen Konfiguration während des Fahrbetriebs über eine grafische Bedienschnittstelle (GBS 1 in Abbildung 4.3) zur Verfügung.

Integration von Führungsfahrzeugen

Zur Integration eines vorausfahrenden Fahrzeugs in das Optimalsteuerungsproblem muss dessen zukünftiges Verhalten im endlichen Optimierungshorizont der Länge S_{opt} abgeschätzt werden. Ausgangspunkt für die Schätzung ist der gemessene Zustand des Führungsfahrzeugs in Form des Abstands s_{FF}, der Absolutgeschwindigkeit v_{FF} und der Absolutbeschleunigung a_{FF}. Dadurch liegt der Zustand des Führungsfahrzeugs an der Stelle $s = s_{FF}$ im Optimierungshorizont fest. Der weitere Zustandsverlauf für $s \in (s_{FF}, S_{opt}]$ im Optimierungshorizont muss geschätzt werden.

Dazu wird im Folgenden ein vereinfachtes Prädiktionsverfahren für die zukünftige Bewegung eines Führungsfahrzeugs entwickelt. Dem Prädiktionsansatz liegt die Annahme zugrunde, dass die zukünftige Geschwindigkeitstrajektorie $\tilde{v}_{FF}(s)$ des Führungsfahrzeugs in guter Näherung ähnlich verlaufen wird wie die Geschwindigkeitstrajektorie der Referenzfahrstrategie. Der Ansatz ist in der Abbildung 4.7 für eine exemplarische Referenzgeschwindigkeitstrajektorie $v'_{ref}(s)$ veranschaulicht. Diese wird ohne Berücksichtigung von Führungsfahrzeugen ausschließlich anhand der Informationen aus dem *Elektronischen Horizont* berechnet.

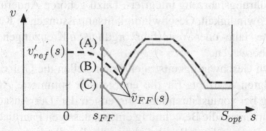

Abbildung 4.7: Prinzip der Geschwindigkeitsprädiktion für ein Führungsfahrzeug.

Wie die Abbildung 4.7 zeigt, werden bei der Prädiktion des zukünftigen Geschwindigkeitsverlaufs $\tilde{v}_{FF}(s)$ eines Führungsfahrzeugs die folgenden drei Fälle unterschieden:

(A) Die gemessene Geschwindigkeit des Führungsfahrzeugs liegt oberhalb der Referenzgeschwindigkeit an der Stelle s_{FF}. Es wird angenommen, das Führungsfahrzeug verzögert auf Referenzgeschwindigkeit und folgt dieser anschließend.

(B) Die gemessene Geschwindigkeit des Führungsfahrzeugs liegt unterhalb der Referenzgeschwindigkeit an der Stelle s_{FF}. Es wird angenommen, das Führungsfahrzeug folgt dem Verlauf der Referenzgeschwindigkeitstrajektorie mit reduzierter Geschwindigkeit gemäß

$$\tilde{v}_{FF}(s) = v'_{ref}(s) \frac{v_{FF}(s_{FF})}{v'_{ref}(s_{FF})}, \quad s \in (s_{FF}, S_{opt}]. \tag{4.9}$$

(C) Das Führungsfahrzeug verzögert mit einer starken Verzögerung $a_{FF}(s_{FF}) < a_{FF,limit}$ an der Stelle s_{FF}. Es wird angenommen, das Führungsfahrzeug verzögert mit der gemessenen Verzögerung bis zum Stillstand. Der Grenzwert $a_{FF,limit}$ ist in der Tabelle A.3.1 im Anhang A.3 festgelegt. Dies ist der einzige Fall, in dem die Beschleunigung des Führungsfahrzeugs verarbeitet wird. Grund dafür ist, dass der messtechnisch erfasste Wert sehr ungenau ist.

Das beschriebene Verfahren ist eine sehr einfache Methode zur Abschätzung des zukünftigen Geschwindigkeitsverlaufs eines Führungsfahrzeugs. Die wiederholte Durchführung der Geschwindigkeitsprädiktion vor jeder Lösung des Optimalsteuerungsproblems mit aktuellen Messwerten zum Zustand des Führungsfahrzeugs führt dabei zu einer stetigen Anpassung der geschätzten Geschwindigkeitsverläufe. Durch die Bezugnahme auf die Referenzgeschwindigkeitstrajektorie werden zudem zukünftige streckenspezifische Ereignisse in die Geschwindigkeitsprädiktion für das Führungsfahrzeug integriert. Dazu gehören Änderungen der zulässigen Höchstgeschwindigkeit, Geschwindigkeitsanpassungen in Kurven oder vom Fahrer eingeleitete Halte- oder Weiterfahrvorgänge an Kreuzungen, Signalanlagen oder Fußgängerüberwegen.

Die prädizierten Geschwindigkeitstrajektorien stellen die Grundlage des in dieser Arbeit verfolgten Konzepts für die energetisch optimierte Annäherung und Abstandsregelung bei vorausfahrenden Fahrzeugen dar. Der Ansatz sieht bei vorausfahrenden Fahrzeugen die Berechnung eines zulässigen Fahrtdauerbereichs vor. Dieser erweitert als zusätzliche Beschränkung die Randbedingungen des Optimalsteuerungsproblems. Durch die Einhaltung des Fahrtdauerbereichs wird der zulässige Sicherheitsabstand (4.8) zum vorausfahrenden Fahrzeug gewährleistet. Das Berechnungsprinzip für den zulässigen Fahrtdauerbereich wird anhand der in der Abbildung 4.8 gezeigten exemplarischen Fahrsituation beschrieben.

Das Ausgangsszenario ist in der Abbildung 4.8(a) gezeigt. Darin sind die Geschwindigkeitstrajektorien $v'_{ref}(s)$ sowie $v'_{min}(s)$ und $v'_{max}(s)$ der Referenz- und Grenzfahrstrategien dargestellt. Diese werden ausschließlich anhand der Informationen aus dem *Elektronischen Horizont* und ohne die Berücksichtigung von Führungsfahrzeugen bestimmt. Zur vereinfachten Darstellung werden die Ge-

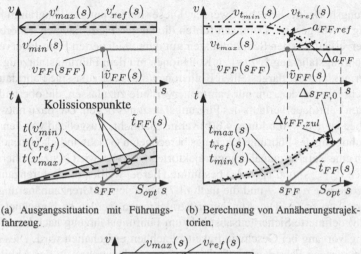

(a) Ausgangssituation mit Führungsfahrzeug.

(b) Berechnung von Annäherungstrajektorien.

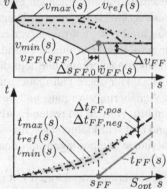

(c) Berechnung des zul. Geschwindigkeitsbereichs.

Abbildung 4.8: Konzept zur Integration von Führungsfahrzeugen in das Optimalsteuerungsproblem durch Bestimmung eines zulässigen Fahrtdauerbereichs.

schwindigkeitstrajektorien in diesem erklärenden Beispiel als konstant über den
Optimierungshorizont angenommen. In dem betrachteten Szenario muss ein langsameres vorausfahrendes Fahrzeug im Abstand s_{FF} berücksichtigt werden. Die
zukünftige Geschwindigkeitstrajektorie $\tilde{v}_{FF}(s)$ dieses Fahrzeugs wird mit dem
eingangs beschriebenen Verfahren geschätzt. Aus den Geschwindigkeitstrajektorien der Fahrstrategien und des Führungsfahrzeugs können die sich ergebenden
wegabhängigen Fahrtdauerverläufe beginnend mit der Zeit $t = 0$ am Anfang des

Optimierungshorizonts berechnet werden. Diese sind im unteren Diagramm in der Abbildung 4.8(a) gezeigt. Demnach führen die zu den Fahrstrategien gehörenden Fahrtdauerverläufe an den Schnittpunkten mit dem prädizierten Fahrtdauerverlauf für das Führungsfahrzeug $\tilde{t}_{FF}(s)$ zu Kollisionen mit dem Führungsfahrzeug.

Zur Vermeidung der dargestellten Kollisionen muss der zulässige Fahrtdauerbereich beschränkt werden, um nur Fahrtdauerverläufe zuzulassen, die oberhalb des prädizierten Fahrtdauerverlaufs des Führungsfahrzeugs liegen. Das dazu notwendige Vorgehen ist in der Abbildung 4.8(b) veranschaulicht. Ausgehend von den ohne Berücksichtigung des Führungsfahrzeugs berechneten Geschwindigkeitstrajektorien werden eine Referenzannäherungstrajektorie $v_{t_{ref}}(s)$ sowie Grenzannäherungstrajektorien $v_{t_{min}}(s)$ und $v_{t_{max}}(s)$ bestimmt. Hierbei werden die Referenzannäherungsverzögerung $a_{FF,ref}$ und die nach (4.7) festgelegten Grenzannäherungsverzögerungen verwendet. Die Annäherungstrajektorien werden so berechnet, dass der in (4.8) definierte Sicherheitsabstand zum Führungsfahrzeug nach beendetem Annährungsvorgang bei Geschwindigkeitsgleichheit eingehalten wird. Dies ist in den dazugehörigen Fahrtdauerverläufen im unteren Diagramm in der Abbildung 4.8(b) ersichtlich. Dabei beschreibt der Fahrtdauerverlauf $t_{ref}(s)$ die Referenzstrategie für den Annäherungsvorgang. Der untere Fahrtdauerverlauf $t_{min}(s)$ entspricht einem schnellen Annäherungsvorgang und legt die untere Grenze des zulässigen Fahrtdauerbereichs fest. Der obere Fahrtdauerverlauf $t_{max}(s)$ beschreibt hingegen einen langsamen Annäherungsvorgang und beschränkt den zulässigen Fahrtdauerbereich nach oben hin. Werden im realen Fahrbetrieb Führungsfahrzeuge mit sehr geringem Abstand und sehr kleinen Geschwindigkeiten erfasst, erfolgt eine Anpassung der Annäherungsverzögerungen, um den zulässigen Sicherheitsabstand einzuhalten.

Bei der Berechnung der Annäherungstrajektorien gilt grundsätzlich, dass diese nach

$$v_{t_{ref}}(s) \leq v'_{ref}(s), \quad v_{t_{max}}(s) \leq v'_{min}(s), \quad v_{t_{min}}(s) \leq v'_{max}(s) \quad (4.10)$$

stets auf oder unterhalb der ohne Berücksichtigung des Führungsfahrzeugs bestimmten Geschwindigkeitstrajektorien der Referenz- und Grenzfahrstrategien liegen müssen. Dadurch werden streckenspezifische und kurvenabhängige Geschwindigkeitsbeschränkungen bei der Berechnung der Annäherungstrajektorien berücksichtigt und das Konzept auf beliebige Fahrszenarien übertragbar gemacht.

Zusätzlich zum zulässigen Fahrtdauerbereich müssen eine geeignete Referenzgeschwindigkeitstrajektorie $v_{ref}(s)$ sowie geeignete Grenzgeschwindigkeitstrajektorien $v_{min}(s)$ und $v_{max}(s)$ zur Festlegung des zulässigen Geschwindigkeitssuchraums bei vorausfahrenden Fahrzeugen bestimmt werden. Hierfür wird für die

Referenzgeschwindigkeitstrajektorie und die obere Grenzgeschwindigkeitstrajektorie

$$v_{ref}(s) = v_{t_{ref}}(s),$$
$$v_{max}(s) = v'_{max}(s) \tag{4.11}$$

angesetzt. Die Referenzgeschwindigkeitstrajektorie $v_{ref}(s)$ wird durch die Referenzannäherungstrajektorie $v_{t_{ref}}(s)$ ausgedrückt. Damit steht die Referenzgeschwindigkeitstrajektorie $v_{ref}(s)$ in direktem Zusammenhang mit der Referenzfahrtdauertrajektorie $t_{ref}(s)$. Als obere Grenzgeschwindigkeitstrajektorie $v_{max}(s)$ wird die ohne Berücksichtigung des Führungsfahrzeugs berechnete obere Grenzgeschwindigkeitstrajektorie $v'_{max}(s)$ verwendet. Dabei sei angemerkt, dass die Anwendung der oberen Grenzgeschwindigkeitstrajektorie $v_{max}(s)$ nach Abbildung 4.8(a) unzulässig ist. Aus diesem Grund kann $v_{max}(s)$ keine gültige Lösung des Optimalsteuerungsproblems sein. Allerdings kann sich eine optimale Geschwindigkeitstrajektorie zumindest temporär der oberen Grenzgeschwindigkeitstrajektorie annähern, solange der zulässige Fahrtdauerbereich eingehalten wird.

Die Berechnung der unteren Grenzgeschwindigkeitstrajektorie $v_{min}(s)$ richtet sich hauptsächlich nach dem prädizierten Geschwindigkeitsverlauf des Führungsfahrzeugs und kann mit

$$v_{min}(s) = \begin{cases} \text{Verz. auf } (1-\Delta_{v_{FF}})v_{FF}(s_{FF}), s \in [0, s_{FF} - \Delta s_{FF,0}] \\ (1-\Delta_{v_{FF}})\tilde{v}_{FF}(s + \Delta s_{FF,0}) &, s \in (s_{FF} - \Delta s_{FF,0}, S_{opt} - \Delta s_{FF,0}], \\ (1-\Delta_{v_{FF}})\tilde{v}_{FF}(S_{opt})) &, s \in (S_{opt} - s_{FF}, S_{opt}] \end{cases}$$
$$v_{min}(s) \leq v'_{min}(s)$$
$$\tag{4.12}$$

zusammengefasst werden. Folglich wird zunächst ein Verzögerungsvorgang auf die um den Faktor $\Delta_{v_{FF}}$ (siehe Tabelle A.3.1 im Anhang A.3) reduzierte Geschwindigkeit des Führungsfahrzeugs vorgesehen. Anschließend wird dem weiteren Verlauf der prädizierten Geschwindigkeitstrajektorie des Führungsfahrzeugs gefolgt.

Die durch Anwendung von (4.11) und (4.12) bestimmten Referenz- und Grenzgeschwindigkeitstrajektorien für das Ausgangsszenario aus Abbildung 4.8(a) sind in der Abbildung 4.8(c) gezeigt. Um den Fahrtdauerbereich nach abgeschlossenen Annäherungsvorgängen aufzuweiten und dadurch weitere Geschwindigkeitsvariationen zuzulassen, können tolerierbare Fahrtdauerabweichungen eingestellt werden. Diese sind in der Abbildung 4.8(c) durch die Parameter $\Delta t_{FF,neg}$ und $\Delta t_{FF,pos}$ (siehe Tabelle A.3.1 im Anhang A.3) dargestellt.

Funktionsbeispiele in realen Fahrszenarien

Nachdem die Parametrierungsmöglichkeiten und das Konzept zur Integration von Führungsfahrzeugen bei der Bestimmung der Fahrstrategien erläutert wurden, wird im Folgenden die Funktionsweise der Fahrstrategieberechnung in realen Fahrszenarien vorgestellt. Neben den vom RADAR-Sensor bereitgestellten Informationen zum Zustand von vorausfahrenden Fahrzeugen dienen hauptsächlich die Informationen aus dem *Elektronischen Horizont* als Grundlage zur Berechnung der Fahrstrategien. Der *Elektronische Horizont* beschreibt den vorausliegenden Streckenverlauf durch eine endliche Anzahl von diskreten Stützstellen. Er kann als Datensatz

$$EH = \begin{bmatrix} \underline{s}_{EH} & \underline{v}_\S & \underline{r} & \underline{\alpha}_{EH} & \underline{ID}_K & \underline{ID}_S & \underline{ID}_F \end{bmatrix}^T \qquad (4.13)$$

zusammengefasst werden, der kontinuierlich vom Vorausschausystem bereitgestellt wird. In (4.13) beschreibt der erste Vektor $\underline{s}_{EH}$ die relativen Abstände der Stützstellen entlang des Streckenverlaufs zur aktuellen Position des Fahrzeugs. Die weiteren Vektoren in (4.13) dienen zur Beschreibung der Streckenattribute in den Stützstellen und sind in der Tabelle 4.1 aufgeführt. Der Datensatz umfasst $n_{EH} = 20$ Stützstellen und beschreibt die vorausliegende Strecke auf einer Länge von mehreren hundert Metern bis hin zu einigen Kilometern abhängig von der Streckengeometrie. Ausgangspunkt für die folgende Veranschaulichung der Funktionsweise der Fahrstrategieberechnung ist der in der Abbildung 4.9 gezeigte Streckenabschnitt.

Tabelle 4.1: Streckenattribute des *Elektronischen Horizonts*

Vektor-element	Beschreibung
$s_{EH,i}$	Relativer Abstand zur Stützstelle i
$v_{\S,i}$	Zul. Höchstgeschwindigkeit (gültig ab Stützstelle i)
r_i	Straßenradius (gültig in Stützstelle i)
$\alpha_{EH,i}$	Straßensteigung (gültig ab Stützstelle i)
$ID_{K,i}$	Kreuzungs-ID in Stützstelle i $\begin{cases} 0=\text{Keine Kreuzung} \\ 1=\text{Kreuzung, Rechts-vor-links-Regel} \\ 2=\text{Kreuzung, Vorfahrt gewähren} \\ 3=\text{Kreuzung, Vorfahrt} \end{cases}$
$ID_{S,i}$	Signalanlagen-ID in Stützstelle i $\begin{cases} 0=\text{Keine Signalanlage} \\ 1=\text{Signalanlage} \end{cases}$
$ID_{F,i}$	Fußgängerüberweg-ID in Stützstelle i $\begin{cases} 0=\text{Kein Fußgängerüberweg} \\ 1=\text{Fußgängerüberweg} \end{cases}$

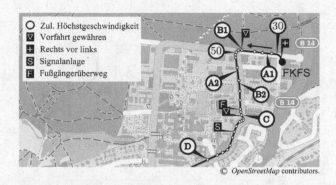

© *OpenStreetMap* contributors.

Abbildung 4.9: Exemplarischer Streckenabschnitt auf dem Gelände der Universität Stuttgart.

Zur Veranschaulichung der Funktionsweise soll zunächst angenommen werden, dass sich das Fahrzeug in der Position (A1) auf dem in der Abbildung 4.9 dargestellten Streckenverlauf befindet und sich mit etwa 30 $^{km}/_h$ der Kreuzung mit einer Vorfahrtsstraße in (B1) nähert. Ein zu berücksichtigendes Führungsfahrzeug soll zunächst nicht vorhanden sein. Die Abbildung 4.10(a) zeigt die für dieses Szenario berechneten Fahrstrategien in Form der Referenzgeschwindigkeitstrajektorie $v_{ref}(s)$ und der Grenzgeschwindigkeitstrajektorien $v_{min}(s)$ und $v_{max}(s)$. Zur Veranschaulichung der Informationen aus dem *Elektronischen Horizont* sind zusätzlich die zulässigen Höchstgeschwindigkeiten $v_{\S,i}$ und die aus den Fahrbahnradien r_i mit der Referenzquerbeschleunigung ermittelten zulässigen Kurvengeschwindigkeiten $v_{r,i}$ an den Stützstellen des *Elektronischen Horizonts* explizit dargestellt. Die berechneten Geschwindigkeitstrajektorien beschreiben in dem betrachteten Fahrszenario einen Haltevorgang an der Kreuzung (B1).

Im weiteren Verlauf des dargestellten Fahrszenarios wird sich das Fahrzeug mit einer Geschwindigkeit innerhalb des zulässigen Geschwindigkeitsbereichs der vorausliegenden Kreuzung (B1) nähern und verzögern. Während des automatisierten Anhaltevorgangs kann der Fahrer die Verkehrssituation an der Kreuzung (B1) überblicken und den Verzögerungsvorgang mit einem Weiterfahrbefehl durch Antippen des Fahrpedals abbrechen. Die Abbildung 4.10(b) zeigt das Ergebnis der Fahrstrategieberechnung, wenn der Verzögerungsvorgang unmittelbar vor der Kreuzung (B1) bei einer Geschwindigkeit von etwa 10 $^{km}/_h$ abgebrochen wird. In diesem Fall beschreiben die berechneten Geschwindigkeitstrajektorien einen Beschleunigungsvorgang auf die im folgenden Streckenabschnitt geltende zulässige Höchstgeschwindigkeit und anschließend wiederum einen Haltevorgang an der nächsten

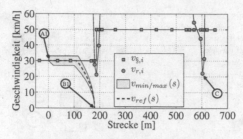

(a) Fahrstrategieberechnung an der Stelle (A1) mit Halt
an Kreuzung (B1).

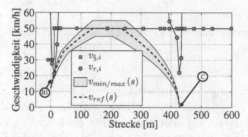

(b) Fahrstrategieberechnung kurz vor der Kreuzung (B1)
mit Weiterfahrbefehl.

Abbildung 4.10: Funktionsbeispiele zur Fahrstrategieberechnung ohne Führungsfahrzeug.

Kreuzung mit einer Vorfahrtsstraße in der Position (C). In dem betrachteten Streckenhorizont muss an der in der Abbildung 4.9 mit (F) markierten Stelle ein Fußgängerüberweg passiert werden. Dabei kann der Fahrer jederzeit einen Haltebefehl
vor dem Fußgängerüberweg durch Antippen des Bremspedals steuern und diesen
durch Antippen des Fahrpedals wieder aufheben. Das selbe gilt auch vor Signalanlagen, wie beispielsweise an der mit (S) markierten Stelle in der Abbildung 4.9.
Wird ein Haltevorgang sehr nah an der vorgesehenen Halteposition ausgelöst, werden die vorgegebenen Referenz- und Grenzverzögerungen nach unten hin angepasst.

Als nächstes wird die Funktionsweise der Fahrstrategieberechnung bei vorhandenen Führungsfahrzeugen veranschaulicht. Als Grundlage dient wieder der in der
Abbildung 4.9 dargestellte Streckenverlauf. Das Fahrzeug soll nun an der Stelle
(A2) fahren und sich noch im Beschleunigungsvorgang nach der passierten Kreuzung (B1) befinden. Zusätzlich soll in etwa 100 m Entfernung an der Stelle (B2)
ein langsameres vorausfahrendes Fahrzeug vom RADAR-Sensor erfasst werden.
In diesem Fall muss neben dem zulässigen Geschwindigkeitsbereich auch ein zu-

lässiger Fahrtdauerbereich zur Gewährleistung eines ausreichenden Sicherheitsabstands berechnet werden. Die in diesem Fahrszenario berechneten Geschwindigkeitstrajektorien und der prädizierte Geschwindigkeitsverlauf für das Führungsfahrzeug sind in der Abbildung 4.11(a) gezeigt.

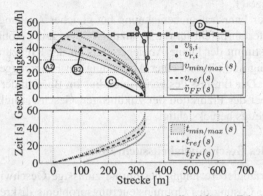

(a) Fahrstrategieberechnung an der Stelle (A2) mit Führungsfahrzeug in (B2) und Halt an Pos. (C).

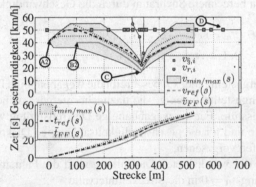

(b) Fahrstrategieberechnung an der Stelle (A2) mit Führungsfahrzeug in (B2) mit Weiterfahrbefehl.

Abbildung 4.11: Funktionsbeispiele zur Fahrstrategieberechnung mit Führungsfahrzeug.

Die Geschwindigkeitstrajektorien der Referenz- und Grenzfahrstrategien beschreiben darin einen automatisierten Haltevorgang an der vorausliegenden Kreuzung (C), wo auf eine Vorfahrtsstraße abgebogen werden soll. Ebenso wird für das Führungsfahrzeug an der Kreuzung (C) ein Haltevorgang vorausgesagt, was dem Verlauf der prädizierten Geschwindigkeitstrajektorie $\tilde{v}_{FF}(s)$ entnommen werden

kann. Die sich aus dem prädizierten Geschwindigkeitsverlauf für das Führungsfahrzeug ergebende Fahrtdauervorhersage $\tilde{t}_{FF}(s)$ sowie die Referenzfahrtdauertrajektorie $t_{ref}(s)$ und die den zulässigen Fahrtdauerbereich festlegenden Grenz-
fahrtdauertrajektorien $t_{min}(s)$ und $t_{max}(s)$ sind im unteren Diagramm in der Abbildung 4.11(a) gezeigt.

Das Ergebnis der Fahrstrategieberechnung bei gleicher Ausgangslage und mit
eingeleitetem Weiterfahrbefehl für die Kreuzung (C) zeigt die Abbildung 4.11(b).
In diesem Fall bestimmt der kleine Abbiegeradius an der Kreuzung (C) die Tra-
jektorienberechnung und führt zu einer Absenkung der Fahrzeuggeschwindigkeit
in diesem Bereich. Der Einfluss des Fahrbahnradius im Bereich der Kreuzung (C)
wird dabei auch bei der Prädiktion der zukünftigen Geschwindigkeitstrajektorie
des Führungsfahrzeugs berücksichtigt.

Diskretisierung des Geschwindigkeitssuchraums

Der in der Fahrstrategieberechnung bestimmte zulässige Geschwindigkeitssuchraum muss für die Lösung des Optimalsteuerungsproblems diskretisiert werden.
Dazu wird der vor jeder Lösung des Optimalsteuerungsproblems in der Fahrstrategieberechnung neu berechnete Suchraum durch die Geschwindigkeitsstützstellen

$$v_k^{j_k} \in [v_{min,k}, v_{max,k}],$$
$$k = 0, 1, ..., n_k, \quad j_k = 0, 1, ..., n_{j_k} - 1, \quad v_0^0 = v_A \tag{4.14}$$

abgebildet. Der tiefgestellte Index k beschreibt die wegabhängige Diskretisierungsstufe und der hochgestellte Index j_k die dazugehörige geschwindigkeitsabhängige Diskretisierungsstufe. Für die wegabhängige Diskretisierung werden maximal
$n_k = 60$ Intervalle und für die geschwindigkeitsabhängige Diskretisierung maximal $n_{j_k} = 51$ Stufen vorgesehen.

Zur Erzeugung der wegdiskreten Darstellung wird die Fahrstrecke ausgehend
vom Horizontanfang $s_0 = 0$ in die Streckenintervalle

$$\Delta s_k = s_{k+1} - s_k, \quad k = 0, 1, ..., n_k - 1 \tag{4.15}$$

zerlegt. Die Längen der einzelnen Streckenintervalle werden dabei so berechnet,
dass ein Intervall in Bezug auf die Referenzgeschwindigkeitstrajektorie einer Fahrtdauer von einer Sekunde entspricht. Zusätzliche Unterteilungen werden an Eck-
punkten in den Geschwindigkeitsverläufen von Referenz- und Grenzfahrstrategi-
en eingefügt. Bei voller Ausnutzung der $n_k = 60$ Streckenintervalle ergibt sich
demnach ein Optimierungshorizont $S_{opt} = s_{n_k}$, der einer maximalen Gesamt-
fahrtdauer von einer Minute in Bezug auf die Referenzgeschwindigkeitstrajektorie

entspricht. Falls Haltevorgänge oder die Länge des *Elektronischen Horizonts* die vorausliegende Strecke begrenzen, wird ein reduzierter Streckenhorizont mit weniger als $n_k = 60$ Streckenintervallen dargestellt.

Die Geschwindigkeit wird in jeder Diskretisierungsstufe k gesondert diskretisiert, indem zwischen den dortigen Grenzgeschwindigkeiten $v_{min,k}$ und $v_{max,k}$ eine Anzahl von n_{j_k} äquidistanten Geschwindigkeitsstützstellen $v_k^{j_k}$ erzeugt wird. Dabei wird eine minimale Geschwindigkeitsdiskretisierung von 0,05 $^m/_s$ nicht unterschritten, wodurch in engen Bereichen des Geschwindigkeitssuchraums auch weniger als $n_{j_k} = 51$ Geschwindigkeitsstützstellen verwendet werden können. Zur Veranschaulichung des Diskretisierungsverfahrens zeigt die Abbildung 4.12 das Geschwindigkeitsstützstellennetz für das Ergebnis der Fahrstrategieberechnung aus der Abbildung 4.11(b).

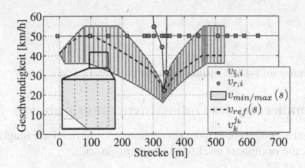

Abbildung 4.12: Geschwindigkeitsstützstellennetz für das Beispiel aus der Abbildung 4.11(b).

Die Geschwindigkeitsstützstellen $v_k^{j_k}$ werden analog zum in Kapitel 3.2.2 beschriebenen Vorgehen in einer Matrix $\underline{\mathcal{V}}$ und die dazugehörigen Streckenintervalle Δs_k in einem Vektor

$$\Delta \underline{s} = \begin{bmatrix} \Delta s_0 & \Delta s_1 & \cdots & \Delta s_{n_k-1} \end{bmatrix}^T \qquad (4.16)$$

zusammengefasst. Zusätzlich werden die Straßensteigungen α_k innerhalb der Streckenintervalle $s \in [s_k, s_{k+1})$ anhand des im *Elektronischen Horizont* bereitgestellten Steigungsverlaufs bestimmt und durch den Vektor

$$\underline{\alpha} = \begin{bmatrix} \alpha_0 & \alpha_1 & \cdots & \alpha_{n_k-1} \end{bmatrix}^T \qquad (4.17)$$

ausgedrückt. Falls Fahrtdauerbeschränkungen bestimmt wurden, werden diese an den Grenzen der Streckenintervalle diskretisiert und in Form der Vektoren

$$\underline{t}_{min} = \begin{bmatrix} t_{min,0} & t_{min,1} & \cdots & t_{min,n_k} \end{bmatrix}^T, \tag{4.18}$$

$$\underline{t}_{max} = \begin{bmatrix} t_{max,0} & t_{max,1} & \cdots & t_{max,n_k} \end{bmatrix}^T \tag{4.19}$$

als weitere Randbedingungen bei der Lösung des Optimalsteuerungsproblems berücksichtigt. Da bei der Lösung des Optimalsteuerungsproblems die Referenzstrategie als Bezugsgrundlage dient, werden die Referenztrajektorien für die Geschwindigkeit, die Fahrtdauer und die Referenzbeschleunigungen $a_{ref,k}$ innerhalb der Streckenintervalle $s \in [s_k, s_{k+1})$ in den Vektoren

$$\underline{v}_{ref} = \begin{bmatrix} v_{ref,0} & v_{ref,1} & \cdots & v_{ref,n_k} \end{bmatrix}^T, \tag{4.20}$$

$$\underline{t}_{ref} = \begin{bmatrix} t_{ref,0} & t_{ref,1} & \cdots & t_{ref,n_k} \end{bmatrix}^T, \tag{4.21}$$

$$\underline{a}_{ref} = \begin{bmatrix} a_{ref,0} & a_{ref,1} & \cdots & a_{ref,n_k-1} \end{bmatrix}^T \tag{4.22}$$

zusammengefasst und dem Optimalsteuerungsproblem übergeben.

4.2.3 Formulierung des Optimalsteuerungsproblems

Das Optimalsteuerungsproblem der energetisch optimierten Fahrzeuglängsführung besteht darin, die optimale Geschwindigkeitstrajektorie

$$\begin{aligned} \underline{v}^* &= \begin{bmatrix} v_0^* & v_1^* & \cdots & v_{n_k}^* \end{bmatrix}^T, \\ v_k^* &= \underline{\mathcal{V}}\{k, j_k^*\}, \quad k = 0, 1, ..., n_k, \quad j_k^* \in [0, n_{j_k} - 1] \end{aligned} \tag{4.23}$$

entlang der Geschwindigkeitsstützstellen des diskreten Geschwindigkeitssuchraums zu bestimmen. Die Länge des Optimierungshorizonts $S_{opt} = s_{n_k}$ wird durch die Länge des diskreten Geschwindigkeitssuchraums festgelegt. Die optimale Geschwindigkeitstrajektorie wird berechnet, indem ein von unterschiedlichen Zielgrößen abhängiges Gütemaß minimiert wird. Im nächsten Abschnitt werden zunächst relevante Zielgrößen für eine energetisch optimierte Fahrzeuglängsführung definiert und zu optimierende Zielkriterien aufgestellt. Darauf folgend werden fahrdynamische und antriebsseitige Grenzwerte diskutiert und als Randbedingungen in das Optimalsteuerungsproblem integriert. Abschließend wird ein wegdiskretes Optimalsteuerungsproblem für die energetisch optimierte Fahrzeuglängsführung formuliert.

Zielgrößen und Zielkriterien des Optimalsteuerungsproblems

Aus energetischer Sicht stellt die Reduzierung der Gesamtenergie E_{n_k} für das Zurücklegen der Wegstrecke im Optimierungshorizont das maßgebliche Kriterium bei der Optimierung der Geschwindigkeitstrajektorie dar. Der aufzuwendende Energieverbrauch hängt von der im Optimierungshorizont gewählten Geschwindigkeitstrajektorie sowie von den Verläufen der Fahrbahnsteigung und der Leistungsaufnahme der sonstigen Verbraucher im Hochvoltsystem ab. Als Bezugsgröße für die energetische Optimierung dient der Energieverbrauch E_{ref,n_k}, der sich bei Anwendung der Geschwindigkeitstrajektorie der Referenzfahrstrategie ergibt. Die Reduzierung des Energieverbrauchs über den gesamten Optimierungshorizont kann damit durch die Minimierung des Zielkriteriums

$$\Phi_{E,n_k} = \frac{E_{n_k} - E_{ref,n_k}}{|E_{ref,n_k}|} \tag{4.24}$$

erzwungen werden. Das Zielkriterium (4.24) beschreibt die relative Änderung des Energieverbrauchs für das Zurücklegen der Wegstrecke im Optimierungshorizont bezogen auf den Energieverbrauch der Referenzfahrstrategie. Das Zielkriterium (4.24) nimmt negative Werte für Energieverbräuche an, die unter dem Referenzenergieverbrauch liegen.

Die alleinige Bewertung des Energieverbrauchs ist nicht zielführend, da Verbrauchseinsparungen dann in der Regel auf Kosten der Fahrtdauer erzwungen werden. Um dem entgegenzuwirken, müssen neben dem Energieverbrauch auch die Zielgrößen Durchschnittsgeschwindigkeit oder Fahrtdauer bei der Optimierung der Fahrzeuglängsführung berücksichtigen werden. Daher wird die Fahrtdauer t_{n_k} für das Zurücklegen der Wegstrecke im Optimierungshorizont in das Optimalsteuerungsproblem integriert. Analog zum Energieverbrauch wird dazu das zu minimierende Zielkriterium

$$\Phi_{t,n_k} = \frac{t_{n_k} - t_{ref,n_k}}{t_{ref,n_k}} \tag{4.25}$$

aufgestellt, das die relative Änderung der Fahrtdauer in Bezug auf die Referenzfahrtdauer t_{ref,n_k} beschreibt. Das Zielkriterium (4.25) nimmt ebenfalls negative Werte für Fahrtdauern an, die unter der Referenzfahrtdauer liegen.

Neben den beiden wesentlichen Zielgrößen Energieverbrauch und Fahrtdauer soll bei der Berechnung der optimalen Geschwindigkeitstrajektorien zusätzlich der Fahrkomfort berücksichtigt werden, um die Akzeptanz des Fahrers bezüglich des Assistenzsystems zu steigern. Dies kann durch eine gleichmäßige und ruckarme Längsführung des Fahrzeugs erreicht werden. Eine Maßnahme hierzu ist die Vermeidung von schnellen und für den Fahrer nicht nachvollziehbaren Beschleunigungsänderungen. Diese können insbesondere auf hügeligen Streckenabschnitten auftreten, wo häufige Änderungen der Fahrbahnsteigung direkten Einfluss auf den energetisch optimierten Geschwindigkeitsverlauf nehmen.

Um den Geschwindigkeitsverlauf hinsichtlich der Beschleunigungsänderungen zu quantifizieren, werden die an den Übergängen zwischen den Diskretisierungsintervallen anfallenden Beschleunigungsänderungen auf rein positive Werte quadratisch normiert und nach

$$\Delta a_{n_k} = (a_0 - a_A)^2 + \sum_{k=1}^{n_{k-1}} (a_k - a_{k-1})^2 \tag{4.26}$$

aufsummiert. Dabei ist a_A die Beschleunigung vor dem ersten Diskretisierungsintervall. Die sich ergebende Kennzahl Δa_{n_k} ist ein Maß für die akkumulierte Änderungsrate des Beschleunigungsverlaufs. Als zu minimierendes Zielkriterium kann

$$\Phi_{\Delta a, n_k} = \Delta a_{n_k} - \Delta a_{ref, n_k} \tag{4.27}$$

angesetzt werden. Darin ist $\Delta a_{ref,n_k}$ die entsprechende Kennzahl für die Referenzfahrstrategie. Die Minimierung des Kriteriums (4.27) erzwingt die Berechnung von Geschwindigkeitstrajektorien, deren akkumulierte Änderungsrate des Beschleunigungsverlaufs in Bezug auf die Referenzfahrstrategie möglichst klein ist. Die im Zielkriterium (4.27) berechnete Größe $\Phi_{\Delta a, n_k}$ stellt dabei eine absolute Größe dar. Auf einen Ansatz analog zu den Kriterien (4.24) und (4.25) zur Bestimmung einer relativen Größe wird verzichtet, da die Referenzgeschwindigkeitstrajektorie im Optimierungshorizont einen konstanten Verlauf aufweisen kann. In diesen Fällen ist die Kennzahl für die akkumulierte Änderungsrate gleich Null und kann nicht als normierender Nenner im Quotienten dienen.

Die eingeführten Zielgrößen Energieverbrauch, Fahrtdauer und Fahrkomfort und die Zielkriterien (4.24),(4.25) und (4.27) zur Beschreibung ihrer Umsetzung nehmen direkten Einfluss auf die Gestaltung der optimalen Geschwindigkeitstrajektorie innerhalb des Optimierungshorizonts. Im Zuge einer praktischen Umsetzung in einem modellprädiktiven Ansatz, in dem das Optimalsteuerungsproblem wiederholt für einen endlichen, sich schrittweise in die Zukunft verschiebenden Optimierungshorizont gelöst wird, kommt der Bewertung des Fahrzeugzustandes am Ende des Optimierungshorizonts eine große Bedeutung zu. Dadurch kann ein gewünschter Zustand am Horizontende erzwungen werden, der einen weiterführenden Einfluss auf den globalen Geschwindigkeitsverlauf nimmt. Somit kann eine Fahrstrategie realisiert werden, die über die betrachteten endlichen Optimierungshorizonte hinaus geht.

Ein relevantes Beispiel in diesem Kontext ist die kinetische Fahrzeugenergie. Die Optimierung des Energieverbrauchs innerhalb des Optimierungshorizonts kann dazu führen, dass energetische Verbesserungen auf Kosten der kinetischen Fahrzeugenergie am Ende des Optimierungshorizonts erzielt werden. Dies kann eintreten, wenn Geschwindigkeitstrajektorien berechnet werden, die zum Horizontende hin eine Reduzierung der Fahrzeuggeschwindigkeit vorsehen. In diesen Fällen wird keine reale energetische Optimierung erzielt, sondern die aufzuwendende Energiemenge durch Abbau der kinetischen Fahrzeugenergie reduziert. Diese muss im weiterführenden Fahrverlauf durch erneuten Einsatz von Energie jedoch wieder aufgebaut werden. Das beschriebene Verhalten trägt nicht zu einer nachhaltigen Fahrstrategie bei und muss durch einen Endkostenterm im Gütemaß des Optimalsteuerungsproblems kompensiert werden. Ein geeigneter Endkostenterm ist das Zielkriterium

$$\varphi_{f,n_k} = \frac{|v_{n_k}^2 - v_{ref,n_k}^2|}{v_{ref,n_k}^2}, \qquad (4.28)$$

das am Ende des Optimierungshorizonts die relative Änderung der kinetischen Fahrzeugenergie in Bezug auf die Referenzfahrstrategie beschreibt. Durch die Minimierung des Kriteriums (4.28) werden Abweichungen der Fahrzeuggeschwindigkeit am Ende des Optimierungshorizonts zur Referenzendgeschwindigkeit v_{ref,n_k} bestraft.

Beschränkungen des Optimalsteuerungsproblems

Bei der Lösung des Optimalsteuerungsproblems der energetisch optimierten Fahrzeuglängsführung müssen sowohl fahrdynamische Grenzwerte als auch physikalische Grenzen des elektrischen Antriebssystems berücksichtigt werden. Beschränkungen hinsichtlich der zulässigen Geschwindigkeit werden dabei direkt durch den zulässigen Geschwindigkeitssuchraum abgedeckt und müssen nicht gesondert berücksichtigt werden.

Zu den fahrdynamischen Beschränkungen zählen die in (4.6) festgelegten Grenzwerte für die maximale negative und positive Fahrzeugbeschleunigung. Damit muss für die Beschleunigungen a_k innerhalb der Diskretisierungsintervalle $s \in [s_k, s_{k+1})$

$$a_k \in [a_{neg,max}, a_{pos,max}(v_k)], \quad k = 0, 1, ..., n_k - 1 \qquad (4.29)$$

gelten. Im Falle von vorausfahrenden Fahrzeugen muss zusätzlich die Fahrtdauer innerhalb des zulässigen Fahrtdauerbereichs liegen, der durch die tolerierten Abweichungen $\Delta t_{FF,neg}$ und $\Delta t_{FF,pos}$ aufgeweitet wird. Dazu wird die Fahrtdauer t_k an den Grenzen der Streckenintervalle nach

$$t_k \in [t_{min,k} - \Delta t_{FF,neg}, \, t_{max,k} + \Delta t_{FF,pos}], \quad k = 0, 1, ..., n_k \tag{4.30}$$

beschränkt.

Ein zu berücksichtigender physikalischer Grenzwert im elektrischen Antriebs-system ist das stellbare mechanische Moment des Elektromotors. Innerhalb eines Diskretisierungsintervalls $s \in [s_k, s_{k+1})$ wird ein konstantes Motormoment M_k angesetzt, für das

$$M_k \in [M_{min}(v_k), M_{max}(v_k)], \quad k = 0, 1, ..., n_k - 1 \tag{4.31}$$

eingehalten werden muss. Dies stellt sicher, dass bei der Lösung des Optimal-steuerungsproblems vom elektrischen Antriebssystem einregelbare Geschwindig-keitstrajektorien bestimmt werden. Die in der Momentenbeschränkung (4.31) zu berücksichtigenden Grenzwerte M_{min} und M_{max} sind abhängig von der Fahr-zeuggeschwindigkeit und werden durch die Einhüllenden des Wirkungsgradkenn-felds in der Abbildung 4.2 festgelegt. Vereinfachend wird zur Bestimmung der Momentengrenzwerte ausschließlich die Geschwindigkeit v_k in der Diskretisie-rungsstufe k verwendet.

Eine andere Komponente des elektrischen Antriebssystems, deren Zustand auf Einhaltung von physikalischen Grenzwerten überwacht werden muss, ist die Trak-tionsbatterie. Neben dem thermischen Zustand der Traktionsbatterie muss insbe-sondere die Leistungsentnahme und -zufuhr in Form einer Strom- oder Spannungs-beschränkung begrenzt werden. Zur Begrenzung der Batterieleistung wird der zu-lässige Spannungsbereich der Traktionsbatterie mit

$$U_{b,k} \in [U_{b,min}, U_{b,max}], \quad k = 0, 1, ..., n_k \tag{4.32}$$

durch die in der Tabelle A.2.1 im Anhang A.2 spezifizierten festen Grenzspannun-gen $U_{b,min}$ und $U_{b,max}$ beschränkt.

Formulierung des Optimalsteuerungsproblems

Unter Berücksichtigung der eingeführten Zielkriterien für den Energieverbrauch (4.24), die Fahrtdauer (4.25) und die akkumulierte Beschleunigungsänderung (4.27) sowie des Endkostenterms (4.28) und der im letzten Abschnitt festgelegten

Randbedingungen kann das Optimalsteuerungsproblem der energetisch optimierten Fahrzeuglängsführung mit

$$\min_{v_k,\ k=0,1,\ldots,n_k} J_{n_k} = \beta\,\Phi_{E,n_k} + (1-\beta)\,\Phi_{t,n_k} + \lambda\,\Phi_{\Delta a,n_k} + \mu\,\varphi_{f,n_k}$$

$$\text{u.B.v.} \quad (4.29),\ (4.30),\ (4.31),\ (4.32) \tag{4.33}$$

formuliert werden. Die Fahrtdauerbeschränkung (4.30) muss nur dann berücksichtigt werden, wenn ein Führungsfahrzeug vorhanden ist. Im dargestellten Gütemaß ist $\beta \in [0,1]$ ein sogenannter *Trade-Off*-Faktor zur Gewichtung der komplementären Zielgrößen Energieverbrauch und Fahrtdauer. Der Faktor λ ist ein positiver Faktor zur Gewichtung der akkumulierten Beschleunigungsänderung. Die relative Änderung der kinetischen Fahrzeugenergie am Ende des Optimierungshorizonts wird mit dem Faktor $\mu \in [0,1]$ gewichtet. Die Lösung des Optimalsteuerungsproblems (4.33) liefert die optimale Geschwindigkeitstrajektorie $\underline{v}^*$ (4.23) für den Optimierungshorizont $s \in [0, s_{n_k}]$.

4.3 Lösung des Optimalsteuerungsproblems

In diesem Kapitel wird das Verfahren zur Lösung des in (4.33) formulierten Optimalsteuerungsproblems vorgestellt. Dazu werden zunächst diskrete Modellbeschreibungen für die notwendige Prädiktion von Zielgrößen und beschränkten Fahrzeugzuständen entlang der zu bewertenden Geschwindigkeitsübergänge im diskreten Geschwindigkeitssuchraum hergeleitet. Darauf folgend wird das umgesetzte Verfahren zur Lösung des Optimalsteuerungsproblems erläutert.

4.3.1 Prädiktion von Zielgrößen und Fahrzeugzuständen

Bei der Lösung des Optimalsteuerungsproblems müssen die Verläufe von Zielgrößen und beschränkten Fahrzeugzuständen entlang der Geschwindigkeitsstützstellen im diskreten Geschwindigkeitssuchraum prädiziert werden. Dabei werden Übergänge zwischen zwei benachbarten Optimierungsstufen k und $k+1$ betrachtet. Ausgehend von einer Geschwindigkeit v_k in der Optimierungsstufe k und den dortigen Anfangsbedingungen müssen die sich ergebenden Zustände beim Übergang in die Geschwindigkeit v_{k+1} in der folgenden Optimierungsstufe $k+1$ vorausgesagt werden. Aus den Zielkriterien und Randbedingungen im Optimalsteuerungsproblem (4.33) folgt, dass der Energieverbrauch E, die Fahrtdauer t, die akkumulierte Beschleunigungsänderung Δa, die Beschleunigung a sowie das mechanische Motormoment M und die Spannung U_b der Traktionsbatterie prädiziert werden müssen.

Die Beschleunigungen a_k bei Geschwindigkeitsübergängen zwischen zwei benachbarten Optimierungsstufen k und $k + 1$ werden als konstant angesetzt und nach

$$a_k = F_a\left(\Delta s_k, v_k, v_{k+1}\right) = \begin{cases} 0 & , v_{k+1} = v_k \\ \frac{\frac{1}{2}(v_{k+1}-v_k)^2+(v_{k+1}-v_k)v_k}{\Delta s_k} & , v_{k+1} \neq v_k \end{cases} \quad (4.34)$$

berechnet. Für die Fahrtdauer t_{k+1} in einer Optimierungsstufe $k+1$ gilt ausgehend von der bekannten Fahrtdauer t_k in der Stufe k

$$t_{k+1} = F_t\left(\Delta s_k, t_k, a_k, v_k, v_{k+1}\right) = \begin{cases} t_k + \frac{\Delta s_k}{v_k} & , v_{k+1} = v_k \\ t_k + \frac{v_{k+1}-v_k}{a_k} & , v_{k+1} \neq v_k \end{cases}, \quad t_0 = 0.$$
$$(4.35)$$

Für die akkumulierte Beschleunigungsänderung gilt ausgehend von der bekannten Änderung Δa_k in der Stufe k

$$\Delta a_{k+1} = F_{\Delta a}\left(\Delta a_k, a_{k-1}, a_k\right) = \Delta a_k + (a_k - a_{k-1})^2,$$
$$a_{-1} = a_A, \quad \Delta a_0 = 0. \quad (4.36)$$

Zur Prädiktion von Energieverbrauch, Motormoment und Spannung der Traktionsbatterie muss das Verhalten dieser Größen in Abhängigkeit von der Fahrzeuggeschwindigkeit und weiterer beeinflussenden Größen beschreibbar gemacht werden. Dazu wird in den folgenden Abschnitten ein Modell für die Fahrzeuglängsdynamik, das elektrische Antriebssystem und die Traktionsbatterie entwickelt. Zunächst wird eine wegkontinuierliche Modellbeschreibung nach dem physikalischen Prinzip von Ursache und Wirkung zur Berechnung der Fahrzeuggeschwindigkeit, des Energieverbrauchs und der Spannung der Traktionsbatterie als Funktion des wirkenden Motormoments hergeleitet. Die wegkontinuierliche Modellbeschreibung wird anschließend mit einem geeigneten Diskretisierungsverfahren in eine wegdiskrete Darstellung überführt. Abschließend wird das Prinzip von Ursache und Wirkung umgekehrt und das Modell derart invertiert, dass Motormoment, Energieverbrauch und Spannung der Traktionsbatterie für vorgegebene Geschwindigkeitsverläufe prädiziert werden können.

Wegkontinuierliche Modellbeschreibung

Die zurückgelegte Wegstrecke s wird in der zu entwickelnden Modellbeschreibung als unabhängige Variable angesetzt. Dadurch können Zielgrößen und Fahrzeugzustände entlang der zurückgelegten Wegstrecke im Geschwindigkeitssuchraum beschrieben werden. Zur Überführung einer zeitabhängigen Differentialgleichung in eine wegabhängige Differentialgleichung dient die Transformation

$$\frac{d}{dt} = \frac{d}{ds}\frac{ds}{dt} = \frac{d}{ds}v \quad \Rightarrow \quad dt = \frac{1}{v}ds. \tag{4.37}$$

Im ersten Schritt wird die Längsdynamik des Fahrzeugs modelliert. Die wegabhängige Änderung der Fahrzeuggeschwindigkeit

$$\frac{dv(s)}{ds} = f_v(v(s), \alpha(s), M(s)) = \frac{1}{v(s)}\frac{1}{m}\left(\frac{i_t}{r_{dyn}}M(s) - R(v(s), \alpha(s))\right)$$

$$\tag{4.38}$$

ergibt sich aus der Bilanzierung der Antriebskraft und der Fahrwiderstände[3]

$$R(v(s), \alpha(s)) =$$
$$\underbrace{\frac{i_t}{r_{dyn}}M_t(v(s))}_{\text{Übersetzungsverluste}} + \underbrace{mgc_r(v(s))\cos\alpha(s)}_{\text{Rollwiderstand}} + \underbrace{\frac{1}{2}c_aA_a\rho v^2(s)}_{\text{Luftwiderstand}} + \underbrace{mg\sin\alpha(s)}_{\text{Steigungswiderstand}}$$

$$\tag{4.39}$$

Die Antriebskraft wird durch das wirkende Motormoment M festgelegt und die Fahrwiderstände R sind abhängig von Fahrzeuggeschwindigkeit v und Straßensteigung α. Die Fahrzeugmasse m, der dynamische Radhalbmesser r_{dyn}, das Übersetzungsverhältnis i_t sowie das Produkt aus Luftwiderstandsbeiwert c_a und Querschnittsfläche A_a sind in der Tabelle A.2.2 im Anhang A.2 zusammengefasst. Die geschwindigkeitsabhängigen Kennlinien für den Rollwiderstandsbeiwert c_r und des in der Übersetzungsstufe und im Differential wirkenden Reibmoments M_t, das auf die Motorseite bezogen ist, sind in der Abbildung A.2.2 im Anhang A.2 gezeigt. Ferner bezeichnet g die Erdbeschleunigung und ρ die Luftdichte.

Im zweiten Schritt wird ein Modell für das elektrische Antriebssystem des Fahrzeugs zur Berechnung des Energieverbrauchs E und der Spannung U_b der Traktionsbatterie hergeleitet. Der Energieverbrauch E setzt sich aus der mechanisch abgegebenen oder zugeführten Energie E_m an der Antriebswelle des Elektromotors, den Wirkungsgradverlusten E_{el} im Elektromotor und im Inverter, dem Energieverbrauch E_a der sonstigen Komponenten im Hochvoltsystem und den internen Wirkungsgradverlusten E_b in der Traktionsbatterie nach

---

[3]Annahmen: Windstille, Luftdichte bei 20 °C, vernachlässigbarer Kurvenwiderstand.

$$E(s) = f_E(E_m(s), E_{el}(s), E_a(s), E_b(s))$$
$$= E_m(s) + E_{el}(s) + E_a(s) + E_b(s) \tag{4.40}$$

zusammen. Mit diesem Ansatz wird bei der energetischen Optimierung der Fahrzeuglängsführung das Gesamtsystem Fahrzeug einschließlich der sonstigen Verbraucher und des lastpunktabhängigen Wirkungsgrades der Traktionsbatterie berücksichtigt.

Zur Modellierung der Spannung U_b der Traktionsbatterie dient das vereinfachte elektrische Ersatzschaltbild aus der Abbildung 4.13. Darin bezeichnet U_{OCV} die vom Ladezustand (SoC) abhängige Leerlaufspannung, $U_{||}$ den Spannungsabfall über den durch den Widerstand $R_{||}$ und die Kapazität $C_{||}$ beschriebenen RC-Kreis und U_{R_i} den vom Batteriestrom I_b abhängigen Spannungsabfall über den Innenwiderstand R_i. Alle Parameter des Ersatzschaltbildes sind in Abhängigkeit vom Batterieladezustand experimentell bestimmt worden und in der Abbildung A.2.3 im Anhang A.2 dargestellt. Die Ruhespannung der Batterie wird durch einen Kondensator mit ladezustandsabhängiger Kapazitäts-Kennlinie abgebildet, dessen Nenn-Ladungsmenge $Q_{b,N}$ der Tabelle A.2.1 im Anhang A.2 zu entnehmen ist. Für die Batteriespannung gilt

$$U_b(s) = f_{U_b}(U_{OCV}(s), U_{||}(s), SoC(s), I_b(s))$$
$$= U_{OCV}(s) - U_{||}(s) - R_i(SoC(s))I_b(s). \tag{4.41}$$

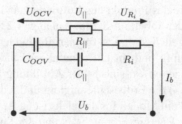

Abbildung 4.13: Elektrisches Ersatzschaltbild der Traktionsbatterie.

Die zur Bestimmung des Energieverbrauchs E und der Batteriespannung U_b notwendigen Größen werden im Zustandsvektor

$$x(s) = \begin{bmatrix} E_m(s) & E_{el}(s) & E_a(s) & E_b(s) & U_{||}(s) & U_{OCV}(s) & SoC(s) \end{bmatrix}^T$$

$$\tag{4.42}$$

zusammengefasst. Das dynamische System

$$\frac{dx(s)}{ds} = f_x(x(s), P_a(s), M(s), v(s)) \tag{4.43}$$

dient zur Beschreibung der wegabhängigen Änderung des Zustandsvektors (4.42) in Abhängigkeit von der Geschwindigkeit v, des wirkenden Motormoments M und der Leistungsaufnahme P_a der sonstigen Verbraucher. Die wegabhängigen Änderungen der einzelnen Zustände werden durch das nichtlineare Differential-gleichungssystem

$$\frac{d}{ds} \begin{bmatrix} E_m(s) \\ E_{el}(s) \\ E_a(s) \\ E_b(s) \\ U_{OCV}(s) \\ U_{||}(s) \\ SoC(s) \end{bmatrix} = \begin{bmatrix} f_{E_m}(M(s)) \\ f_{E_{el}}(M(s), v(s)) \\ f_{E_a}(P_a(s), v(s)) \\ f_{E_b}(U_{||}(s), SoC(s), I_b(s), v(s)) \\ f_{U_{OCV}}(SoC(s), I_b(s), v(s)) \\ f_{U_{||}}(U_{||}(s), SoC(s), I_b(s), v(s)) \\ f_{SoC}(I_b(s), v(s)) \end{bmatrix}$$

$$= \begin{bmatrix} \frac{i_t}{r_{dyn}} M(s) \\ \frac{1}{v(s)} P_{el}(v(s), M(s)) \\ \frac{1}{v(s)} P_a(s) \\ \frac{1}{v(s)}\left(R_i(SoC(s)) I_b^2(s) + \frac{U_{||}^2(s)}{R_{||}(SoC(s))} \right) \\ \frac{1}{v(s)}\left(-\frac{I_b(s)}{C_{OCV}(SoC(s))} \right) \\ \frac{1}{v(s)}\left(\frac{I_b(s)}{C_{||}(SoC(s))} - \frac{U_{||}(s)}{R_{||}(SoC(s))C_{||}(SoC(s))} \right) \\ \frac{1}{v(s)}\left(-\frac{I_b(s)}{Q_{b,N}} \right) \end{bmatrix} \tag{4.44}$$

beschrieben. Die Änderung der Verluste E_{el} im elektrischen Antriebssystem wird dabei in Abhängigkeit vom geschwindigkeits- und momentenabhängigen Betriebspunkt mit dem in der Abbildung 4.14 gezeigten Verlustleistungskennfeld bestimmt. Dieses Kennfeld ist auf Grundlage des messtechnisch ermittelten Wirkungsgradkennfelds aus der Abbildung 4.2 parametriert. Die Wirkungsgradverluste E_b in der Traktionsbatterie werden als ohmsche Verluste über die Widerstände R_i und $R_{||}$ modelliert.

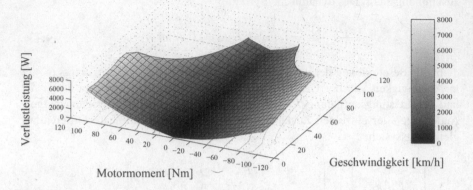

Abbildung 4.14: Verlustleistungskennfeld Elektromotor und Inverter.

Der Batteriestrom I_b in (4.44) und in der Bestimmungsgleichung für die Batteriespannung (4.41) ergibt sich aus der Leistungsbilanzierung an den Batterieklemmen

$$
\frac{1}{v(s)} \underbrace{\left(U_{OCV}(s) - U_{||}(s) - R_i(SoC(s))I_b(s)\right)}_{U_b(s)} I_b(s)
$$
$$
= \frac{dE_m(s)}{ds} + \frac{E_{el}(s)}{ds} + \frac{E_a(s)}{ds} \tag{4.45}
$$
$$
= f_{E_m}(M(s)) + f_{E_{el}}(M(s), v(s)) + f_{E_a}(P_a(s), v(s)).
$$

Die Auflösung dieser Bilanzierung nach dem Batteriestrom führt auf eine von den Systemzuständen und -eingängen abhängige algebraische Funktion

$$
I_b(s) = f_{I_b}(U_{ocv}(s), U_{||}(s), SoC(s), P_a(s), M(s), v(s)). \tag{4.46}
$$

Wegdiskrete Modellbeschreibung und Invertierung

Die wegkontinuierlichen Modellbeschreibungen für die Fahrzeuglängsdynamik (4.38) sowie für die zur Berechnung des Energieverbrauchs und der Batteriespannung notwendigen Zustände (4.44) werden mit dem Verfahren nach *Heun* [268] diskretisiert. Zunächst wird das Fahrzeuglängsdynamikmodell (4.38) in eine wegdiskrete Form überführt und invertiert. Die Anwendung des Diskretisierungsverfahrens nach *Heun* führt auf die wegdiskrete Darstellung

$$v_{k+1} = F_v(\Delta s_k, v_k, \alpha_k, M_k)$$
$$= v_k + \frac{1}{2}\Delta s_k \left(f_v(v_k, \alpha_k, M_k) + f_v(\hat{v}_{k+1}, \alpha_k, M_k)\right). \qquad (4.47)$$

Darin ist $\hat{v}_{k+1}$ eine vorab berechnete Geschwindigkeitsapproximation in der Stufe $k + 1$. Das Motormoment M_k und die Straßensteigung α_k sind als konstant über ein Diskretisierungsintervall $s \in [s_k, s_{k+1})$ angesetzt.

In (4.47) ist ersichtlich, dass bei der numerischen Integration des Folgezustands nach dem *Heun*-Verfahren neben der Zustandsänderung in der aktuellen Diskretisierungsstufe k auch eine approximierte Zustandsänderung in der folgenden Diskretisierungsstufe $k + 1$ berücksichtigt wird. Durch diesen Ansatz wird gegenüber dem Standardintegrationsverfahren nach *Euler* eine wesentlich bessere Annäherung der numerischen Lösung an die exakte Lösung erreicht. Nachteilig ist hingegen der erhöhte Rechenaufwand, der durch die notwendige Berechnung der approximierten Zustände mit dem *Euler*-Vorwärts-Verfahren entsteht.

Im vorliegenden Fall entfällt im wegdiskreten Längsdynamikmodell (4.47) die Berechnung der Geschwindigkeitsapproximation in der Stufe $k + 1$. Im Zuge der Modellinvertierung wird der Geschwindigkeitsverlauf als gegeben vorausgesetzt, wodurch

$$\hat{v}_{k+1} = v_{k+1} \qquad (4.48)$$

gesetzt werden kann. Das Motormoment M_k, das für einen Geschwindigkeitsübergang von v_k nach v_{k+1} im Streckenintervall $s \in [s_k, s_{k+1})$ unter Berücksichtigung der Straßensteigung α_k aufzubringen ist, wird zur unbekannten Größe in (4.47). Eine wegdiskrete Bestimmungsgleichung

$$M_k = F_M(\Delta s_k, \alpha_k, v_k, v_{k+1}) \qquad (4.49)$$

zur Berechnung des Motormoments M_k entlang eines vorgegebenen Geschwindigkeitsverlaufs kann durch Umstellen des diskreten Längsdynamikmodells (4.47) nach dem Motormoment und unter Berücksichtigung von (4.48) abgeleitet werden. Die ausgeschriebene Bestimmungsgleichung (4.49) ist im Anhang A.4 wiedergegeben.

Das wegkontinuierliche Differentialgleichungssystem (4.43), das die Änderungen der für die Bestimmung von Energieverbrauch und Batteriespannung notwendigen Zustände beschreibt, wird analog zum Längsdynamikmodell mit dem Verfahren nach *Heun* und unter Berücksichtigung von (4.48) in die wegdiskrete Form

$$x_{k+1} = F_x(\Delta s_k, x_k, P_{a,A}, M_k, v_k, v_{k+1}) \tag{4.50}$$

gebracht. In (4.50) wird die Leistungsaufnahme der sonstigen Verbraucher im Hochvoltsystem ausgehend vom messtechnisch erfassten Anfangswert $P_{a,A}$ in guter Näherung als konstant über dem Optimierungshorizont angenommen, d.h. $P_{a,k} = P_{a,A}$ für alle k. Für die einzelnen Zustandsübergänge in (4.50) gilt damit

$$
\begin{bmatrix} E_{m,k+1} \\ E_{el,k+1} \\ E_{a,k+1} \\ E_{b,k+1} \\ U_{OCV,k+1} \\ U_{||,k+1} \\ SoC_{k+1} \end{bmatrix} = \begin{bmatrix} E_{m,k} \\ E_{el,k} \\ E_{a,k} \\ E_{b,k} \\ U_{OCV,k} \\ U_{||,k} \\ SoC_k \end{bmatrix}
$$

$$
+ \frac{1}{2}\Delta s_k \begin{bmatrix} f_{E_m}(M_k) + f_{E_m}(M_k) \\ f_{E_{el}}(M_k, v_k) + f_{E_{el}}(M_k, v_{k+1}) \\ f_{E_a}(P_{a,A}, v_k) + f_{E_a}(P_{a,A}, v_{k+1}) \\ f_{E_b}(U_{||,k}, SoC_k, I_{b,k}, v_k) + f_{E_b}(\hat{U}_{||,k+1}, SoC_k, I_{b,k}, v_{k+1}) \\ f_{U_{OCV}}(SoC_k, I_{b,k}, v_k) + f_{U_{OCV}}(SoC_k, I_{b,k}, v_{k+1}) \\ f_{U_{||}}(U_{||,k}, SoC_k, I_{b,k}, v_k) + f_{U_{||}}(\hat{U}_{||,k+1}, SoC_k, I_{b,k}, v_{k+1}) \\ f_{SoC}(I_{b,k}, v_k) + f_{SoC}(I_{b,k}, v_{k+1}) \end{bmatrix}
$$

$$\tag{4.51}$$

mit den Approximationen nach dem *Euler*-Vorwärts-Verfahren

$$
\begin{bmatrix} \hat{U}_{OCV,k+1} \\ \hat{U}_{||,k+1} \end{bmatrix} = \begin{bmatrix} U_{OCV,k} \\ U_{||,k} \end{bmatrix} + \Delta s_k \begin{bmatrix} f_{U_{OCV}}(v_k, SoC_k, I_{b,k}) \\ f_{U_{||}}(v_k, U_{||,k}, SoC_k, I_{b,k}) \end{bmatrix}. \tag{4.52}
$$

Vereinfachend wird in (4.51) auf die Approximation des Ladezustandes verzichtet und stattdessen direkt $\hat{SoC}_{k+1} = SoC_k$ gesetzt, da die Änderung des Batterieladezustands über ein einzelnes Diskretisierungsintervall vernachlässigbar gering ist.

Der Batteriestrom $I_{b,k}$ in (4.51) und (4.52) wird anlog zum Motormoment M_k als konstant innerhalb eines Diskretisierungsintervalls $s \in [s_k, s_{k+1})$ angesetzt und ist durch die Funktion

$$I_{b,k} = F_{I_b}(\Delta s_k, U_{OCV,k}, U_{||,k}, SoC_k, P_{a,A}, M_k, v_k, v_{k+1}) \tag{4.53}$$

gegeben. Diese kann aus der wegdiskreten Darstellung der Leistungsbilanzierung (4.45) abgeleitet werden.

Die Bestimmungsgleichungen für die Systemzustände in (4.51), die Approximationen in (4.52) und den Batteriestrom in (4.53) sind im Anhang A.4 in vollständig ausgeschriebener Form wiedergegeben. Mit den hergeleiteten Bestimmungsgleichungen können der Energieverbrauch in einer Diskretisierungsstufe $k+1$ nach

$$E_{k+1} = F_E\left(x_{k+1}\right) = E_{m,k+1} + E_{el,k+1} + E_{a,k+1} + E_{b,k+1} \qquad (4.54)$$

und die Spannung der Traktionsbatterie nach

$$U_{b,k+1} = F_{U_b}\left(x_{k+1}\right) = U_{OCV,k+1} - U_{||,k+1} - R_i(SoC_{k+1})I_{b,k} \qquad (4.55)$$

ausgehend von den Anfangsbedingungen in der Stufe k entlang eines vorgegebenen Geschwindigkeitsverlaufs prädiziert werden.

4.3.2 Lösungsalgorithmus für das Optimalsteuerungsproblem

Das im Kapitel 4.2.3 formulierte Optimalsteuerungsproblem der energetisch optimierten Fahrzeuglängsführung (4.33) wird mit dem Verfahren der *Dynamischen Programmierung* mit Vorwärtsrekursion gelöst. Das methodische Grundkonzept hierzu wurde im Kapitel 3.2.2 eingeführt und wird in diesem Abschnitt auf die vorliegende Problemstellung übertragen. Im angewandten Lösungsverfahren wird das Optimalsteuerungsproblem (4.33) durch das sequentielle Abarbeiten einer rekursiven Folge von vereinfachten Teiloptimierungsproblemen in den Geschwindigkeitsstützstellen des diskreten Geschwindigkeitssuchraums gelöst.

Zunächst wird in diesem Kapitel die Initialisierung des Optimalsteuerungsproblems und die notwendige Abspeicherung von Zwischenergebnissen beim Lösen der Teiloptimierungsprobleme vorgestellt. Anschließend wird das in den Geschwindigkeitsstützstellen zu lösende Teiloptimierungsproblem formuliert. Darauf folgend werden die Prozedur zur Lösung des Optimalsteuerungsproblems und das Vorgehen zur Rekonstruktion der optimalen Geschwindigkeitstrajektorie zusammengefasst. Funktionsweise des Lösungsverfahrens und Eigenschaften der ermittelten optimalen Lösungen werden anhand zweier exemplarischer Fahrsituationen zum Abschluss des Kapitels veranschaulicht.

Initialisierung und Abspeicherung von Zwischenergebnissen

Bei der Initialisierung des Optimalsteuerungsproblems müssen zunächst die zur Lösung des Problems erforderlichen Anfangsbedingungen in der ersten Optimierungsstufe festgelegt werden. Die notwendigen Anfangsbedingungen für die Prä-

diktion der Zielgrößen und der beschränkten Fahrzeugzustände sind die vor der
ersten Optimierungsstufe herrschende Fahrzeugbeschleunigung a_A in (4.36) sowie die Leistungsaufnahme $P_{a,A}$ der sonstigen Verbraucher im Hochvoltsystem
und der Anfangszustand x_A in (4.50). Der Anfangszustand wird mit den Batterie-
anfangszuständen $U_{OCV,A}$, $U_{\|,A}$ und SoC_A und mit $E_{m,A} = E_{el,A} = E_{a,A} = E_{b,A} = 0$ für die anteiligen Energieverbräuche mit

$$x_A = \begin{bmatrix} 0 & 0 & 0 & 0 & U_{OCV,A} & U_{\|,A} & SoC_A \end{bmatrix}^T \tag{4.56}$$

initialisiert.

Der bei der Lösung des Optimalsteuerungsproblems (4.33) abzusuchende Geschwindigkeitssuchraum, eventuelle Fahrtdauerbeschränkungen sowie die Referenzfahrstrategie werden in der Fahrstrategieberechnung bestimmt, die im Kapitel 4.2.2 beschrieben wurde. Dabei wird der diskrete Geschwindigkeitssuchraum
durch die Stützstellenmatrix $\underline{V}$ und die Schrittweiten zwischen den Optimierungsstufen durch den Vektor $\Delta\underline{s}$ abgebildet. Zusätzlich werden der Verlauf der Straßensteigung über den Vektor $\underline{\alpha}$ und eventuelle Fahrtdauerbeschränkungen über die
Vektoren $\underline{t}_{min}$ und $\underline{t}_{max}$ bereitgestellt.

Die Referenzfahrstrategie ist in Form des Geschwindigkeits-, Fahrtdauer- und
Beschleunigungsverlaufs durch die Vektoren $\underline{v}_{ref}, \underline{t}_{ref}$ und $\underline{a}_{ref}$ gegeben. Die Verläufe der Referenzzielgrößen für den Energieverbrauch und die akkumulierte Be-
schleunigungsänderung werden mit dem vorgegebenen Fahrprofil für die Referenzstrategie und den eingangs eingeführten Anfangsbedingungen vor dem Lösen des
Optimalsteuerungsproblems bestimmt. Dazu werden die im Kapitel 4.3.1 hergeleiteten Modellbeschreibungen eingesetzt. Die so ermittelten Verläufe der Referenz-
zielgrößen werden in den Vektoren $\underline{E}_{ref}$ und $\Delta\underline{a}_{ref}$ abgespeichert. Das Vorgehen
zur Prädiktion der Referenzzielgrößen ist in Form eines Pseudo-Programmcodes
im Algorithmus A.5.1 im Anhang A.5 zusammengefasst.

Bei der Anwendung der vorwärtsschreitenden Rekursion bei der Lösung des Optimalsteuerungsproblems wird auf bereits ermittelte optimale Teillösungen in vorangegangenen Optimierungsstufen zurückgegriffen. Deswegen müssen optimale
Teillösungen in den Stützstellen des Geschwindigkeitssuchraums durch eine entsprechende Abspeicherung zugänglich gemacht werden. Dazu werden die beim
Lösen der Teiloptimierungsprobleme bestimmten optimalen Kosten in einer Ma-
trix $\underline{\Theta}_{J^*}$ und die optimalen Stützstellenindizes zur Zurückverfolgung der optimalen Stützstellen in den vorangegangenen Optimierungsstufen in einer Matrix
$\underline{\Theta}_{j^*_{k-1}}$ abgespeichert. Zusätzlich werden die beim Lösen der Teiloptimierungsprobleme in jeder Geschwindigkeitsstützstelle ermittelten

■ optimalen Fahrtdauern in der Matrix $\underline{\Theta}_{t^*}$,

- optimalen akkumulierten Beschleunigungsänderungen in der Matrix $\underline{\Theta}_{\Delta a^*}$,

- Beschleunigungen beim Übergang aus den optimalen vorangegangenen Geschwindigkeitsstützstellen in der Matrix $\underline{\Theta}_{a^*_{k-1}}$,

- sowie die sich entlang der optimalen Geschwindigkeitstrajektorien ergebenden optimalen Zustände in der Matrix $\underline{\Theta}_{x^*}$

abgespeichert. Für die Initialisierung der Speicher am Anfang des Optimierungshorizonts für $k = 0$ und $j_k = 0$ gilt

$$\underline{\Theta}_{J^*}\{0,0\} = J_0^{*0} = 0, \qquad \underline{\Theta}_{t^*}\{0,0\} = t_0^{*0} = 0, \qquad \underline{\Theta}_{a^*_{k-1}}\{0,0\} = a_A,$$

$$\underline{\Theta}_{j^*_{k-1}}\{0,0\} = 0, \qquad \underline{\Theta}_{\Delta a^*}\{0,0\} = \Delta a_0^{*0} = 0, \qquad \underline{\Theta}_{x^*}\{0,0\} = x_0^{*0} = x_A.$$

$$(4.57)$$

Formulierung der Teiloptimierungsprobleme

Das Teiloptimierungsproblem in einer Geschwindigkeitsstützstelle

$$v_{k+1}^{j_{k+1}} = \underline{\mathcal{V}}\{k+1, j_{k+1}\} \tag{4.58}$$

in einer Optimierungsstufe $k + 1$ besteht darin, die optimale Geschwindigkeitsstützstelle

$$v_k^{j_k} = \underline{\mathcal{V}}\{k, j_k\}, \quad j_k \in [j_{min,k}, j_{max,k}] \tag{4.59}$$

in der vorangegangenen Optimierungsstufe k zu bestimmen. Dadurch wird die optimale Geschwindigkeitstrajektorie in die betrachtete Geschwindigkeitsstützstelle $v_{k+1}^{j_{k+1}}$ festgelegt. Bei der Lösung des Problems wird auf die bereits in der vorangehenden Optimierungsstufe k bestimmten optimalen Teillösungen in den Geschwindigkeitsstützstellen $v_k^{j_k}$ zurückgegriffen. Durch diese Rekursion reduziert sich die Komplexität des zu lösenden Teiloptimierungsproblems erheblich. Die optimale Teillösung wird durch sukzessive Variation der vorhandenen optimalen Teillösungen in den Geschwindigkeitsstützstellen der vorangehenden Optimierungsstufe k und der dazugehörigen Übergänge in die betrachtete Geschwindigkeitsstützstelle ermittelt.

Analog zum im Kapitel 3.2.2 beschriebenen Vorgehen werden die bei der Variation der Geschwindigkeitsstützstellen in der vorangehenden Optimierungsstufe k zu berücksichtigenden Indexgrenzen $j_{min,k}$ und $j_{max,k}$ mit der Bedingung

$$\forall j_k \in [j_{min,k}, j_{max,k}] : \quad \vec{v}(v_k^{j_k}, v_{k+1}^{j_{k+1}}) \cap \vec{v}^* = \emptyset \tag{4.60}$$

bestimmt. Damit werden Kreuzungen von zu bewertenden Geschwindigkeitsübergängen $\vec{v}$ mit bereits ermittelten optimalen Geschwindigkeitsübergängen $\vec{v}^*$ ausgeschlossen, um die Anzahl der durchzuführenden Recheniterationen zu reduzieren.

Das Teiloptimierungsproblem in einer Geschwindigkeitsstützstelle $v_{k+1}^{j_{k+1}}$ in einer Optimierungsstufe $k + 1$ kann damit unter Berücksichtigung der im Kapitel 4.2.3 definierten Randbedingungen und der Anfangsinitialisierung $J_{k+1}^{*j_{k+1}} = \infty$ mit

$$\min_{j_k \in [j_{min,k},\, j_{max,k}]} J_{k+1}^{j_{k+1}} \tag{4.61}$$

u.B.v. $\quad J_k^{*j_k} \neq \infty, \; J_k^{*j_k} = \underline{\Theta}_{J^*}\{k, j_k\}, \tag{4.62}$

$$a_k^{j_k} \in \left[a_{neg,max},\, a_{pos,max}(v_k^{j_k}) \right], \tag{4.63}$$

$$t_{k+1}^{j_{k+1}} \in \left[t_{min,k+1} - \Delta t_{FF,neg},\, t_{max,k+1} + \Delta t_{FF,pos} \right], \tag{4.64}$$

$$M_k^{j_k} \in \left[M_{min}(v_k^{j_k}),\, M_{max}(v_k^{j_k}) \right], \tag{4.65}$$

$$U_{b,k+1}^{j_{k+1}} \in [U_{b,min},\, U_{b,max}] \tag{4.66}$$

formuliert werden. Das im Teiloptimierungsproblem (4.61) zu minimierende Gütemaß kann aus dem Gütemaß des globalen Optimalsteuerungsproblems (4.33) abgeleitet werden und lautet

$$J_{k+1}^{j_{k+1}} = \beta\, \Phi_{E,k+1}^{j_{k+1}} + (1 - \beta)\, \Phi_{t,k+1}^{j_{k+1}} + \lambda\, \Phi_{\Delta a,k+1}^{j_{k+1}} + \begin{cases} 0 & , k+1 < n_k \\ \mu\, \varphi_{f,n_k}^{j_{n_k}} & , k+1 = n_k \end{cases}. \tag{4.67}$$

Für die einzelnen Zielkriterien gilt

$$\Phi_{E,k+1}^{j_{k+1}} = \frac{E_{k+1}^{j_{k+1}} - F_{ref,k+1}}{|E_{ref,k+1}|}, \quad \Phi_{\Delta a,k+1}^{j_{k+1}} = \left(\Delta a_{k+1}^{j_{k+1}} - \Delta a_{ref,k+1} \right),$$

$$\Phi_{t,k+1}^{j_{k+1}} = \frac{t_{k+1}^{j_{k+1}} - t_{ref,k+1}}{t_{ref,k+1}}, \quad \varphi_{f,n_k}^{j_{n_k}} = \frac{|v_{n_k}^{j_{n_k}2} - v_{ref,n_k}^2|}{v_{ref,n_k}^2}. \tag{4.68}$$

Die zur Prädiktion der Zielgrößen in den Zielkriterien (4.68) und der beschränkten Zustände in den Randbedingungen (4.63) bis (4.66) notwendigen Bestimmungsgleichungen

$$a_k^{j_k} = F_a\left(\Delta s_k, v_k^{j_k}, v_{k+1}^{j_{k+1}}\right), \tag{4.69}$$

$$t_{k+1}^{j_{k+1}} = F_t\left(\Delta s_k, t_k^{*j_k}, a_k^{j_k}, v_k^{j_k}, v_{k+1}^{j_{k+1}}\right), \tag{4.70}$$

$$M_k^{j_k} = F_M\left(\Delta s_k, \alpha_k, v_k^{j_k}, v_{k+1}^{j_{k+1}}\right), \tag{4.71}$$

$$x_{k+1}^{j_{k+1}} = F_x\left(\Delta s_k, x_k^{*j_k}, P_{a,A}, M_k^{j_k}, v_k^{j_k}, v_{k+1}^{j_{k+1}}\right), \tag{4.72}$$

$$U_{b,k+1}^{j_{k+1}} = F_{U_b}\left(x_{k+1}^{j_{k+1}}\right), \tag{4.73}$$

$$E_{k+1}^{j_{k+1}} = F_E\left(x_{k+1}^{j_{k+1}}\right), \tag{4.74}$$

$$\Delta a_{k+1}^{j_{k+1}} = F_{\Delta a}\left(\Delta a_k^{*j_k}, a_{k-1}^{*j_{k-1}^*}, a_k^{j_k}\right) \tag{4.75}$$

wurden im vorangehenden Kapitel 4.3.1 hergeleitet. Bei der Prädiktion zu berücksichtigende Schrittweiten und Straßensteigungen sind durch

$$\Delta s_k = \Delta \underline{s}\{k\}, \qquad \alpha_k = \underline{\alpha}\{k\} \tag{4.76}$$

gegeben. Die Anfangsbedingungen in den abzusuchenden Geschwindigkeitsstützstellen $v_k^{j_k}$ ergeben sich aus den dort abgespeicherten optimalen Teillösungen

$$\begin{aligned}
a_{k-1}^{*j_{k-1}^*} &= \underline{\Theta}_{a_{k-1}^*}\{k, j_k\}, & x_k^{*j_k} &= \underline{\Theta}_{x^*}\{k, j_k\}, \\
t_k^{*j_k} &= \underline{\Theta}_{t^*}\{k, j_k\}, & \Delta a_k^{*j_k} &= \underline{\Theta}_{\Delta a^*}\{k, j_k\},
\end{aligned} \tag{4.77}$$

die in der vorangehenden Optimierungsstufe bestimmt wurden. Die bei der Lösung des Teiloptimierungsproblems in den Zielkriterien (4.68) zu berücksichtigenden Referenzwerte für den Energieverbrauch, die Fahrtdauer und die akkumulierte Beschleunigungsänderung werden vor der Lösung des Optimalsteuerungsproblems berechnet (Algorithmus A.5.1 im Anhang A.5) und liegen mit

$$E_{ref,k+1} = \underline{E}_{ref}\{k+1\}, \ t_{ref,k+1} = \underline{t}_{ref}\{k+1\}, \ \Delta a_{ref,k+1} = \Delta \underline{a}_{ref}\{k+1\} \tag{4.78}$$

vor. Die Fahrtdauerbeschränkungen in der Randbedingung (4.64) sind über

$$t_{min,k+1} = \underline{t}_{min}\{k+1\}, \qquad t_{max,k+1} = \underline{t}_{max}\{k+1\} \tag{4.79}$$

definiert und nur dann relevant, wenn ein Führungsfahrzeug vorhanden ist.

Die Lösung des Teiloptimierungsproblems (4.61) in einer Geschwindigkeits-stützstelle $v_{k+1}^{j_{k+1}}$ liefert die optimalen Kosten $J_{k+1}^{*j_{k+1}}$ und den optimalen Stützstellenindex j_k^* der optimalen Geschwindigkeitsstützstelle in der vorangehenden Optimierungsstufe. Diese werden an den entsprechenden Stellen in den Matrizen $\underline{\Theta}_{J^*}$ und $\underline{\Theta}_{j_{k-1}^*}$ abgespeichert. Zudem werden die bei der Lösung bestimmten optimalen Fahrtdauern (4.70), die optimalen akkumulierten Beschleunigungsänderungen (4.75), die optimalen Beschleunigungen (4.69) in die betrachteten Geschwindigkeitsstützstellen sowie die sich dort ergebenden optimalen Zustände (4.72) abgespeichert. Durch die Abspeicherung kann auf diese Größen beim Lösen der Teiloptimierungsprobleme in der nachfolgenden Optimierungsstufe zurückgegriffen werden.

Das globale Optimalsteuerungsproblem der energetisch optimierten Fahrzeuglängsführung (4.33) wird gelöst, indem das beschriebene Teiloptimierungsproblem in einer rekursiven vorwärtsschreitenden Folge für $k = 0, 1, ..., n_k - 1$ in allen Geschwindigkeitsstützstellen des Geschwindigkeitssuchraums abgearbeitet wird. Dadurch werden die optimalen Geschwindigkeitstrajektorien in die Geschwindigkeitsstützstellen am Ende des Optimierungshorizonts ermittelt und die damit verbundenen optimalen Gesamtkosten bestimmt. Aus diesen kann anschließend die optimale Geschwindigkeitstrajektorie rekonstruiert werden, die zu einem Gesamtkostenminimum führt. Die umgesetzte Prozedur zur Lösung des Optimalsteuerungsproblems der energetisch optimierten Fahrzeuglängsführung liegt als Pseudo-Programmcode im Algorithmus A.5.2 im Anhang A.5 vor.

Rekonstruktion der optimalen Geschwindigkeitstrajektorien

Die Rekonstruktion der optimalen Geschwindigkeitstrajektorien richtet sich nach dem im Kapitel 3.2.2 beschriebenen Vorgehen. Dazu wird zunächst aus den optimalen Gesamtkosten in den Geschwindigkeitsstützstellen am Ende des Optimierungshorizonts das Gesamtkostenminimum $J_{n_k}^* = J_{n_k}^{*j_{n_k}^*}$ durch Lösen des Problems (3.27) ermittelt. Dieses entspricht der Lösung des globalen Optimalsteuerungsproblems (4.33) und legt den optimalen Stützstellenindex $j_{n_k}^*$ am Horizontende fest. Bei der anschließenden Rekonstruktion werden neben dem optimalen Geschwindigkeitsverlauf auch der optimale Beschleunigungsverlauf, der zur Vorsteuerung in der nachgeschalteten Geschwindigkeitsregelung dient, und der optimale Fahrtdauerverlauf bestimmt. Dieser definiert die Zeitbasis bei der notwendigen Umwandlung der wegabhängigen Trajektorien in zeitabhängige Trajektorien für die nachgeschaltete Geschwindigkeitsregelung.

Die optimalen Trajektorien ergeben sich aus der rückwärtsschreitenden rekursiven Folge

$$t_k^* = \underline{\Theta}_{t^*}\{k, j_k^*\}, \qquad\qquad a_{k-1}^* = \underline{\Theta}_{a_{k-1}^*}\{k, j_k^*\},$$

$$v_k^* = \underline{\mathcal{V}}\{k, j_k^*\}, \qquad\qquad j_{k-1}^* = \underline{\Theta}_{j_{k-1}^*}\{k, j_k^*\} \tag{4.80}$$

für $k = n_k, n_k - 1, ..., 1$. Am Anfang des Optimierungshorizonts gilt $v_0^* = v_A = \underline{\mathcal{V}}\{0, 0\}$ und $t_0^* = 0 = \underline{\Theta}_{t^*}\{0, 0\}$. Die Rekonstruktion der optimalen Trajektorien

$$\underline{t}^* = [t_0^* \quad t_1^* \quad \cdots \quad t_{n_k}^*]^T,$$

$$\underline{v}^* = [v_0^* \quad v_1^* \quad \cdots \quad v_{n_k}^*]^T, \tag{4.81}$$

$$\underline{a}^* = [a_0^* \quad a_1^* \quad \cdots \quad a_{n_k-1}^*]^T$$

ist als Pseudo-Programmcode im Algorithmus A.5.3 im Anhang A.5 beschrieben.

Funktionsbeispiele

Zur Darstellung der Funktionsweise dienen die in den Abbildungen 4.15(a) und 4.15(b) gezeigten Fahrsituationen. Das Fahrzeug befindet sich in beiden Fahrsituationen zum Zeitpunkt der Berechnung der optimalen Fahrstrategien im Punkt (A). Der Optimierungshorizont reicht in beiden Fällen bis zum Punkt (C). In der Abbildung 4.15(a) ist ein Gefällefahrtszenario dargestellt, wo ausgehend von der momentanen Ausgangsposition (A) ein Gefälle mit etwa -10 % Neigung bis zum Punkt (B) vorliegt. In der Abbildung 4.15(b) nähert sich das Fahrzeug einem Kreisverkehr im Punkt (C). Dabei muss zusätzlich ein langsameres Führungsfahrzeug in etwa 80 m Entfernung berücksichtigt werden.

In den Abbildungen 4.15(c) und 4.15(d) sind für die beiden betrachteten Fahrszenarien die Höhenprofile, die bei der Lösung des Optimalsteuerungsproblems bestimmten optimalen[4] Geschwindigkeitstrajektorien sowie die dazugehörigen optimalen Verläufe für die Fahrtdauer und den Energieverbrauch gezeigt. Zudem sind die auf Einhaltung der zulässigen Grenzwerte zu überwachenden Verläufe für das Motormoment und die Spannung der Traktionsbatterie abgebildet. Die entsprechenden Verläufe der Referenzfahrstrategien in den betrachteten Fahrszenarien sind ebenso dargestellt.

In dem in der Abbildung 4.15(a) gezeigten Fahrszenario mit Gefälle beeinflusst insbesondere die Streckentopologie die Berechnung der optimalen Geschwindigkeitstrajektorie. Wie die Abbildung 4.15(c) zeigt, besteht die optimale Fahrstrategie darin, das Fahrzeug unter Ausnutzung der Hangabtriebskraft bis zum Ende des Gefälles im Punkt (B) über die dort zulässige Höchstgeschwindigkeit von $60\,^{\text{km}}/_{\text{h}}$

---

[4]Gewichtungsfaktoren im Gütemaß des Optimalsteuerungsproblems: $\beta = 0{,}5$, $\lambda = 0{,}05$, $\mu = 0{,}1$.

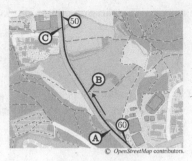

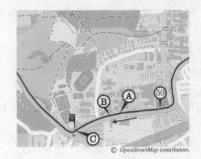

(a) Gefällefahrt.

(b) Annäherung an Kreisverkehr mit vorausfahrendem Fahrzeug.

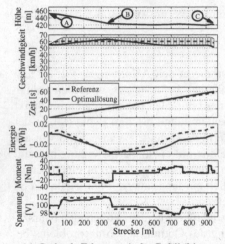

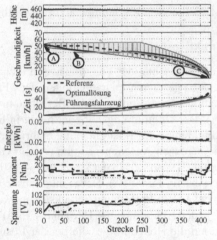

(c) Optimale Fahrstrategie für Gefällefahrt.

(d) Optimale Fahrstrategie für Annäherung an Kreisverkehr mit vorausfahrendem Fahrzeug.

Abbildung 4.15: Exemplarische Fahrsituationen (oben) und optimale Fahrstrategien (unten).

zu beschleunigen. Die überschüssige Geschwindigkeit wird durch momentenfreies Segeln in der folgenden Ebene wieder abgebaut. Bei der in der Abbildung 4.15(b) dargestellten Annäherung an den Kreisverkehr im Punkt (C) mit automatisiertem Haltevorgang wird die in der Abbildung 4.15(d) gezeigte optimale Lösung hauptsächlich von dem langsameren Führungsfahrzeug im Punkt (B) beeinflusst. In diesem Fall wird auch für das Führungsfahrzeug ein Haltevorgang an der Einfahrt in den Kreisverkehr im Punkt (C) vorhergesagt. Die optimale Geschwindigkeitstrajektorie wird derart berechnet, dass das Fahrzeug mit ausreichendem Sicherheitsabstand hinter dem Führungsfahrzeug vor dem Kreisverkehr zum Stehen kommt.

Die Ergebnisse der optimalen Lösungen hinsichtlich des Energieverbrauchs und der Fahrtdauer sind in der Tabelle 4.2 zusammengefasst. Zudem sind dort wesentliche Kenngrößen des Optimalsteuerungsproblems wie Länge des Optimierungshorizonts, Anzahl der Geschwindigkeitsstützstellen sowie die Anzahlen der theoretisch möglichen und die nach schrittweiser Berücksichtigung aller Randbedingungen (RB) tatsächlich auszuwertenden Geschwindigkeitsübergänge aufgelistet. Besonders hervorzuheben ist, dass die Anzahl der tatsächlich zu bewertenden Geschwindigkeitsübergänge durch die Vermeidung von Kreuzungen nach (4.60) direkt um 80 bis 90 % reduziert werden kann. Das Reduktionspotential der restlichen Randbedingungen nimmt dabei schrittweise ab, da unzulässige Geschwindigkeitsübergänge bereits bei der Auswertung bezüglich vorangehender Randbedingungen herausgefiltert werden. Die nach Berücksichtigung aller Randbedingungen verbleibende Anzahl an auszuwertenden Geschwindigkeitsübergängen, die insbesondere wegen der Bestimmung der Folgezustände nach (4.50) sehr rechenintensiv ist, liegt unterhalb von 20 000. Diese Grenze wurde auch bei der Auswertung von anderen Fahrsituationen nicht übertroffen.

Das in diesem Kapitel vorgestellte Lösungsverfahren für das Optimalsteuerungsproblem der energetisch optimierten Fahrzeuglängsführung wurde auf dem im Kapitel 4.1.2 beschriebenen Entwicklungssteuergerät implementiert und getestet. Auswertungen ergaben bei einem voreingestellten Steuergeräterechentakt von 0,5 ms, dass eine maximale Anzahl von 25 Geschwindigkeitsübergängen innerhalb eines Rechentaktes unter Berücksichtigung von anderen parallel auszuführenden Funktionen ohne Verletzung von Echtzeitbedingungen sicher bewertet werden kann. Auf dieser Grundlage werden die zu bewertenden Geschwindigkeitsübergänge auf mehrere hintereinander folgende Rechentakte verteilt. Bei maximal 25 zu bewertenden Geschwindigkeitsübergängen in einem Rechentakt und einer Rechentaktdauer von $T_R = 0{,}5$ ms ergibt sich eine maximale Berechnungsdauer von $\Delta T_{calc} = 0{,}4$ s für das Lösen des Optimalsteuerungsproblems bei maximal 20 000 zu bewertenden Geschwindigkeitsübergängen. Die mit dieser Aufteilung notwendigen Berechnungsdauern für die in der Abbildung 4.15 gezeigten Fahrsituationen sind ebenfalls in der Tabelle 4.2 enthalten.

Tabelle 4.2: Kenngrößen des Optimalsteuerungsproblems für die exemplarischen Fahrsituationen in der Abbildung 4.15.

		Bsp. (a)	Bsp. (b)	Einheit
Energieverbrauch	Referenz	0,0128	-0,0143	[kWh]
	Optimallösung	-0,0045	-0,0166	[kWh]
Fahrtdauer	Referenz	56,8	51,1	[s]
	Optimallösung	59,7	50,5	[s]
Optimierungshorizont S_{opt}		944,7	420,4	[m]
Anzahl Geschwindigkeitsstützstellen		2 938	2 582	[-]
Anzahl theor. möglicher Geschwindigkeitsübergänge		146 517	130 927	[-]
Reduzierung zu bewertender Geschwindigkeitsübergänge u.B.v.	Vermeidung Kreuzungen (4.60)	-127 222	-105 187	[-]
	Bedingung $J_k^{*jk} \neq \infty$ (4.62)	-0	-4 720	[-]
	Beschleunigungs-RB (4.63)	-1 428	-6 273	[-]
	Fahrtdauer-RB (4.64)	-0	-1 547	[-]
	Momenten-RB (4.65)	-60	-1	[-]
	Spannungs-RB (4.66)	-0	-0	[-]
Anzahl zu bewertender Geschwindigkeitsübergänge		17 807	13 199	[-]
Berechnungsdauer auf Echtzeit-Hardware ΔT_{calc}		0,356	0,264	[s]

4.4 Echtzeit-Implementierung des modellprädiktiven Regelkreiskonzepts

Das in den letzten Kapiteln entwickelte Optimalsteuerungsproblem der energetisch optimierten Fahrzeuglängsführung und dessen Lösungsverfahren werden in einem modellprädiktiven Ansatz mit periodischer Neuberechnung der energieeffizienten Fahrstrategien für einen gleitenden Optimierungshorizont umgesetzt. Grundlage hierfür ist das im Kapitel 3.2.3 vorgestellte Konzept der *Modellprädiktiven Regelung*. Die Details zur Implementierung des Ansatzes im Rahmen einer praktischen Echtzeit-Anwendung werden in diesem Kapitel vorgestellt. Dazu werden im Folgenden zunächst das umgesetzte Regelkreiskonzept und die zeitliche Abfolge von Berechnungsoperationen zur Bestimmung der optimalen Geschwindigkeitstrajektorien beschrieben. Anschließend wird die unterlagerte Geschwindigkeitsregelung erläutert.

4.4.1 Regelkreiskonzept und Programmablauf

Das Regelkreiskonzept der energetisch optimierten Fahrzeuglängsführung ist in der Abbildung 4.16 gezeigt. Es wird ein hierarchisches Regelkreiskonzept (siehe Kapitel 3.2.3) mit einem schnellen unterlagerten Regelkreis für die Geschwindigkeitsregelung und einem langsamen überlagerten Regelkreis zur Bestimmung energieeffizienter Fahrstrategien verfolgt.

Der Neuberechnungstakt ΔT für die Bestimmung der energieeffizienten Fahrstrategien wird basierend auf den Auswertungen für die notwendige Rechenzeit zur Lösung des Optimalsteuerungsproblems auf dem vorgesehenen Entwicklungssteuergerät auf $\Delta T = 0{,}5$ s festgelegt. Die periodische Neuberechnung der optimalen Fahrstrategien mit einem Neuberechnungstakt von 0,5 s unter Berücksichtigung von aktualisierten Umfeldinformationen gewährleistet eine ausreichend schnelle Reaktion auf Änderungen der Fahrsituation. Für den schnellen unterlagerten Regelkreis gilt der Grundrechentakt des Steuergeräts $T_R = 0{,}5$ ms.

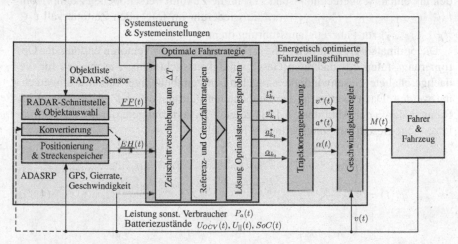

Abbildung 4.16: Regelkreiskonzepts der energetisch optimierten Fahrzeuglängsführung.

Durch die Bestimmung der energieeffizienten Fahrstrategien mit dem Neuberechnungstakt ΔT liegen zu den diskreten Zeitpunkten t_{k_t} für $k_t = 0, 1, 2, \ldots$ neu berechnete optimale Fahrstrategien vor. Diese werden zur Umsetzung an die nachgeschaltete Geschwindigkeitsregelung im schnellen unterlagerten Regelkreis weitergegeben. Die optimalen Fahrstrategien werden durch die Trajektorien für den zukünftigen Fahrtdauer-, Geschwindigkeits- und Beschleunigungsverlauf

$$\underline{t}_{k_t}^* = \begin{bmatrix} t_{0|k_t}^* & t_{1|k_t}^* & \cdots & t_{n_k|k_t}^* \end{bmatrix}^T,$$

$$\underline{v}_{k_t}^* = \begin{bmatrix} v_{0|k_t}^* & v_{1|k_t}^* & \cdots & v_{n_k|k_t}^* \end{bmatrix}^T, \tag{4.82}$$

$$\underline{a}_{k_t}^* = \begin{bmatrix} a_{0|k_t}^* & a_{1|k_t}^* & \cdots & a_{n_k-1|k_t}^* \end{bmatrix}^T$$

beschrieben. Der Index k_t gibt den Zeitpunkt an, ab dem die Trajektorien gelten. Die Trajektorien in (4.82) gelten jeweils für einen Streckenhorizont $s \in [0, S_{opt|k_t}] = [0, s_{n_k|k_t}]$ ausgehend von der Fahrzeugposition zum Zeitpunkt t_{k_t} und für einen Zeithorizont $t \in [t_{k_t}, t_{k_t} + t_{n_k|k_t}^*]$. Effektiv zur Fahrzeuglängsführung genutzt werden die optimalen Trajektorien (4.82) allerdings nur im Zeitintervall $t \in [t_{k_t}, t_{k_t+1})$ bis zum nächsten Neuberechnungszeitpunkt $t_{k_t+1} = t_{k_t} + \Delta T$. An diesem liegt eine neu berechnete und aktuellere Fahrstrategie für den um einen Neuberechnungstakt ΔT in die Zukunft verschobenen Zeithorizont $t \in [t_{k_t+1}, t_{k_t+1} + t_{n_k|k_t+1}^*]$ vor, die wiederum im folgenden Zeitintervall $t \in [t_{k_t+1}, t_{k_t+2})$ zur Fahrzeuglängsführung dient.

Die optimalen Trajektorien (4.82) sind wegabhängige Vektoren entlang der Optimierungsstufen des diskreten Geschwindigkeitssuchraums. Sie müssen für die nachgeschaltete Geschwindigkeitsregelung in zeitabhängige Verläufe umgerechnet werden. Dazu werden in den betrachteten Zeitintervallen $t \in [t_{k_t}, t_{k_t+1})$ im Rahmen der in der Abbildung 4.16 gezeigten Trajektoriengenerierung der optimale zeitliche Beschleunigungsverlauf $a^*(t)$ nach

$$a^*(t) = \begin{cases} a_{0|k_t}^*, & t \in [t_{k_t} + t_{0|k_t}^*, \, t_{k_t} + t_{1|k_t}^*) \\ a_{1|k_t}^*, & t \in [t_{k_t} + t_{1|k_t}^*, \, t_{k_t} + t_{2|k_t}^*) \\ \quad \vdots \\ a_{n_k-1|k_t}^*, & t \in [t_{k_t} + t_{n_k-1|k_t}^*, \, t_{k_t} + t_{n_k|k_t}^*] \end{cases} \tag{4.83}$$

und daraus der optimale zeitliche Geschwindigkeitsverlauf $v^*(t)$ nach

$$v^*(t) = v_{0|k_t}^* + \int_{t_{k_t}}^{t} a^*(t) dt \tag{4.84}$$

bestimmt. Analog zum Vorgehen für den zeitlichen Beschleunigungsverlauf wird auch der zeitliche Verlauf der Straßensteigung $\alpha(t)$ aus dem wegabhängigen Vektor $\underline{\alpha}_{k_t}$ für die Straßensteigung berechnet.

Zeitschrittverschiebung und Schätzung von Anfangsbedingungen

Aufgrund der rechenintensiven Lösung des Optimalsteuerungsproblems muss vor jeder Neuberechnung der Referenz- und Grenzfahrstrategien und vor jeder Lösung des Optimalsteuerungsproblems eine Zeitschrittverschiebung um einen Neuberechnungstakt ΔT durchgeführt werden. Das methodische Konzept zur Zeitschrittverschiebung wurde im Kapitel 3.2.3 vorgestellt. Zur Veranschaulichung des Vorgehens bei der Zeitschrittverschiebung soll das Neuberechnungsintervall $t \in [t_{k_t}, t_{k_t+1})$ dienen. In diesem wird die optimale Fahrstrategie für das nachfolgende Zeitintervall $t \in [t_{k_t+1}, t_{k_t+2})$ berechnet. Demnach müssen zu Beginn des betrachteten Neuberechnungsintervalls zum Zeitpunkt t_{k_t} zunächst alle Eingänge und Informationen um einen Neuberechnungstakt ΔT in die Zukunft verschoben werden.

Hierzu werden im ersten Schritt die Fahrzeuggeschwindigkeit und die Beschleunigung zum Zeitpunkt t_{k_t+1} sowie die bis dorthin zurückgelegte Fahrstrecke ausgehend von der Fahrzeugposition zum Zeitpunkt t_{k_t} vorausgesagt. Bei der Voraussage wird die idealisierte Annahme getroffen, dass das Fahrzeug ohne Regelabweichung dem optimalen Fahrverlauf folgt. Dieser wird durch die im vorangehenden Neuberechnungsintervall $t \in [t_{k_t-1}, t_{k_t})$ ermittelten optimalen Trajektorien (4.82) festgelegt. Das Vorgehen zur Abschätzung der Anfangsgeschwindigkeit ist in der Abbildung 4.17 veranschaulicht. Für den Anfangszustand der Fahrzeuggeschwindigkeit zum Zeitpunkt t_{k_t+1} ergibt sich damit $\tilde{v}_A(t_{k_t+1}) = \underline{v}^*_{k_t}(t_{k_t+1})$ und für die Beschleunigung $\tilde{a}_A(t_{k_t+1}) = \underline{a}^*_{k_t}(t_{k_t+1})$. Ebenso kann die zurückgelegte Fahrstrecke $\tilde{s}_A(t_{k_t+1})$ zum Zeitpunkt t_{k_t+1} entlang der optimalen Geschwindigkeitstrajektorie $\underline{v}^*_{k_t}$ berechnet werden. Die Schätzung von Anfangszuständen entlang von vorangehend bestimmten optimalen Trajektorien führt aufgrund der Übergangsbedingung

$$\underline{v}^*_{k_t+1}(t_{k_t+1}) = \tilde{v}_A(t_{k_t+1}) = \underline{v}^*_{k_t}(t_{k_t+1}), \quad k_t = 0, 1, 2, \dots \qquad (4.85)$$

zu einem stetigen zeitlichen Verlauf der optimalen Geschwindigkeitstrajektorie $v^*(t)$ an den Grenzen der Neuberechnungsintervalle.

Ausgehend von den Anfangszuständen für die Fahrzeuggeschwindigkeit, die Beschleunigung und die zurückgelegte Wegstrecke kann die Zeitschrittverschiebung für alle weiteren in der Abbildung 4.16 gezeigten Eingänge und Informationen durchgeführt werden:

- Für die Leistungsaufnahme der sonstigen Verbraucher im Hochvoltsystem wird vereinfacht $\tilde{P}_{a,A}(t_{k_t+1}) = P_a(t_{k_t})$ gesetzt, wo $P_a(t_{k_t})$ der zum Zeitpunkt t_{k_t} abgetastete Messwert ist.

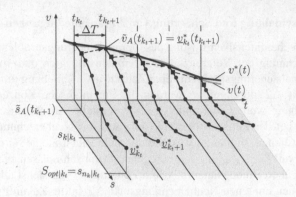

Abbildung 4.17: Konzept der Zeitschrittverschiebung mit Geschwindigkeitsprädiktion.

■ Schätzwerte für die Batterieanfangszustände $\tilde{U}_{OCV,A}(t_{k_t+1})$, $\tilde{U}_{\|,A}(t_{k_t+1})$ und $\tilde{SoC}_A(t_{k_t+1})$ werden ausgehend von den zum Zeitpunkt t_{k_t} vom BMS bereitgestellten Werten $U_{OCV}(t_{k_t})$, $U_{\|}(t_{k_t})$, $SoC(t_{k_t})$ mit den im Kapitel 4.3.1 hergeleiteten Modellbeschreibungen für $s \in [0, \tilde{s}_A(t_{k_t+1})]$ entlang der optimalen Geschwindigkeitstrajektorie $\underline{v}^*_{k_t}$ prädiziert.

■ Die Vorausschaudaten $\underline{\tilde{EH}}(t_{k_t+1})$ des *Elektronischen Horizonts* zum Zeitpunkt t_{k_t+1} werden berechnet, indem die Stützstellenabstände in den zum Zeitpunkt t_{k_t} bereitgestellten Vorausschaudaten $\underline{EH}(t_{k_t})$ nach

$$\tilde{s}_{EH,i}(t_{k_t+1}) = s_{EH,i}(t_{k_t}) - \tilde{s}_A(t_{k_t+1}), \quad i = 0, 1, ..., n_{EH} - 1 \quad (4.86)$$

um die geschätzte, im Zeitintervall $t \in [t_{k_t}, t_{k_t+1}]$ zurückgelegte Strecke korrigiert werden.

■ Die RADAR-Daten $\underline{\tilde{FF}}(t_{k_t+1})$ zum Zeitpunkt t_{k_t+1} werden vereinfacht nach

$$\underline{\tilde{FF}}(t_{k_t+1}) = \begin{bmatrix} \tilde{s}_{FF}(t_{k_t+1}) \\ \tilde{v}_{FF}(t_{k_t+1}) \\ \tilde{a}_{FF}(t_{k_t+1}) \end{bmatrix} = \begin{bmatrix} s_{FF}(t_{k_t}) + (v_{FF}(t_{k_t})\Delta T - \tilde{s}_A(t_{k_t+1})) \\ v_{FF}(t_{k_t}) \\ a_{FF}(t_{k_t}) \end{bmatrix}$$

$$(4.87)$$

aus den zum Zeitpunkt t_{k_t} vorliegenden Daten $\underline{FF}(t_{k_t})$ geschätzt.

■ Zum Zeitpunkt t_{k_t} vom Fahrer getätigte Systemsteuerungen oder -einstellungen werden direkt für den Zeitpunkt t_{k_t+1} übernommen.

Programmablauf

Der umgesetzte Programmablauf innerhalb eines Neuberechnungsintervalls $t \in [t_{k_t}, t_{k_t+1})$ und die zeitliche Reihenfolge von Berechnungsoperationen sind in der Abbildung 4.18 gezeigt.

Der Programmablauf besteht aus drei Teilen. Zu Beginn eines Neuberechnungsintervalls zum Zeitpunkt t_{k_t} werden zunächst alle notwendigen Eingänge und Informationen eingelesen und um einen Zeitschritt ΔT in die Zukunft prädiziert. Anschließend werden ebenfalls zum Zeitpunkt t_{k_t} die Referenzfahrstrategie, der diskrete Geschwindigkeitssuchraum, eventuelle Fahrtdauerbeschränkungen und die zu berücksichtigende Straßensteigung für einen endlichen, zum Zeitpunkt t_{k_t+1} beginnenden Streckenhorizont berechnet. Im anschließenden Zeitintervall $t \in (t_{k_t}, t_{k_t+1})$ werden Anfangsbedingungen und Referenzzielgrößen bestimmt, das Optimalsteuerungsproblem für einen zum Zeitpunkt t_{k_t+1} beginnenden Optimierungshorizont gelöst und die optimalen Trajektorien rekonstruiert. Diese werden zum Zeitpunkt t_{k_t+1} an die Trajektoriengenerierung ausgegeben. Kann dabei das Optimalsteuerungsproblem aufgrund von zu restriktiven Randbedingungen nicht gelöst werden, wird als suboptimale Lösung die Referenzfahrstrategie ausgegeben.

Der in der Abbildung 4.18 veranschaulichte Programmablauf zeigt auch das Vorgehen bei der Aktivierung des Systems. In diesem Fall kann aufgrund der notwendigen Zeitschrittverschiebung keine optimale Fahrstrategie für das erste Zeitintervall $t \in [t_0, t_1)$ bestimmt werden. Stattdessen wird bei der Aktivierung umgehend die Referenzfahrstrategie mit den zum Zeitpunkt t_0 vorliegenden Eingängen und Informationen berechnet und als suboptimale Lösung für das erste Zeitintervall $t \in [t_0, t_1)$ ausgegeben. Dabei wird die aktuell gemessene Fahrzeuggeschwindigkeit als Anfangsbedingung zur Berechnung der Referenzfahrstrategie verarbeitet. Anschließend wird direkt zum Anfang des regulären Programmablaufs gesprungen und die optimale Fahrstrategie für das nachfolgende Zeitintervall $t \in [t_1, t_2)$ bestimmt.

4.4.2 Unterlagerte Geschwindigkeitsregelung

Das Regelziel besteht darin, die Abweichung

$$e(t) = v^*(t) - v(t) \tag{4.88}$$

der gemessenen Fahrzeuggeschwindigkeit $v(t)$ zum optimalen Sollwert $v^*(t)$ zu minimieren. Als Stellgröße dient das Motorsollmoment $M(t)$, das zur Einregelung an die Komponenten des Antriebssystems weitergegeben wird. Für die Regelung der Fahrzeuggeschwindigkeit sind zudem der zeitliche Verlauf der Straßensteigung

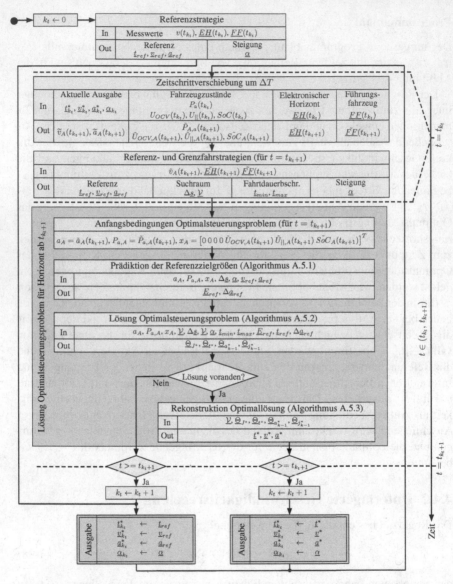

Abbildung 4.18: Programm-Diagramm der energetisch optimierten Fahrzeuglängsführung.

$\alpha(t)$ und die zeitliche Änderung des Sollwerts, die durch den optimalen Beschleunigungsverlauf $a^*(t)$ ausgedrückt wird, verfügbar.

Ausgangspunkt für den Entwurf der Geschwindigkeitsregelung ist die nichtlineare Differentialgleichung

$$\frac{dv(t)}{dt} = \frac{1}{m} \left(\frac{i_t}{r_{dyn}} M(t) - R(v(t), \alpha(t)) \right) \tag{4.89}$$

für die zeitabhängige Änderung der Fahrzeuggeschwindigkeit. Diese wurde in wegabhängiger Darstellung zusammen mit allen Parametern und den Fahrwiderständen $R(v(t), \alpha(t))$ bereits im Kapitel 4.3.1 in (4.38) bzw. (4.39) eingeführt. Die nichtlineare Differentialgleichung (4.89) wird zunächst durch eine exakte Ein-/Ausgangslinearisierung [269, 270, 271] mit der Vorsteuerung

$$M(t) = \frac{r_{dyn}}{i_t} \left(m\, u_e(t) + R(v(t), \alpha(t)) \right) \tag{4.90}$$

in die lineare Form

$$\frac{dv(t)}{dt} = u_e(t) \tag{4.91}$$

überführt. Darin ist $u_e(t)$ ein virtueller Systemeingang zur Regelung des linearisierten Systems (4.91).

Betrachtet wird im Folgenden die zeitliche Änderung des Regelfehlers

$$\frac{de(t)}{dt} = \frac{dv^*(t)}{dt} - \frac{dv(t)}{dt} = a^*(t) - \frac{dv(t)}{dt}. \tag{4.92}$$

Für den Entwurf einer asymptotischen Folgeregelung muss $\lim_{t \to \infty} e(t) = 0$ gelten. Dazu wird der Fehlerdynamik (4.92) ein entsprechendes Sollverhalten aufgeprägt, das durch die Differentialgleichung

$$T_e \frac{de(t)}{dt} + e(t) = 0 \tag{4.93}$$

beschrieben werden kann. Die Konvergenzgeschwindigkeit der aufgeprägten Fehlerdynamik (4.93) gegen die stabile Ruhelage im Nullpunkt kann durch die Zeitkonstante $T_e > 0$ eingestellt werden.

Durch Einsetzen von (4.91) und (4.93) in (4.92) und anschließendem Umstellen ergibt sich für den virtuellen Systemeingang $u_e(t)$

$$u_e(t) = \frac{1}{T_e} e(t) + a^*(t) = \frac{1}{T_e} (v^*(t) - v(t)) + a^*(t). \tag{4.94}$$

Dies wiederum eingesetzt in (4.90) führt auf das nichtlineare Rückführgesetz für das Motorsollmoment $M(t)$ in der Geschwindigkeitsregelung. Die Zeitkonstante T_e wurde mit 0,25 s appliziert.

5 Ergebnisse

Die Funktionsweise und das Verbrauchspotential des entwickelten Assistenzsystems für die energetisch optimierte Fahrzeuglängsführung werden in diesem Kapitel vorgestellt. Die Zusammenfassung der Ergebnisse gliedert sich in zwei Teile. Im Kapitel 5.1 wird zunächst die Funktionsweise des Systems in ausgewählten Fahrsituationen und in reproduzierbaren Fahrversuchen veranschaulicht. Der Schwerpunkt dieser Analysen liegt vorwiegend auf der Darstellung und Auswertung von optimalen Fahrstrategien in reproduzierbaren Fahrsituationen. Die Vorstellung des Verbrauchspotentials im realen Fahrbetrieb ist Gegenstand des anschließenden Kapitels 5.2. Dazu werden die Verbrauchsergebnisse einer repräsentativen Probandenstudie ausgewertet. Diese wurde zur Bewertung des Verbrauchspotentials und der Fahrerakzeptanz im Realverkehr durchgeführt. Die Ergebnispräsentation umfasst eine statistische Absicherung der messtechnisch ermittelten Ergebnisse, die Diskussion von den Energieverbrauch beeinflussenden Faktoren sowie eine Analyse der Verbrauchsaufteilungen und der antriebsseitigen Betriebspunkte in den Messfahrten.

Für die Durchführung der Messfahrten wurde das entwickelte Assistenzsystem als echtzeitfähige Anwendung in dem im Kapitel 4.1 beschriebenen Versuchsträger umgesetzt. Die Messfahrten wurden auf der in der Abbildung 5.1 gezeigten Versuchsstrecke durchgeführt. Diese beschreibt einen etwa 9 km langen Rundkurs in Stuttgart-Vaihingen mit Start- und Endpunkt am Forschungsinstitut für Kraftfahrwesen und Fahrzeugmotoren Stuttgart (FKFS). Die Versuchsstrecke wurde explizit im urbanen Raum mit Geschwindigkeitsbeschränkungen von 30 bis 50 $^{km}/_h$ und zwei kurzen Überlandpassagen mit 60 $^{km}/_h$ gewählt. Damit wird ein relevantes Einsatzszenario für ein schwachmotorisiertes Elektrokleinfahrzeug dargestellt. Zudem befinden sich auf der Versuchsstrecke viele Verkehrselemente, die eine häufige verkehrssituationsbedingte Adaption der Fahrzeuggeschwindigkeit erfordern und damit die Anforderungen an die automatisierte Fahrzeuglängsführung erhöhen. Dazu zählen Kreuzungen, Kreisverkehre, Signalanlagen oder Fußgängerüberwege, deren Positionen auf der Versuchsstrecke der Abbildung 5.1 zu entnehmen sind.

Das Höhenprofil, die Geschwindigkeitsbegrenzungen und die mit der gewählten Referenzquerbeschleunigung zulässigen Kurvengeschwindigkeiten auf der Versuchsstrecke sind in der Abbildung 5.2 gezeigt. Auffällig ist dabei das ausgepräg-

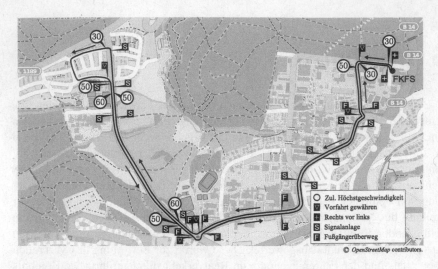

Abbildung 5.1: Versuchsstrecke für Messfahrten. Start- und Endpunkt am FKFS.

te Höhenprofil im Mittelteil der Versuchsstrecke mit maximalen Steigungen und Gefällen von etwa +/-10 %.

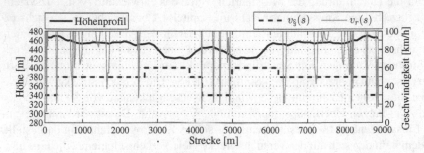

Abbildung 5.2: Höhenprofil, Geschwindigkeitsbegrenzungen $v_\S(s)$ und Referenzkurven-geschwindigkeiten $v_r(s)$ auf der Versuchsstrecke.

Bei den Verbrauchsauswertungen in den folgenden Kapiteln werden vordergründig die Energiemengen am Eingang des Antriebssystems (am Eingang des Inverters) betrachtet, obwohl das entwickelte Assistenzsystem zur Optimierung des Gesamtverbrauchs einschließlich der geschätzten Verluste in der Traktionsbatterie ausgelegt ist. Der hauptsächliche Grund hierfür ist, dass der Gesamtverbrauch einschließlich der Verluste in der Traktionsbatterie nicht messtechnisch erfasst werden kann. Der Gesamtverbrauch könnte zwar mit den Modellen aus Kapitel 4.3.1 abgeschätzt werden, wobei dann aber die Leistungsaufnahme der sonstigen Verbraucher im Hochvoltsystem berücksichtigt werden müsste. Diese ist im realen Fahrbetrieb nicht konstant, womit sich unterschiedliche Einflüsse auf den Gesamtverbrauch ergeben. Dadurch wird die vergleichende Auswertung des Gesamtverbrauchs zwischen unterschiedlichen Messfahrten stets von der schwankenden Leistungsaufnahme der sonstigen Verbraucher verfälscht. Durch die Betrachtung der Energiemengen am Eingang des Antriebssystems wird hingegen ausschließlich der Energieverbrauch für die Fahrzeuglängsführung bewertet.

5.1 Optimale Fahrstrategien

In diesem Kapitel werden zunächst optimale Fahrstrategien für unterschiedliche Fahraufgaben dargestellt. Diese werden hinsichtlich der Ursachen für die Verbrauchsreduktion analysiert, woraus Verhaltensmuster für situationsspezifische und energieeffiziente Fahrweisen abgeleitet werden können. Im ersten Teil werden optimale Fahrstrategien in ausgewählten Fahrsituationen bestimmt und gegen Referenzstrategien verglichen. Um Störgrößen auszuschließen und reproduzierbare sowie frei vorgebbare Bedingungen zu gewährleisten, werden hierfür Ergebnisse ausgewertet, die in einer Simulationsumgebung ermittelt wurden. Im zweiten Teil werden die Ergebnisse aus reproduzierbaren Messfahrten auf der vorgestellten Versuchsstrecke vorgestellt. Dabei wird das Verbrauchspotential gegenüber einer automatisierten Referenzmessfahrt für unterschiedliche Parametrierungen des Optimalsteuerungsproblems untersucht.

5.1.1 Optimale Fahrstrategien in ausgewählten Fahrsituationen

Im Folgenden werden für ausgewählte Fahrsituationen optimale Fahrstrategien besprochen. Die Auswahl beschränkt sich auf die drei grundlegenden Fahrsituationen:

- Fahrt in der Ebene mit konstanter Referenzgeschwindigkeit,

- Fahrt über hügelige Streckenabschnitte mit konstanter Referenzgeschwindigkeit,

- Beschleunigungs- und Verzögerungsvorgänge.

Die Ergebnisse in den folgenden Abschnitten sind simulativ ermittelt worden. Dazu wurden die Funktionen der energetisch optimierte Fahrzeuglängsführung innerhalb einer Simulationsumgebung in einem geschlossenen Regelkreis mit einem Fahrzeug- und Streckenmodell verknüpft. Das Optimalsteuerungsproblem der

energetisch optimierten Fahrzeuglängsführung wurde mit den Gewichtungsfaktoren $\lambda = 0,05$ und $\mu = 0,1$ parametriert, welche in Voruntersuchungen appliziert
wurden. Der *Trade-Off*-Parameter wurde, falls nicht anders angegeben, auf den
Mittelwert $\beta = 0,5$ gesetzt.

Fahrt in der Ebene mit konstanter Referenzgeschwindigkeit

Zunächst wird das Szenario einer Fahrt in der Ebene mit konstanter Referenzgeschwindigkeit betrachtet. Die Abbildung 5.3 zeigt im linken Diagramm die von der
energetisch optimierten Fahrzeuglängsführung bestimmten optimalen Geschwindigkeitstrajektorien v^* für die drei exemplarischen Referenzgeschwindigkeiten
v_{ref} von 30, 50 und $80\,^{km}/_h$. Das System wird dabei ausgehend von der Referenzgeschwindigkeit mit unterschiedlichen *Trade-Off*-Parametern aktiviert.

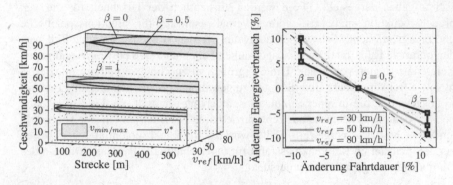

Abbildung 5.3: Optimale Geschwindigkeitstrajektorien bei konstanten Referenzgeschwindigkeiten und *Pareto*-Optima für Energie- und Fahrtdaueränderungen.

Die dargestellten Verläufe für die optimalen Geschwindigkeitstrajektorien konvergieren gegen konstante Geschwindigkeiten, die durch Wahl des *Trade-Off*-Pa-
rameters eingestellt werden können. Die optimalen Zielgeschwindigkeiten steigen
mit kleineren bzw. sinken mit größeren *Trade-Off*-Parametern, da mit steigendem
Trade-Off-Parameter der Energieverbrauch stärker gewichtet wird als die Fahrtdauer (siehe Gütemaß in (4.33)). Für die Extremeinstellungen $\beta = 0$ und $\beta = 1$
konvergieren die optimalen Geschwindigkeitstrajektorien gegen die oberen bzw.
unteren Grenzgeschwindigkeiten v_{min} und v_{max}. Für $\beta = 0,5$ verbleiben sie aufgrund der gleichwertigen Gewichtung von Energieverbrauch und Fahrtdauer sowie
der Bestrafung von Geschwindigkeitsabweichungen im Endkostenterm des Optimalsteuerungsproblems in etwa auf der Referenzgeschwindigkeit v_{ref}.

Die sich aus den optimalen Zielgeschwindigkeiten ergebenden relativen Änderungen für den Energieverbrauch und die Fahrtdauer in Bezug auf die Referenzgeschwindigkeit sind im rechten Diagramm in der Abbildung 5.3 als *Pareto*-Optima in Abhängigkeit des *Trade-Off*-Parameters dargestellt. Die abgebildeten Kurven zeigen, dass aufgrund des konstanten Verhältnisses zwischen Referenz- und Grenzgeschwindigkeiten (+/-10 %) die Extrema für die relative Fahrtdaueränderung unabhängig von der Referenzgeschwindigkeit sind. Dagegen lässt sich hinsichtlich der relativen Änderung des Energieverbrauchs eine Verschiebung der Extrema hin zu größeren Werten bei zunehmender Geschwindigkeit beobachten. Dies wird durch den überproportional steigenden Einfluss der Fahrwiderstände bei zunehmenden Geschwindigkeiten verursacht. Zudem weisen die Kurven der *Pareto*-Optima einen flachen Verlauf auf, der erst bei $80\,^{km}/_h$ in etwa mit der Diagonalen (gestrichelte Linie in Abbildung 5.3) fluchtet. Das bedeutet, dass Änderungen des *Trade-Off*-Parameters und damit der Zielgeschwindigkeit unterhalb von $80\,^{km}/_h$ stärkere Auswirkungen auf die Änderung der Fahrtdauer haben, wohingegen oberhalb von $80\,^{km}/_h$ der Energieverbrauch stärker beeinflusst wird.

Zusammengefasst folgt daraus, dass die optimale Fahrstrategie in der Ebene bei konstanter Referenzgeschwindigkeit wiederum eine konstante Geschwindigkeit ist. Dieses Ergebnis wurde bereits in [121] für verbrennungsmotorisch betriebene Fahrzeuge und in [272] für Schienenfahrzeuge hergeleitet. Bezogen auf die Referenzgeschwindigkeit kann durch Wahl des *Trade-Off*-Parameters und damit der Zielgeschwindigkeit entweder der Energieverbrauch auf Kosten der Fahrtdauer oder umgekehrt die Fahrtdauer auf Kosten des Energieverbrauchs reduziert werden. Die gleichzeitige Optimierung beider Zielgrößen ist in der Ebene bei vorgegebener konstanter Referenzgeschwindigkeit nicht möglich. Insbesondere ist zu beachten, dass jegliche Geschwindigkeitsvariation um den konstanten optimalen Geschwindigkeitsverlauf zu einem Mehrverbrauch führt. Dies wird im folgenden Beispiel veranschaulicht.

Betrachtet werden ein Fahrszenario in der Ebene bei einer konstanten optimalen Geschwindigkeit von $v^* = 50\,^{km}/_h$ und die Auswirkungen von drei sinusförmigen Geschwindigkeitsvariationen v_1 bis v_3 um den konstanten optimalen Geschwindigkeitsverlauf. Die Geschwindigkeitsverläufe, die damit verbundenen Fahrtdauer- und Momentenverläufe sowie die Betriebspunkte im Verlustleistungskennfeld des Elektromotors und Inverters sind in der linken Hälfte in der Abbildung 5.4 gezeigt. Die Geschwindigkeitsvariationen liegen innerhalb der zulässigen Grenzgeschwindigkeiten und unterscheiden sich in Amplitude und Beschleunigung. Da die Geschwindigkeitsvariationen gleichmäßig um den konstanten optimalen Geschwindigkeitsverlauf aufgeprägt sind, ergeben sich keine Unterschiede bei den Fahrtdauern.

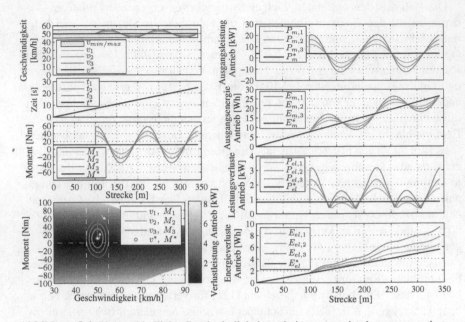

Abbildung 5.4: Unterschiedliche Geschwindigkeitsvariationen um eine konstante optimale Geschwindigkeit und Auswirkungen auf den Energieverbrauch.

Die rechte Hälfte der Abbildung 5.4 zeigt die Verläufe der Leistungen am Ausgang des elektrischen Antriebssystems sowie der Verlustleistungen und die dazugehörigen Energieverbräuche. Die Ausgangsleistung des Antriebssystems ist die mechanisch abgegebene oder aufgenommene Leistung an der Motorwelle. Sie setzt sich aus den Leistungsverlusten in der Übersetzungsstufe und im Differential, den Leistungsverlusten für alle Fahrwiderstände und der Beschleunigungsleistung zusammen. Den beiden oberen Diagrammen in der rechten Hälfte der Abbildung 5.4 ist zu entnehmen, dass die Ausgangsleistungen $P_{m,1}$ bis $P_{m,3}$ infolge der gleichförmigen Geschwindigkeitsvariationen mit ebenso gleichförmig ausgeprägten Amplituden um den optimalen Verlauf für die Ausgangsleistung P_m^* oszillieren. Hinsichtlich der aufzuwendenden Energiemengen $E_{m,1}$ bis $E_{m,3}$ am Ausgang des Antriebssystems führt dies über die Zyklen betrachtet zu keinen erwähnenswerten Unterschieden gegenüber der Energiemenge E_m^* bei Fahrt mit konstanter Geschwindigkeit. Dieses Ergebnis ist plausibel. Zum einen sind die kinetischen Fahrzeugenergien am Ende der Zyklen die selben wie zu deren Beginn. Zum anderen können die geschwindigkeitsabhängigen Übersetzungs- und Fahrwiderstandsverlustleistungen innerhalb des schmalen Geschwindigkeitsvariationsbandes als nahezu linear von der Geschwindigkeit abhängig betrachtet werden. Dadurch entstehen bei gleichförmiger Geschwindigkeitsauslenkung keine wesentlichen Unterschiede bei den aufzuwendenden Energiemengen. Somit führen die Geschwindigkeitsvariationen zu keinen signifikanten Unterschieden bei den mechanisch abgegebenen Energiemengen am Ausgang des Antriebssystems.

Die unteren beiden Diagramme in der rechten Hälfte der Abbildung 5.4 zeigen die Leistungsverluste und die dazugehörigen Verläufe der Energieverluste im elektrischen Antriebssystem. Die zu den Geschwindigkeitsvariationen gehörenden Antriebsverlustleistungen $P_{el,1}$ bis $P_{el,3}$ weisen keine gleichmäßig ausgeprägten Oszillationen um die optimale konstante Antriebsverlustleistung P_{el}^* auf. Sie wachsen überproportional zum Motormoment in den Beschleunigungsphasen an und werden zudem nach unten hin durch die Leerlaufverlustleistung des Antriebssystems (etwa 400 W im betrachteten Geschwindigkeitsbereich) beschränkt. Dies führt zu einem deutlichen Mehrverbrauch bei den Energieverlusten $E_{el,1}$ bis $E_{el,3}$ im Vergleich zu dem Energieverlust E_{el}^* bei Fahrt mit konstanter Geschwindigkeit. Darüber hinaus nehmen die Energieverluste überproportional mit den Amplituden der Geschwindigkeitsvariationen zu. Die primäre Ursache hierfür liegt in der überproportionalen Beziehung zwischen dem Motormoment und der Verlustleistung im elektrischen Antriebssystem. Dieser Zusammenhang kann anschaulich aus der vereinfachten Annahme abgeleitet werden, dass Stromamplituden im elektrischen System linear vom Absolutwert des Motormoments abhängen und Verluste im elektrischen Antriebssystem ohmsche Verluste sind, die wiederum quadratisch mit der Stromamplitude steigen. Die überproportionale Abhängigkeit führt dazu, dass jegliche Variation des antriebsseitigen Betriebspunktes um einen optimalen konstanten Betriebspunkt infolge einer Geschwindigkeitsvariation zu einem Mehrverbrauch führt. Dies gilt auch für andere Formen der Geschwindigkeitsvariation wie beispielsweise Strategien mit abwechselndem Segelbetrieb und Beschleunigungsvorgang[1].

Fahrt über hügelige Streckenabschnitte mit konstanter Referenzgeschwindigkeit

Im vorangehenden Abschnitt wurden optimale Fahrstrategien in der Ebene bei vorgegebenen konstanten Referenzgeschwindigkeiten ausgewertet. Nun werden optimale Fahrstrategien für die Fahrt über hügelige Streckenabschnitte bei wiederum konstanten Referenzgeschwindigkeiten untersucht. Hierfür wurden mit der energetisch optimierten Fahrzeuglängsführung optimale Geschwindigkeitstrajek-

---

[1] Rechteckförmiger statt ellipsenförmiger Betriebspunktverlauf um den konstanten Betriebspunkt, siehe Betriebspunktverlauf in Abbildung 5.4.

torien für unterschiedliche Streckentopologien und Referenzgeschwindigkeiten bestimmt. Diese sind in der Abbildung 5.5 beispielhaft für die Streckentopologien Tal, Hügel sowie die Kombinationen Tal-Hügel und Hügel-Tal veranschaulicht. Die maximalen Steigungen und Gefälle der untersuchten Topologien liegen bei +/-10 %.

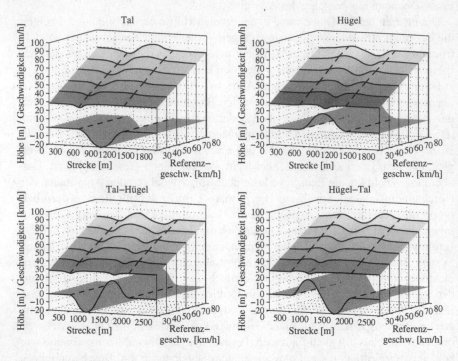

Abbildung 5.5: Energetisch optimierte Geschwindigkeitsprofile für verschiedene Topologien.

Die Abbildung 5.5 zeigt, dass die optimalen Fahrgeschwindigkeiten in den Bereichen um die Höhenänderungen deutlich von den konstanten Referenzgeschwindigkeiten abweichen. Die Gründe hierfür und insbesondere die Ursachen für die Verbrauchseinsparungen werden im Folgenden genauer analysiert. Dazu werden die vereinfachten Fahrszenarien einer Gefälle- und einer Steigungsfahrt bei $50\,^{km}/_h$ mit maximalen Steigungen und Gefällen von +/-10 % betrachtet und die Leistungsverläufe und Energieverbräuche der Referenzstrategien und der optimalen Fahrstrategien verglichen. Der Vergleich zwischen Referenzfahrstrategie mit konstanter Geschwindigkeit v_{ref} und optimaler Fahrstrategie mit dem energetisch optimierten Geschwindigkeitsverlauf v^* für Gefälle- und Steigungsfahrt ist in der Abbildung 5.6 gezeigt. Dargestellt sind von oben nach unten die jeweiligen Geschwindigkeits- und die dazugehörigen Momentenverläufe M_{ref} und M^*, die Fahrtdauerverläufe t_{ref} und t^* sowie die Höhenprofile. Darunter sind die Verläufe der mechanischen Antriebsausgangsleistungen $P_{m,ref}$ und P_m^* und die abgegebenen Energiemengen $E_{m,ref}$ und E_m^* sowie die Antriebsverlustleistungen $P_{el,ref}$ und P_{el}^* und die dazugehörenden Verlustenergien $E_{el,ref}$ und E_{el}^* gezeigt. In den unteren Diagrammen sind die antriebsseitigen Betriebspunktverläufe im Verlustleistungskennfeld des elektrischen Antriebssystems abgebildet.

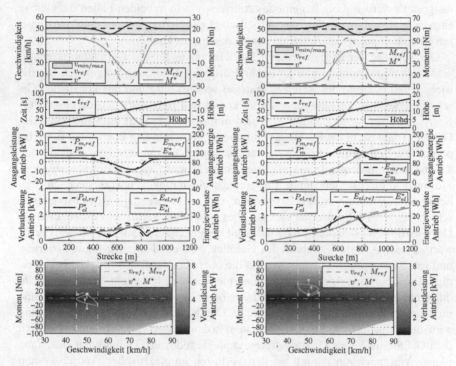

Abbildung 5.6: Vergleich von Referenzfahrstrategie und optimaler Fahrstrategie für Gefällefahrt (links) und Steigungsfahrt (rechts).

Zu Beginn wird das Gefällefahrtszenario in der linken Hälfte der Abbildung 5.6 besprochen. Aus dem oberen Diagramm geht hervor, dass die energetisch optimale Fahrstrategie für die Gefällefahrt in drei Phasen mit spezifischen Verhaltensmerkmalen unterteilt werden kann. In der ersten Phase vor dem Gefälle wird die Geschwindigkeit zunächst auf den unteren Grenzwert abgesenkt. In der zweiten Phase beim Befahren des Gefälles wird die Hangabtriebskraft ausgenutzt, um das Fahrzeug auf die obere Geschwindigkeitsgrenze zu beschleunigen. In der dritten Phase nach dem Gefälle wird die Geschwindigkeit wieder auf die konstante Referenzgeschwindigkeit abgesenkt. Da bei diesem Manöver die Durchschnittsgeschwindigkeit im Vergleich zur konstanten Referenzgeschwindigkeit nahezu identisch ist, ergibt sich keine nennenswerte Fahrtdaueränderung in Bezug auf die Referenzstrategie. Daher und aufgrund des schmalen Geschwindigkeitsvariationsbandes kann, wie im vorhergehenden Abschnitt bereits ausgeführt wurde, keine nennenswerte Änderung bei der abgegebenen Antriebsenergie im Vergleich zur Referenzstrategie festgestellt werden. Folglich gibt das Antriebssystem in beiden Fällen die gleiche Energiemenge ab, weshalb eine energetische Optimierung nur aus einer effizienteren Betriebsführung des Antriebssystems resultieren kann.

Die Verläufe der antriebsseitigen Betriebspunkte für das Gefällefahrtszenario sind im unteren Diagramm in der linken Hälfte der Abbildung 5.6 gezeigt. Die Betriebspunkttrajektorie der Referenzstrategie verläuft aufgrund des konstanten Geschwindigkeitsverlaufs ausgehend vom konstanten Betriebspunkt (dargestellt als Kreis) auf einer Vertikalen hin zu einem minimalen Moment im Mittelpunkt des Gefälles (dargestellt als Rechteck) und wieder zurück in den konstanten Betriebspunkt. Die Betriebspunkttrajektorie der energetisch optimierten Fahrstrategie startet und endet in dem selben konstanten Betriebspunkt wie die Referenzstrategie. Sie nutzt allerdings den durch die Grenzgeschwindigkeiten vorgegebenen Freiheitsgrad zur Geschwindigkeitsvariation, um die notwendige Betriebspunktverschiebung zur Kompensation des Gefälles möglichst verlustarm durchzuführen. Dazu wird vor diesem die Geschwindigkeit vorausschauend auf den unteren Grenzwert abgesenkt. Beim Befahren des Gefälles wird das Fahrzeug bei reduziertem und verlustärmerem Bremsmoment auf die obere Grenzgeschwindigkeit beschleunigt. Die überschüssige kinetische Energie kann nach seinem Ende wiederum durch ein im Vergleich zum Referenzbetriebspunkt geringeres und damit verlustärmeres Antriebsmoment abgebaut werden. Durch die dargestellte Betriebsführung wird die Verlustleistung im Antriebssystem in den Phasen vor, während sowie nach dem Gefälle im Vergleich zur Referenzstrategie reduziert. Damit kann eine signifikante Verbrauchseinsparung bei den Verlusten im elektrischen Antriebssystem realisiert werden.

Nun wird auf das in der rechten Hälfte der Abbildung 5.6 gezeigte Steigungsfahrtszenario eingegangen. Die optimale Fahrstrategie kann wieder in drei Phasen mit spezifischen Verhaltensmerkmalen unterteilt werden. In der ersten Phase vor der Steigung wird die Geschwindigkeit vorausschauend auf den oberen Grenzwert erhöht. In der zweiten Phase beim Befahren der Steigung wird ein im Vergleich zur Referenzstrategie geringeres Antriebsmoment zur Kompensation der Steigung gewählt, wodurch die Fahrzeuggeschwindigkeit vom oberen Grenzwert auf den unteren Grenzwert fällt. Dabei wird ein Teil der kinetischen Fahrzeugenergie in Höhenenergie umgewandelt, so dass die aufzubringende Antriebsenergie beim Befahren des Gefälles gesenkt wird. In der dritten Phase nach der Steigung wird die Geschwindigkeit wieder auf die konstante Referenzgeschwindigkeit gebracht. Analog zum Gefällefahrtszenario lassen sich auch bei dem dargestellten Steigungsfahrtszenario keine nennenswerten Änderungen bei der Fahrtdauer oder bei der vom Antriebssystem aufzubringenden Antriebsenergie in Bezug auf die Referenzstrategie feststellen. Eine energetische Optimierung kann auch bei der Gefällefahrt nur aus einer effizienteren Betriebsführung des Antriebssystems resultieren.

Die Betriebspunktrajektorien für das Steigungsfahrtszenario sind im unteren Diagramm in der rechten Hälfte der Abbildung 5.6 gezeigt. Die Betriebspunkte der Referenzstrategie weisen einen vertikalen Verlauf ausgehend vom konstanten Betriebspunkt vor der Steigung hin zu einem maximalen Moment im Mittelpunkt der Steigung und wieder zurück am Ende der Steigung auf. Die optimale Fahrstrategie nutzt erneut den Freiheitsgrad der Geschwindigkeitsvariation, um eine möglichst verlustarme Betriebspunktverschiebung bei der Kompensation der Steigung durchzuführen. Dies wird hauptsächlich dadurch erreicht, indem das Antriebssystem in der Phase beim Befahren der Steigung bei geringeren Momenten betrieben wird. Dadurch kann in diesem Bereich die Verlustleistung überproportional gesenkt werden. Anders als beim Gefällefahrtszenario kann die Verlustleistung jedoch nur in der Phase beim Befahren der Steigung in Bezug auf die Referenzstrategie reduziert werden, da das Fahrzeug davor und danach jeweils beschleunigt werden muss. Aus diesem Grund bietet die Steigungsfahrt hinsichtlich der Verluste im elektrischen Antriebssystem ein geringeres Optimierungspotential als die Gefällefahrt.

Beschleunigungs- und Verzögerungsvorgänge

In diesem Abschnitt werden optimale Fahrstrategien für Verzögerungs- und Beschleunigungsvorgänge behandelt. Zur Veranschaulichung dienen Geschwindigkeitsänderungen zwischen zwei vorgegebenen Geschwindigkeiten. Als Referenz für die optimalen Verzögerungs- und Beschleunigungsstrategien dienen Geschwindigkeitsänderungen mit konstanter Referenzverzögerung und -beschleunigung (siehe Tabelle A.3.1 im Anhang A.3). Die Abbildung 5.7 zeigt den Vergleich einer Referenzverzögerung von $80\,^{km}/_h$ auf $50\,^{km}/_h$ mit einer energetisch optimierten Verzögerungsstrategie sowie den Vergleich einer Referenzbeschleunigung von $50\,^{km}/_h$ auf $80\,^{km}/_h$ mit einer energetisch optimierten Beschleunigungsstrategie. Dargestellt sind die gleichen Größen, die bereits im vorangehenden Abschnitt ausgewertet wurden.

Demnach werden bei den energetisch optimierten Fahrstrategien kleinere Verzögerungen und Beschleunigungen zur Änderung der Fahrzeuggeschwindigkeit

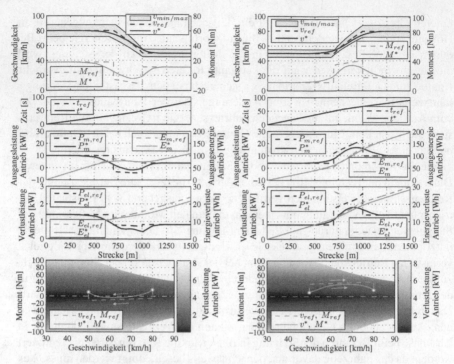

Abbildung 5.7: Vergleich von Referenzfahrstrategie und optimaler Fahrstrategie für einen Verzögerungsvorgang (links) und einen Beschleunigungsvorgang (rechts).

gewählt. Dies hat zur Folge, dass Geschwindigkeitsänderungen zu einem früheren Zeitpunkt eingeleitet und zu einem späteren Zeitpunkt abgeschlossen werden. Dabei wird die bei den energetisch optimierten Fahrstrategien sichtbare zeitliche Ausdehnung der Geschwindigkeitsänderungen maßgeblich von den zulässigen Grenzgeschwindigkeiten beschränkt. Die Aufweitung des zulässigen Geschwindigkeitsbandes führt zu einer weiteren zeitlichen Ausdehnung der Verzögerungs- und Beschleunigungsvorgänge bei der energetischen Optimierung. Allerdings darf aus Gründen der Fahrsicherheit, der Fahrerakzeptanz und um rückwärtigen Verkehr nicht zu behindern das Zeitfenster zur Durchführung von Geschwindigkeitsänderungen nicht übermäßig ausgedehnt werden. Wie die dargestellten Fahrtdauerverläufe zeigen, führt die zeitliche Ausdehnung der Geschwindigkeitsänderungen zu keinen wesentlichen Änderungen hinsichtlich der Fahrtdauern in Bezug auf die Referenzstrategien.

Die Auswertung der energetischen Größen in den beiden dargestellten Fahrszenarien ergibt bei den vom Antriebssystem abzugebenden Energiemengen keine signifikanten Unterschiede zwischen den Referenzfahrstrategien und den energetisch optimierten Fahrstrategien. Die Ursache hierfür liegt erneut in den nahezu identischen Durchschnittsgeschwindigkeiten und in den schmalen Geschwindigkeitsvariationsbändern. Eine energetische Optimierung kann deshalb auch bei den Verzögerungs- und Beschleunigungsvorgängen nur aus einer effizienteren Betriebsführung des Antriebssystems resultieren.

Die bei den Verzögerungs- und Beschleunigungsvorgängen durchgeführten Betriebspunktverschiebungen sind in den unteren Diagrammen in der Abbildung 5.7 gezeigt. Die energetisch optimale Betriebsstrategie für den Verzögerungsvorgang besteht folglich darin, das Fahrzeug bei möglichst kleinen Bremsmomenten verlustarm zu verzögern. Dazu muss der Verzögerungsvorgang in Bezug auf die Referenzverzögerung zeitlich ausgedehnt werden. Durch diese Betriebsführung können die Antriebsverluste in allen Phasen der energetisch optimierten Verzögerung im Vergleich zu der Referenzstrategie reduziert werden. Daraus resultiert eine deutliche Verbrauchseinsparung, wie aus den gezeigten Verläufen für die Energieverluste im Antriebssystem hervorgeht.

Die Auswertung der in der rechten Hälfte der Abbildung 5.7 gezeigten optimalen Fahrstrategie für den Beschleunigungsvorgang ergibt, dass die Antriebsverlustenergie hauptsächlich durch ein geringeres Beschleunigungsmoment gesenkt wird. Durch die Wahl eines geringeren Beschleunigungsmoments kann die Antriebsverlustleistung im Vergleich zur Referenzstrategie überproportional reduziert werden. Um den Beschleunigungsvorgang mit einem kleineren Beschleunigungsmoment durchzuführen, muss dieser im Vergleich zur Referenzstrategie zeitlich ausgedehnt werden. Anders als beim Verzögerungsvorgang kann die Verlustleistung nicht in allen Phasen des optimierten Beschleunigungsvorgangs gesenkt werden, da das Fahrzeug jeweils vor und nach dem Referenzbeschleunigungsvorgang beschleunigt werden muss. Demzufolge bieten Beschleunigungsvorgänge in Hinsicht auf die Verluste im elektrischen Antriebssystem ein geringeres Optimierungspotential als Verzögerungsvorgänge.

Zusammenfassung

In diesem Kapitel wurde die energetische Optimierung der Fahrzeuglängsführung in ausgewählten Fahrsituationen analysiert. Dabei wurde festgestellt:

■ Die optimale Fahrstrategie in der Ebene bei konstanter Referenzgeschwindigkeit ist die Fahrt mit konstanter Geschwindigkeit. Soll die Fahraufgabe mit der Referenzfahrtdauer bewältigt werden, muss mit Referenzgeschwindigkeit gefahren werden. Eine energetische Optimierung der Fahrgeschwindigkeit ohne Vergrößerung der Fahrtdauer ist nicht möglich. Jede Variation der Fahrgeschwindigkeit um einen konstanten Verlauf führt aufgrund der Verlustleistungscharakteristik des elektrischen Antriebssystems zu einem Mehrverbrauch.

- Der Energieverbrauch für die Fahrt über hügelige Streckenabschnitte kann durch eine energetische Optimierung der Fahrgeschwindigkeit in Bezug auf eine Fahrt mit konstanter Referenzgeschwindigkeit ohne Vergrößerung der Fahrtdauer gesenkt werden. Verbrauchseinsparungen werden ausschließlich durch die vorausschauende Berücksichtigung der Streckentopologie und durch eine effizientere Betriebsführung des elektrischen Antriebssystems bei der Kompensation von Steigungen und Gefällen realisiert.

- Der Energieverbrauch bei Verzögerungs- und Beschleunigungsvorgängen kann durch eine energetische Optimierung der Geschwindigkeitsänderungen in Bezug auf Geschwindigkeitsänderungen mit konstanten Referenzwerten für Verzögerung und Beschleunigung ohne Vergrößerung der Fahrtdauer gesenkt werden. Dabei werden Verbrauchseinsparungen ausschließlich durch eine zeitliche Ausdehnung der Geschwindigkeitsänderungen und durch eine effizientere Betriebsführung des elektrischen Antriebssystems realisiert.

Daraus kann abgeleitet werden, dass die energetische Optimierung der Fahrzeuglängsführung hauptsächlich durch eine effizientere Betriebsführung des elektrischen Antriebssystems unter Berücksichtigung der vorausliegenden Streckentopologie und zukünftiger Geschwindigkeitsänderungen realisiert wird. Im nächsten Kapitel wird das Verbrauchspotential der energetisch optimierten Fahrzeuglängsführung gegenüber der Referenzstrategie auf der eingangs vorgestellten Versuchsstrecke besprochen.

5.1.2 Verbrauchspotential gegenüber Referenzfahrstrategie

Um die im vorangegangen Kapitel qualitativ vorgestellten Verbrauchspotentiale auf eine realistische Fahraufgabe zu übertragen und zu quantifizieren, wurden Messfahrten auf der in der Abbildung 5.1 dargestellten Versuchsstrecke durchgeführt und ausgewertet. Das Ziel dieser Auswertungen war es, die Verbrauchseinsparungen und Fahrtdaueränderungen mit dem im Versuchsfahrzeug implementierten System auf einer realen Strecke zu ermitteln und zu analysieren. Dazu wurden eine automatisierte, als Vergleichsbasis dienende Referenzfahrt mit deaktivierter Optimierung und drei automatisierte Messfahrten mit aktivierter Optimierung durchgeführt. Bei der Referenzfahrt wurde die Geschwindigkeitstrajektorie der Referenzstrategie zur Längsführung genutzt. In den Messfahrten mit energetischer Optimierung der Fahrzeuglängsführung wurde der *Trade-Off*-Parameter variiert. Die restlichen Gewichtungsfaktoren im Optimalsteuerungsproblem wurden fest auf $\lambda = 0{,}05$ und $\mu = 0{,}1$ gesetzt.

Die Messfahrten wurden in den Nachtstunden bei ausgeschalteten Signalanlagen und ohne den Einfluss von anderen Verkehrsteilnehmern durchgeführt, um reproduzierbare Verkehrsbedingungen auf der Versuchsstrecke zu gewährleisten. Zudem wurden die automatisierten Haltevorgänge vor Kreuzungen ohne eigene Vorfahrt oder mit Rechts-vor-links-Regel deaktiviert, um den Einfluss des Fahrers bei der Betätigung von Weiterfahrbefehlen auszuschließen. Die Fahrzeuglängsführung wurde dabei auf der kompletten Versuchsstrecke vom Assistenzsystem übernommen. Dies schließt das Anfahren aus dem Stillstand zu Beginn und das Anhalten am Ende der Messfahrten mit ein. Die gemessenen Fahrzeuggeschwindigkeiten und die am Eingang des Antriebssystems gemessenen Energieverbräuche in den durchgeführten Messfahrten sind in der Abbildung 5.8(a) gezeigt.

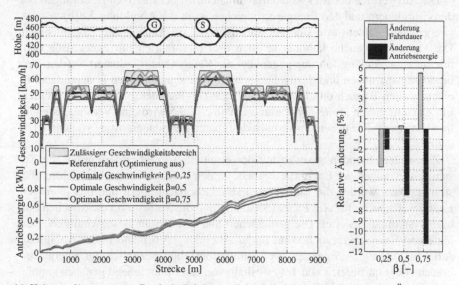

(a) Höhenprofil, gemessene Geschwindigkeiten und Antriebsenergien in der Referenzfahrt und in den drei Messfahrten mit variierendem *Trade-Off*-Parameter.

(b) Relative Änderungen im Vergleich zur Referenzfahrt.

Abbildung 5.8: Vergleich zwischen Referenzfahrstrategie und optimalen Fahrstrategien.

Die energetisch optimierten Geschwindigkeitsverläufe weisen deutliche Abweichungen von der Referenzgeschwindigkeit auf, die durch konstante Geschwindigkeitsverläufe sowie konstante Verzögerungen und Beschleunigungen gekennzeichnet ist. Gut erkennbar sind die bereits im vorhergehenden Kapitel besprochenen Verhaltensmuster im Bereich des mit (G) gekennzeichneten Gefälles und der mit (S) gekennzeichneten Steigung. Dabei wird im Bereich des Gefälles die Hangabtriebskraft zur Beschleunigung des Fahrzeugs ausgenutzt und im anschließenden Tal die erhöhte Geschwindigkeit durch reduzierte Antriebsleistung wieder abgebaut. Im Bereich der Steigung wird das Fahrzeug zunächst vorausschauend beschleunigt, um die Steigung mit reduzierter Antriebsleistung bewältigen zu können. Ebenso wird der Einfluss des *Trade-Off*-Parameters auf die Geschwindigkeitsverläufe ersichtlich. Diese werden mit steigendem *Trade-Off*-Parameter aufgrund der stärkeren Gewichtung des Energieverbrauchs zu kleineren und mit sinkendem *Trade-Off*-Parameter aufgrund der stärkeren Gewichtung der Fahrtdauer zu größeren Geschwindigkeiten verschoben.

Die Auswertung der Messergebnisse hinsichtlich der relativen Änderungen bei den Fahrtdauern und den Energieverbräuchen ist in der Abbildung 5.8(b) gezeigt. Die genauen Zahlenwerte sind der Tabelle A.6.1 im Anhang A.6 zu entnehmen. Die Energieverbräuche konnten in allen drei Messfahrten mit energetisch optimierter Fahrzeuglängsführung gegenüber der Referenzfahrt reduziert werden. Verbrauchseinsparungen und dazugehörende Fahrtdaueränderungen können dabei in einem weiten Bereich durch Wahl des *Trade-Off*-Parameters beeinflusst werden. Für einen mittleren *Trade-Off*-Parameter von $\beta = 0{,}5$ wird eine Verbrauchsreduktion von etwa 6,5 % bei einem vernachlässigbaren Fahrtdaueranstieg von unter 1 % erzielt.

Zur weiterführenden Auswertung der ermittelten Ergebnisse wurden die Zusammensetzungen der Energieverbräuche in den durchgeführten Messfahrten bestimmt. Dazu wurden die Messfahrten simulativ nachgestellt und die anteiligen Energieverbräuche für alle Fahrwiderstände und die Verluste im elektrischen Antriebssystem ausgewertet. Die gemessenen und simulierten Geschwindigkeitsverläufe und Energieverbräuche sind in der Abbildung A.6.1 und in der Abbildung A.6.2 im Anhang A.6 gezeigt. Der Simulationsfehler bezüglich der Energieverbräuche liegt im Bereich von 1 %, weshalb von einer hinreichend genauen simulativen Bestimmung der Verbrauchszusammensetzungen ausgegangen werden kann. Die so bestimmten Zusammensetzungen in den Messfahrten sowie die relativen Änderungen in Bezug auf die Referenzfahrt sind in der Abbildung 5.9 dargestellt bzw. als genaue Zahlenwerte in der Tabelle A.6.2 im Anhang A.6 hinterlegt. Da die Messfahrten bei Fahrzeugstillstand starteten und endeten und in den vollständig automatisierten Messfahrten die mechanische Reibbremse nicht benutzt wurde, müssen Beschleunigungs- und mechanische Bremsverluste nicht betrachtet werden.

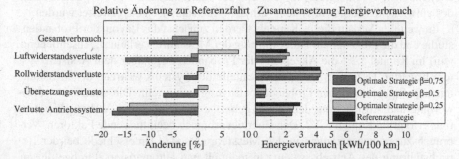

Abbildung 5.9: Änderungen der Verbrauchsanteile gegenüber der Referenzfahrt sowie Verbrauchszusammensetzungen in den Messfahrten.

Die Abbildung 5.9 zeigt, dass die geschwindigkeitsabhängigen Verluste für Luft- und Rollwiderstand sowie Übersetzungsverluste vom *Trade-Off*-Parameter und der dadurch resultierenden Fahrtdauer bzw. Durchschnittsgeschwindigkeit abhängen. Hinsichtlich der Verluste im elektrischen Antriebssystem kann in den energetisch optimierten Messfahrten eine deutliche Reduktion im Vergleich zu der Referenzfahrt festgestellt werden. Die Verluste können aufgrund der optimierten Betriebsführung zwischen 14 bis 18 % bezogen auf die Referenzfahrt gesenkt werden. Da die Verluste im elektrischen Antriebssystem etwa 30 % des Gesamtverbrauchs ausmachen, ergibt sich hieraus ein deutliches Einsparpotential in Bezug auf den Gesamtverbrauch.

5.2 Probandenstudie im realen Fahrbetrieb

Die im vorangegangenen Kapitel vorgestellten Ergebnisse zeigen, dass die energetisch optimierte Fahrzeuglängsführung den Energieverbrauch bei unterschiedlichen Fahraufgaben reduzieren kann. Dabei wurden reproduzierbare Fahrszenarien betrachtet, in denen künstliche Referenzstrategien als Vergleichsbasis dienten und verkehrliche Einflüsse systematisch ausgeklammert wurden. In diesem Kapitel wird das statistische Verbrauchspotential des Assistenzsystems unter realistischen Bedingungen im öffentlichen Straßenverkehr untersucht und bewertet. Da Verbrauchsergebnisse im realen Fahrbetrieb aufgrund von unterschiedlichen Einflüssen und variierenden Randbedingungen nicht reproduzierbar sind und deshalb stark streuen, sind zur Abschätzung von aussagekräftigen Durchschnittswerten umfangreiche Messreihen notwendig. Zu diesem Zweck wurde im Rahmen dieser Arbeit eine Probandenstudie durchgeführt, in welcher im realen Fahrbetrieb Messdaten bezüglich des Energieverbrauchs und der Fahrtdauer mit und ohne den Einsatz des entwickelten Assistenzsystems erhoben und statistisch ausgewertet wurden.

Im weiteren Verlauf dieses Kapitels werden zunächst das Layout der Probandenstudie und die Prozedur zur Durchführung der Messfahrten erläutert. Anschließend wird im Kapitel 5.2.1 die Akzeptanz der Probanden gegenüber dem Assistenzsystem bewertet. Dazu werden Nutzungsanteile des Systems während der Messfahrten und Ergebnisse einer Probandenbefragung vorgestellt. Die statistische Auswertung und Absicherung der Messergebnisse hinsichtlich des Verbrauchspotentials erfolgt im Kapitel 5.2.2. Den Energieverbrauch beeinflussende Faktoren, Verbrauchszusammensetzungen in den Messfahrten sowie Unterschiede bei der Betriebsführung des Antriebssystems in manuell und automatisiert durchgeführten Messfahrten werden im Kapitel 5.2.3 besprochen.

Layout der Probandenstudie

Es wurde eine Probandenstudie durchgeführt, um die Auswirkungen der energetisch optimierten Fahrzeuglängsführung auf den Energieverbrauch eines Elektrofahrzeugs im realen Fahrbetrieb in einem überwiegend urbanen Umfeld zu untersuchen. Hierfür fuhren Versuchspersonen im Rahmen eines Vorher-Nachher-Vergleichs den in der Abbildung 5.1 gezeigten Rundkurs mit dem im Kapitel 4.1 vorgestellten Versuchsfahrzeug jeweils einmal manuell und einmal mit dem Assistenzsystem für die energetisch optimierte Fahrzeuglängsführung. Das Ziel war es, allgemeingültige und repräsentative Ergebnisse zu ermitteln, weshalb als zu bewertende Grundgesamtheit die Bevölkerung in Deutschland im Alter zwischen 21 und 70 Jahren festgelegt wurde. Aus dieser Grundgesamtheit wurde eine repräsentative Stichprobe von $n_p = 42$ Versuchspersonen gezogen, die aufgrund von $n_p > 30$ einen hinreichend großen Umfang zur Bestimmung von aussagekräftigen Ergebnissen darstellt [29]. Die Repräsentativität der Stichprobe hinsichtlich der zu bewertenden Grundgesamtheit wurde sichergestellt, indem das Probandenkollektiv bezüglich der Merkmale Alter und Geschlecht mit einer zur Grundgesamtheit äquivalenten Verteilung zusammengesetzt wurde. Die Zusammensetzung des Probandenkollektivs ist in der Tabelle 5.1 dargestellt. Die ausgewählten Versuchspersonen entstammten einer Probandendatenbank des FKFS, in der institutsfremde Personen mit unterschiedlichen beruflichen Hintergründen und Fahrerfahrungen hinterlegt sind. Dadurch ist eine zufällige Zusammensetzung des Probandenkollektivs bezüglich dieser Merkmale gegeben. Die Messfahrten wurden an Werktagen gleichverteilt zwischen 9:00 und 15:00 Uhr im Zeitraum von August bis Oktober 2013 durchgeführt.

Tabelle 5.1: Demographische Bevölkerungszusammensetzung in Deutschland nach Daten des *Statistischen Bundesamts Deutschland* zum Stichtag 31.12.2009 [273] und Zusammensetzung des Probandenkollektivs

Altersgruppe	21-30	31-40	41-50	51-60	61-70
Frauen insgesamt	4 875 676	5 069 281	6 813 984	5 620 714	4 779 578
Männer insgesamt	5 032 094	5 221 881	7 087 557	5 585 842	4 466 035
Frauen in Studie	4	4	5	4	4
Männer in Studie	4	4	6	4	3

Die Prozedur zur Durchführung der Messfahrten sah für jeden Probanden den folgenden Ablauf vor:

1. Eine manuelle Fahrt auf dem Rundkurs zum Kennenlernen der Versuchsstrecke. Diese Fahrt war irrelevant für die Auswertung.

2. Eine manuelle Messfahrt auf dem Rundkurs, die als Vergleichsbasis zur Bewertung des Verbrauchspotentials der energetisch optimierten Fahrzeuglängsführung diente. Die Probanden wurden dabei angewiesen, sich möglichst unbeeinflusst zu verhalten.

3. Eine automatisierte Messfahrt auf dem Rundkurs, in der die Probanden angewiesen wurden, das Assistenzsystem für die energetisch optimierte Fahrzeuglängsführung zu benutzen. Dazu wurden im Vorfeld die Bedienung des Systems und insbesondere die Steuerung von Halte- und Weiterfahrbefehlen erläutert und in einer kurzen Testfahrt von etwa fünf Minuten erprobt. Die automatisierten Messfahrten wurden durch Aktivierung des Systems aus dem Fahrzeugstillstand heraus gestartet und durch automatisiertes Anhalten beim Erreichen des Ziels beendet. Die Probanden wurden angewiesen, das System sofort zu überstimmen, wenn die eingeregelte Geschwindigkeit hinsichtlich der Fahrsituation nicht angemessen war oder zu weit von der persönlichen Präferenz abwich.

4. Ausfüllen eines Fragebogens zur subjektiven Bewertung der Eindrücke während der automatisierten Messfahrt.

Alle Messfahrten auf dem Rundkurs starteten und endeten bei Fahrzeugstillstand an einer markierten Stelle auf dem Gelände des FKFS, wodurch einheitliche Start- und Endpositionen eingehalten wurden. Die Probanden wurden bei den Messfahrten von einer Begleitperson, die die Messtechnik bediente, begleitet. Vor

allen Messfahrten wurden das Fahrzeuggewicht inklusive Insassen mit Zusatzge-
wichten auf 1167,5 kg austariert und die Reifendrücke auf die Referenzwerte von
2,0 bar vorne und 2,3 bar hinten kontrolliert, um reproduzierbare Bedingungen bei
den Fahrwiderständen zu gewährleisten. Alle wesentlichen fahrdynamischen und
antriebsseitigen Größen des Versuchsfahrzeugs wurden in den Messfahrten mit einer Abtastrate von 100 Hz aufgezeichnet.

In den automatisierten Messfahrten wurde das Optimalsteuerungsproblem der
energetisch optimierten Fahrzeuglängsführung mit einem mittleren *Trade-Off*-Pa-
rameter $\beta = 0,5$ sowie mit $\lambda = 0,05$ und $\mu = 0,1$ parametriert. Die im Fahrzeug implementierte Rekuperationsstrategie im manuellen Fahrbetrieb entspricht
einer gängigen Strategie bei Elektrofahrzeugen. Diese sieht eine Unterstützung
der mechanischen Reibbremse mit einem konstanten elektromotorisch aufgebrachten Bremsmoment von -70 Nm bei betätigtem Bremspedal vor und ein konstantes
elektromotorisch aufgebrachtes Schleppmoment von -35 Nm, wenn weder Brems-
noch Fahrpedal betätigt werden. Die Rekuperationsstrategie für den manuellen
Fahrbetrieb und die Bremskraftkennlinie des Versuchsfahrzeugs sind in der Abbildung A.2.4 im Anhang A.2 gezeigt.

5.2.1 Nutzungsanteile und Fahrerakzeptanz

Im Folgenden werden zunächst die Nutzungsanteile des Systems in den automatisierten Messfahrten und die Grenzen des Nutzungsbereichs vorgestellt. Daraus
können Rückschlüsse über die Nutzbarkeit und die Effektivität des Assistenzsystems gezogen werden. Anschließend werden ausgewählte Ergebnisse der Probandenbefragung bezüglich der gemachten Erfahrungen während der automatisierten
Messfahrten besprochen.

Die Abbildung 5.10 zeigt die in der Probandenstudie gemessenen Geschwindigkeitsverläufe in den manuellen und automatisierten Messfahrten. Aus den Geschwindigkeitsverläufen können die Positionen von Kreuzungen, Signalanlagen
und Fußgängerüberwegen auf dem in der Abbildung 5.1 gezeigten Rundkurs abgelesen werden. Auffällig beim Vergleich der Geschwindigkeitsverläufe ist die stark
ausgeprägte Streuung in den manuellen Messfahrten. Diese wird durch die individuellen Fahrweisen der Probanden hervorgerufen. Eine deutliche Zunahme der
Geschwindigkeitsvariation kann in den automatisierten Messfahrten insbesondere
auf den verkehrsreichen Streckenabschnitten im ersten und letzten Drittel der Versuchsstrecke festgestellt werden. In diesen Bereichen war eine häufige Geschwindigkeitsanpassung aufgrund von vorausfahrendem Verkehr notwendig. Der durchschnittliche Weganteil mit zu berücksichtigenden vorausfahrenden Fahrzeugen be-
trug 23,5 %.

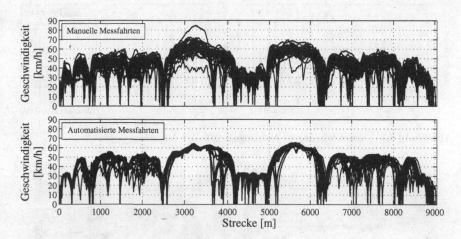

Abbildung 5.10: Gemessene Geschwindigkeiten in den Messfahrten.

Um das Nutzungspotential des Assistenzsystems zu quantifizieren, wurden die streckenbezogenen Nutzungsanteile in den automatisierten Messfahrten ausgewertet. Die Abbildung 5.11 zeigt die Nutzungsanteile in den 42 Messfahrten und die dazugehörige Verteilung. Demnach konnte in den automatisierten Messfahrten ein durchgehend sehr hoher Nutzungsanteil des Systems erreicht werden, dessen Mittelwert bei über 99 % liegt. Dabei muss angemerkt werden, dass die Versuchspersonen ausdrücklich zur Nutzung des Systems angewiesen wurden. In den restlichen etwa 1 % der gefahrenen Wegstrecken wurde das System temporär von den Versuchspersonen überstimmt. Aus dem sehr hohen Nutzungsanteil kann abgeleitet werden, dass das System innerhalb des untersuchten Verkehrsumfelds über einen weiten Bereich zuverlässig funktioniert und eingesetzt werden kann. Dadurch ist zumindest potentiell eine große Effektivität des Assistenzsystems gegeben.

Zur Darstellung der Grenzen des Nutzungsbereichs wurden die Fahrsituationen ausgewertet, in denen das System temporär von den Versuchspersonen überstimmt wurde. Reale Aufnahmen aus den automatisierten Messfahrten, in denen häufig wiederkehrende Fahrsituationen mit Systemüberstimmung dargestellt sind, zeigt die Abbildung 5.12.

Zu diesen Fahrsituationen gehören beispielsweise Überholvorgänge unter Berücksichtigung von Gegenverkehr, die nicht durch den Funktionsumfang des entwickelten Systems abgedeckt sind. Weiter zählen sicherheitskritische Ereignisse wie das Umfahren von Bushaltestellen oder die Annäherung an schlecht einseh-

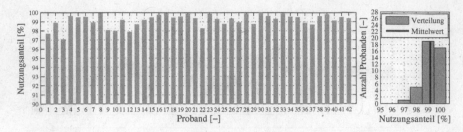

Abbildung 5.11: Streckenbezogene Nutzungsanteile des Assistenzsystems.

(a) Überholvorgänge.   (b) Bushaltestellen.

(c) Fußgängerüberwege.   (d) Fußgänger auf Fahrbahn.

Abbildung 5.12: Exemplarische Fahrsituationen mit Systemüberstimmung.

bare Fußgängerüberwege dazu, in denen die Geschwindigkeit bei der automatisierten Fahrzeuglängsführung von den Probanden als zu hoch empfunden wurde. In Situationen mit Fußgängern auf der Fahrbahn, die nicht zuverlässig vom RADAR-Sensor erkannt werden können, wurde das System ebenfalls notwendigerweise von den Probanden überstimmt. Aus den dargestellten Fahrsituationen wird deutlich, dass die Grenzen des Nutzungsbereichs hauptsächlich durch den Umfang der zur Verfügung stehenden Umfeldinformationen bestimmt werden. Die Erweiterung des Nutzungsbereichs um die angesprochenen Fahrsituationen kann nur durch zusätzliche kamera- oder LIDAR-basierte Umfelderkennung umgesetzt werden. Auf der anderen Seite zeigen die Ergebnisse aber auch, dass mit einem rein RADAR- und kartenbasierten System für die automatisierte Fahrzeuglängsführung, das zusätzlich durch Halte- und Weiterfahrbefehle gesteuert wird, ein sehr großer Nutzungsbereich im urbanen Verkehrsumfeld dargestellt werden kann.

Nachdem der Nutzungsbereich und die potentielle Effektivität des Assistenzsystems ausgewertet wurden, werden abschließend die subjektiven Einschätzungen der Probanden bezüglich des Systems vorgestellt. Dazu wurde den Probanden nach Abschluss der Messfahrten ein Fragebogen mit 18 spezifischen Fragen zur Beantwortung vorgelegt. Die Abbildung 5.13 zeigt ausgewertete Antworten auf die wesentlichen Fragestellungen hinsichtlich der Sicherheit des Systems, der Bedienbarkeit, des Nutzens in Bezug auf eine Erleichterung der Fahraufgabe sowie auf die Frage, ob ein solches System auch privat genutzt werden würde. Die Ergebnisse zu den restlichen Fragen sind in den Abbildungen A.7.1, A.7.2 und A.7.3 im Anhang A.7 zusammengetragen. Die Auswertung zeigt, dass in den automatisierten Messfahrten überwiegend positive Erfahrungen mit dem Assistenzsystem gemacht wurden, was sich in der größtenteils positiven Bewertung des Systems äußert.

5.2.2 Statistisches Verbrauchspotential

In diesem Kapitel wird das statistische Verbrauchspotential der energetisch optimierten Fahrzeuglängsführung ausgewertet. Hierzu werden die in der Probandenstudie messtechnisch ermittelten Ergebnisse in den automatisiert und manuell durchgeführten Messfahrten verglichen. Stillstandszeiten an Kreuzungen, Signalanlagen oder Fußgängerüberwegen werden bei den Fahrtdauern und bei der Berechnung von Durchschnittsgeschwindigkeiten nicht berücksichtigt. Die Abbildung 5.14 zeigt die in den Messfahrten ermittelten streckenbezogenen Energieverbräuche über den gemessenen Durchschnittsgeschwindigkeiten sowie die ermittelten Messwerte bei den im Kapitel 5.1.2 vorgestellten Messfahrten ohne Verkehrseinfluss. Eine nach Messfahrt und Proband getrennte Darstellung der gemessenen Energieverbräuche und Fahrtdauern ist in der Abbildung A.7.4 im Anhang A.7 gezeigt.

Die in der Abbildung 5.14 dargestellten Messwerte wurden hinsichtlich des durchschnittlichen Energieverbrauchs und der durchschnittlichen Fahrtdauer ausgewertet. Das Ergebnis dieser Auswertung ist in der Tabelle 5.2 zusammengefasst. Demnach konnte durch die Nutzung der energetisch optimierten Fahrzeuglängsführung der durchschnittliche Energieverbrauch in den automatisierten Messfahrten um etwa 6,25 % im Vergleich zu den manuell durchgeführten Messfahrten gesenkt werden. Bezüglich der Fahrtdauer wurde ein leichter Anstieg um durch-

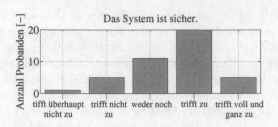

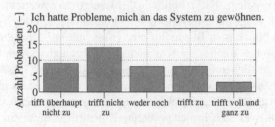

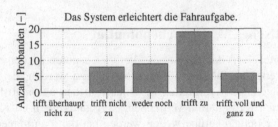

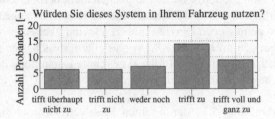

Abbildung 5.13: Ausgewählte Ergebnisse der Probandenbefragung.

schnittlich 6,3 s gemessen, was einer relativen Vergrößerung von 0,76 % im Vergleich zum Durchschnittswert in den manuellen Messfahrten entspricht.

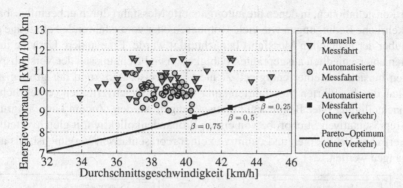

Abbildung 5.14: Gemessener Energieverbrauch über Durchschnittsgeschwindigkeit in allen manuellen und automatisierten Messfahrten.

Tabelle 5.2: Statistische Fahrtdauer- und Verbrauchsergebnisse der Probandenstudie

Messfahrten		Manuell	Automatisiert
Fahrtdauer	Minimum [s]	712,0	792,1
	Mittelwert [s]	824,0	830,3
	Maximum [s]	942,6	875,0
	Standardabweichung [s]	49,9	22,2
	Mittlere Änderung [%]	+0,76	
Energie-verbrauch	Minimum [kWh/100 km]	9,57	9,05
	Mittelwert [kWh/100 km]	10,6	9,95
	Maximum [kWh/100 km]	11,6	10,9
	Standardabweichung [kWh/100 km]	0,59	0,45
	Mittlere Änderung [%]	-6,25	

Darüber hinaus wurde ein probandenbezogener Vorher-Nachher-Vergleich durchgeführt. Bei diesem wurden die relativen Änderungen des Energieverbrauchs und der Fahrtdauer zwischen der manuellen und automatisieren Messfahrt eines jeden Probanden in gesonderter Form ausgewertet. Die sich dabei ergebenden Verteilungen für die relativen Änderungen der Fahrtdauer und des Energieverbrauchs sind in der Abbildung 5.15 gezeigt. Daraus wird ersichtlich, dass nicht alle Probanden den Rundkurs in der automatisierten Fahrt verbrauchsgünstiger als in der manuellen Fahrt zurückgelegt haben. Der Grund hierfür liegt zum einen in Mess-

fahrtkonstellationen, in denen die automatisierte Messfahrt durch unbeeinflussbare
verkehrliche Bedingungen wie viele Rotphasen oder vorausfahrende Fahrzeuge gegenüber der manuellen Messfahrt benachteiligt wurde. Eine andere Ursache liegt
in den unterschiedlich ausgeprägten Fähigkeiten und Kenntnissen der Versuchspersonen hinsichtlich einer energieeffizienten Fahrweise. Aufgrund der großen Anzahl an durchgeführten Messfahrten kann von einer gleichverteilten verkehrlichen
Benachteiligung oder Begünstigung ausgegangen werden. Zudem kann aufgrund
der repräsentativen Stichprobe von einem Probandenkollektiv mit gleichverteilten
fahrerischen Fähigkeiten und damit von einer repräsentativen Vergleichsbasis ausgegangen werden.

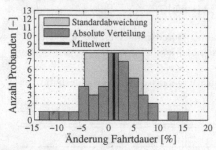 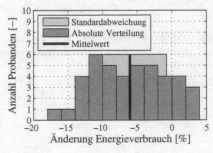

Abbildung 5.15: Verteilungen der Fahrtdauer- und Energieverbrauchsänderungen im
probandenbezogenen Vorher-Nachher-Vergleich.

Beim probandenbezogenen Vorher-Nachher-Vergleich ergeben sich leicht abweichende Mittelwerte für die relativen Änderungen des Energieverbrauchs und
der Fahrtdauer im Vergleich zu den in der Tabelle 5.2 aufgeführten Werten. Grund
dafür ist, dass zunächst für alle Probanden gesondert die relativen Änderungen in
der automatisierten Messfahrt bezogen auf die manuelle Messfahrt bestimmt und
anschließend über alle Änderungen Mittelwerte gebildet werden. Die durchschnittlichen Änderungen im probandenbezogenen Vorher-Nachher-Vergleich sowie weitere statistische Kenngrößen sind in der Tabelle 5.3 gelistet. Demnach verbrauchten die Probanden in der automatisierten Messfahrt im Durchschnitt etwa 6,06 %
weniger Antriebsenergie, benötigten dafür jedoch eine im Mittel um 1,08 % erhöhte Fahrzeit.

Die mit der Probandenstichprobe ermittelten Durchschnittswerte zeigen einen
deutlichen Effekt der energetisch optimierten Fahrzeuglängsführung auf den Energieverbrauch des Fahrzeugs bei nur geringen Auswirkungen auf die Fahrtdauer.
Allerdings können die mit der berücksichtigten Stichprobe bestimmten Durchschnittswerte lediglich als Schätzwerte für die tatsächlichen Erwartungswerte in
Bezug auf die zu bewertende Grundgesamtheit dienen. Um die Qualität und damit

Tabelle 5.3: Statistische Änderungen der Fahrtdauer und des Energieverbrauchs in den automatisierten Messfahrten der Probanden verglichen mit ihren manuellen Messfahrten

	Minimum [%]	-12,8
	Mittelwert $\Delta \bar{t}$ [%]	+1,08
Änderung Fahrtdauer	Maximum [%]	+14,7
	Standardabweichung [%]	5,92
	Standardfehler $s_{EM,\Delta \bar{t}}$ [%]	0,91
	Minimum	-16,6
	Mittelwert $\Delta \bar{E}$ [%]	-6,06
Änderung Energieverbrauch	Maximum [%]	+3,12
	Standardabweichung [%]	5,29
	Standardfehler $s_{EM,\Delta \bar{E}}$ [%]	0,82

die Aussagekraft der Schätzwerte festzustellen, muss eine statistische Absicherung der ermittelten Messergebnisse durchgeführt werden. Diese gliedert sich in zwei Teile. Im ersten Schritt muss im Rahmen eines Hypothesentests nachgewiesen werden, dass die gemessenen Effekte auch auf die zu bewertende Grundgesamtheit übertragbar sind und nicht rein zufällig aufgrund der gewählten Probandenstichprobe oder aufgrund von verkehrlichen Einflüssen zustande kamen. Im zweiten Schritt können Konfidenzintervalle für die interessierenden Kenngrößen bestimmt und die Aussagekraft der ermittelten Messergebnisse bezogen auf die tatsächlichen Erwartungswerte abgeschätzt werden. Die statistische Absicherung von Ergebnissen aus Stichprobenexperimenten ist ein immer wiederkehrendes Standardproblem in vielen wissenschaftlichen Disziplinen, für das etablierte statistische Methoden existieren [274].

Im weiteren Verlauf wird der probandenbezogene Vorher-Nachher-Vergleich, dessen wesentliche Messergebnisse in der Tabelle 5.3 zusammengefasst sind, statistisch abgesichert. Hierbei handelt es sich um eine verbundene Stichprobe, da der durchschnittliche Effekt einer Versuchsvariation (automatisierte Messfahrt zu manueller Messfahrt) im Rahmen eines Vorher-Nachher-Vergleichs ausgewertet wird. Zur Durchführung des Hypothesentests wird zunächst für die Änderung der Fahrtdauer die Nullhypothese und für die Änderung des Energieverbrauchs die Alternativhypothese aufgestellt. Folglich wird angenommen, dass die im durchgeführten Stichprobenexperiment messtechnisch festgestellte Änderung der Fahrtdauer nicht ausreichend signifikant ist, um auf die Grundgesamtheit übertragen werden zu können. Bezüglich des Energieverbrauchs wird hingegen angenommen, dass die mess-technisch festgestellte Änderung signifikant ist und der verbrauchssparende Effekt der energetisch optimierten Fahrzeuglängsführung auf die Grundgesamtheit über-tragen werden kann. Die Alternativhypothese für den Energieverbrauch wird nach-gewiesen, indem die Gültigkeit der entsprechenden Nullhypothese widerlegt wird.

Der im vorliegenden Fall durchzuführende Hypothesentest ist der beidseitige *t*-Test für verbundene Stichproben [274]. Dabei dient die *Student-t*-Verteilung zur Beschreibung der Verteilung der Zufallsvariablen (Messwerte) aufgrund der nicht bekannten Varianzen der Grundgesamtheit hinsichtlich der zu untersuchenden Kenngrößen. Zur Durchführung des *t*-Tests werden zunächst Prüfgrößen zur Be-schreibung der Messergebnisse bestimmt. Diese ergeben sich aus den Quotienten der im Stichprobenexperiment ermittelten Durchschnittswerte und den Standard-fehlern (siehe Tabelle 5.3)

$$t_{\Delta \bar{t}} = \frac{\Delta \bar{t}}{s_{EM,\Delta \bar{t}}} = 1,18, \quad t_{\Delta \overline{E}} = \frac{\Delta \overline{E}}{s_{EM,\Delta \overline{E}}} = -7,43. \tag{5.1}$$

Mit den Prüfgrößen können anschließend die Wahrscheinlichkeiten für das Zustan-dekommen der Stichprobenergebnisse unter der Annahme einer Nullhypothese be-stimmt werden. Diese Wahrscheinlichkeiten, häufig auch als Signifikanz- oder *p*-Werte bezeichnet, ergeben sich aus den Schnittpunkten der Prüfwerte mit der inver-sen *Student-t*-Verteilungsfunktion, wie in der Abbildung 5.16 bildlich dargestellt ist.

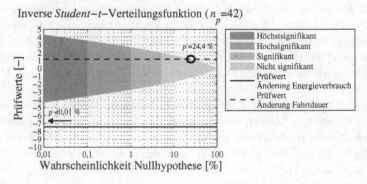

Abbildung 5.16: Bestimmung der Gültigkeitswahrscheinlichkeiten für die Nullhypothe-sen.

Aus der Abbildung 5.16 kann abgelesen werden, dass die Gültigkeitswahrschein-lichkeit der Nullhypothese für die festgestellte Fahrtdaueränderung etwa 24,4 %

beträgt. Damit liegt die festgestellte Fahrtdaueränderung im nichtsignifikanten Bereich, wodurch die Nullhypothese nicht eindeutig widerlegt werden kann. Für die festgestellte Verbrauchsänderung ergibt sich eine Gültigkeitswahrscheinlichkeit der Nullhypothese kleiner als 0,01 %. In Bezug auf den Energieverbrauch liegt demnach ein höchstsignifikanter Effekt vor, weshalb die Nullhypothese zugunsten der eingangs aufgestellten Alternativhypothese fallen gelassen werden kann. Aus den ermittelten Stichprobenergebnissen kann damit kein signifikanter Effekt auf die Fahrtdauer und ein höchstsignifikanter Effekt auf den Energieverbrauch durch die Nutzung der energetisch optimierten Fahrzeuglängsführung festgestellt werden.

Wie bereits ausgeführt wurde, handelt es sich bei den in der Probandenstudie ermittelten Durchschnittswerten um Schätzwerte für die tatsächlichen Erwartungswerte. Die exakte Bestimmung von Erwartungswerten ist im Rahmen von Stichprobenexperimenten nicht möglich. Es können um die erfassten Mittelwerte jedoch sogenannte Konfidenzintervalle oder Vertrauensbereiche mit der inversen *Student-t*-Verteilungsfunktion berechnet werden, in denen die Erwartungswerte unter Vorgabe einer zu berücksichtigenden Irrtumswahrscheinlichkeit liegen müssen. Die Abbildung 5.17 zeigt die entsprechenden Konfidenzintervalle für die Erwartungswerte bezüglich der relativen Änderungen des Energieverbrauchs und der Fahrtdauer als Funktion der zu berücksichtigenden Irrtumswahrscheinlichkeit. Um zumindest eine signifikante Aussage über das Konfidenzintervall eines Erwartungswertes treffen zu können, werden üblicherweise Irrtumswahrscheinlichkeiten von 5 % ausgewertet. Wie in der Abbildung 5.17 dargestellt ist, liegt das Konfidenzintervall für die relative Änderung des Energieverbrauchs für eine Irrtumswahrscheinlichkeit von 5 % bei -7,71 bis -4,42 % und für die relative Fahrtdaueränderung bei -0,77 bis +2,92 %.

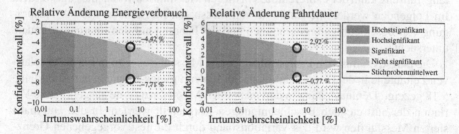

Abbildung 5.17: Konfidenzintervalle für Energieverbrauchs- und Fahrtdaueränderungen.

5.2.3 Diskussion der Ergebnisse

Die statistische Auswertung der Messergebnisse aus der Probandenstudie hat das
deutliche und nachweisbare Verbrauchspotential der energetisch optimierten Fahrzeuglängsführung im realen Fahrbetrieb gezeigt. In diesem Kapitel sollen abschließend den Energieverbrauch beeinflussende Faktoren sowie Ursachen für das festgestellte Verbrauchspotential ausgewertet werden.

Verkehrs- und Fahrereinflüsse

Wie bereits zu Beginn dieser Arbeit im Kapitel 2.1.1 ausgeführt wurde, bestimmen
neben den inhärenten Fahrzeugeigenschaften, der Fahrstrecke und den Umweltbedingungen insbesondere das verkehrliche Umfeld und die Fahrweise des Fahrers
den Energieverbrauch. Verkehr und Fahrer nehmen dabei maßgeblichen Einfluss
auf den Geschwindigkeitsverlauf bei der Bewältigung einer vorgegebenen Fahraufgabe. Sie beeinflussen damit direkt die bei der Fahrt gewählten Beschleunigungen
oder Verzögerungen sowie die resultierende Fahrzeit.

Eine getrennte Auswertung von Verkehrs- und Fahrereinflüssen ist schwierig.
Zum einen ist eine systematische Beschreibung und Quantifizierung des verkehrlichen Einflusses (z.B. Anzahl Rotphasen, Situationen an Kreuzungen, Verkehrsdichte, usw.) kaum möglich. Zum anderen werden verkehrsbedingte Geschwindig-
keitsadaptionen stets durch die individuelle Fahrweise geprägt. Aus diesem Grund
können messbare Merkmale wie die Ausprägung von Beschleunigungsvariationen
oder die Fahrzeit nicht in eindeutiger und getrennter Form dem Verkehr oder der
individuellen Fahrweise der Versuchspersonen zugeordnet werden. Eine Besonder-
heit ergibt sich bei der Betrachtung der automatisiert durchgeführten Messfahrten.
Aufgrund des sehr hohen Nutzungsanteils der energetisch optimierten Fahrzeuglängsführung kann der Fahrereinfluss in diesen Messfahrten vernachlässigt werden.
Im Folgenden werden die Einflüsse von messbaren Merkmalen wie der Ausprägung von Beschleunigungsvariationen und der Fahrzeit auf den Energieverbrauch
untersucht.

Die längsdynamischen Fahrprofile über alle Messfahrten sind in Form der relativen Zeitanteile in der Geschwindigkeits-Beschleunigungs-Ebene in der Abbildung
5.18 gezeigt. Demnach kann in den manuellen Messfahrten eine ausgeprägtere Variation der auftretenden Beschleunigungen festgestellt werden. In den automatisierten Messfahrten wird das Variationsband durch die fest vorgegebenen Grenz-
beschleunigungen beschränkt.

Um die Ausprägungen der Beschleunigungsvariationen zu quantifizieren, wurden Effektiv-Werte für die Längsbeschleunigungen in allen Messfahrten auf Grundlage der gemessenen Geschwindigkeitsverläufe ermittelt. Die Ergebnisse sind in

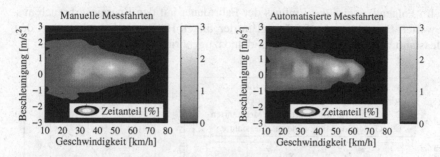

Abbildung 5.18: Längsdynamische Fahrprofile in den Messfahrten.

der Abbildung 5.19 im Zusammenhang mit den dazugehörigen Energieverbräuchen dargestellt und in der Tabelle A.7.1 im Anhang A.7 zusammengefasst.

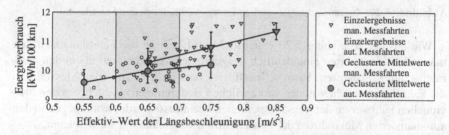

Abbildung 5.19: Einfluss der Beschleunigung auf den Energieverbrauch.

Die dargestellten Zusammenhänge belegen, dass der Energieverbrauch mit zunehmendem Effektiv-Wert der Längsbeschleunigung wächst. Demzufolge führt eine gleichmäßige Fahrweise, bei der unnötige Beschleunigungen und Verzögerungen vermieden werden, zu Einsparungen beim Energieverbrauch. Dieses Ergebnis wurde bereits in den Untersuchungen bezüglich energetisch optimierter Fahrstrategien im Kapitel 5.1.1 angedeutet. Dort wurde festgestellt, dass Geschwindigkeitsvariationen um einen konstanten Betriebspunkt tendenziell zu einem Mehrverbrauch führen. Die Auswertung der Effektiv-Werte hinsichtlich der Mittelwerte ergibt für die manuellen Messfahrten einen Wert von $0{,}72\,^m/_{s^2}$ und für die automatisierten Messfahrten einen Wert von $0{,}65\,^m/_{s^2}$. Dies entspricht einer relativen Verringerung von 9,23 % in den automatisierten Messfahrten. Daraus folgt, dass ein Teil des verbrauchssparenden Effektes der energetisch optimierten Fahrzeuglängsführung aus der gleichmäßigeren Fahrzeuglängsführung im Vergleich zu den Fahrweisen der Versuchspersonen resultiert.

Im Folgenden wird der Einfluss der Fahrtdauer auf den Energieverbrauch ausgewertet. Die Abbildung 5.20 zeigt in der linken Hälfte die Fahrtdauern in den Messfahrten im Zusammenhang mit den dazugehörigen Energieverbräuchen.

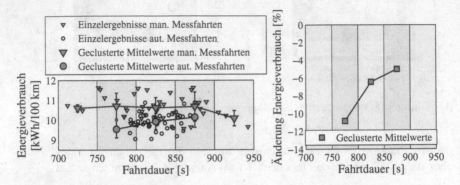

Abbildung 5.20: Zusammenhang zwischen Energieverbräuchen und Fahrtdauern.

Wie aus der Abbildung 5.20 ersichtlich wird, weisen die Fahrtdauern in den manuellen Messfahrten eine deutlich ausgeprägtere Streuung auf als in den automatisierten Messfahrten. Ursache hierfür ist, dass in den manuellen Messfahrten die Fahrtdauer sowohl von den verkehrlichen Bedingungen als auch von den individuellen Fahrweisen der Versuchspersonen beeinflusst wurde, wohingegen in den automatisierten Messfahrten der Fahrereinfluss vernachlässigt werden kann.

In Bezug auf die manuellen Messfahrten kann kein eindeutiger Zusammenhang zwischen der Fahrtdauer und dem Energieverbrauch festgestellt werden. Der verbrauchssparende Effekt einer erhöhten Fahrtdauer, der aus einem reduzierten Energieverbrauch für Fahrwiderstände aufgrund der gesenkten Durchschnittsgeschwindigkeit ableitbar wäre, kann nur bei sehr großen Fahrtdauern beobachtet werden. Vielmehr muss davon ausgegangen werden, dass eine erhöhte Fahrtdauer ein Indikator für eine entsprechend hohe Verkehrsdichte und häufige verkehrsbedingte Verzögerungs- und Beschleunigungsvorgänge ist. Da verkehrsbedingte Verzögerungs- und Beschleunigungsvorgänge zu einem Mehrverbrauch führen, wird der verbrauchssparende Effekt einer reduzierten Durchschnittsgeschwindigkeit wieder kompensiert.

Der negative Effekt von verkehrsbedingten Verzögerungs- und Beschleunigungsvorgängen zeigt insbesondere in den automatisierten Messfahrten deutliche Auswirkungen auf den Energieverbrauch. Dies kann dem sichtbaren Anstieg des Energieverbrauchs mit zunehmender Fahrtdauer entnommen werden. Daraus resultiert ein deutlich fahrtdauerabhängiges Verbrauchspotential der energetisch optimierten Fahrzeuglängsführung, wie in der rechten Hälfte der Abbildung 5.20 veranschaulicht ist. Das Verbrauchseinsparpotential der energetisch optimierten Fahrzeuglängsführung nimmt mit zunehmender Fahrtdauer und damit mit zunehmender verkehrsbedingter Beeinflussung stark ab.

Verbrauchszusammensetzungen in den Messfahrten

Das Ziel ist es, Unterschiede bei den Zusammensetzungen der Energieverbräuche in den durchgeführten Messfahrten zu identifizieren und daraus Ursachen für das festgestellte Verbrauchspotential der energetisch optimierten Fahrzeuglängsführung abzuleiten. Um die Verbrauchszusammensetzungen zu bestimmen, wurden alle Messfahrten in einer Rückwärtssimulation nachgestellt. Dabei wurden ausgehend von den gemessenen Geschwindigkeits- und Motorsollmomentverläufen alle Fahrwiderstands- und Übersetzungsverluste sowie die Verluste im elektrischen Antriebssystem und in der mechanischen Reibbremse ermittelt. Die Verluste in der mechanischen Reibbremse wurden mit den in den Messfahrten gemessenen Bremspedalstellungen und der in der Abbildung A.2.4 im Anhang A.2 dargestellten Bremskraftkennlinie abgeschätzt. Die Abbildung 5.21 zeigt beispielhaft für den Probanden 36 die auf diese Weise bestimmten Verbrauchszusammensetzungen in der manuellen und der automatisierten Messfahrt. Wie zu sehen ist, kann bezüglich der simulierten Gesamtverbräuche eine sehr gute Übereinstimmung mit den in den Messfahrten gemessenen Verläufen dargestellt werden. Aus diesem Grund kann auf eine hinreichend genaue simulative Bestimmung der einzelnen Verbrauchsanteile geschlossen werden. Der über alle Messfahrten gemittelte Simulationsfehler für den Gesamtverbrauch im Vergleich zu den messtechnisch ermittelten Werten liegt im Bereich von 1 %. Die statistische Auswertung der Verbrauchszusammensetzungen ist in der Tabelle A.7.2 im Anhang A.7 zusammengefasst.

Um den Einfluss der einzelnen Verbrauchsanteile in Bezug auf den Gesamtverbrauch darzustellen, zeigt die Abbildung 5.22 die simulativ bestimmten Anteile über den dazugehörigen Gesamtverbräuchen sowie Trendlinien zur Darstellung der Zusammenhänge. Dabei indizieren horizontale Trendlinien Verbrauchsanteile, die keinen systematischen Einfluss auf die Änderung des Gesamtverbrauchs nehmen. Dazu zählen Luft- und Rollwiderstandsverluste sowie Übersetzungsverluste. Zudem können hinsichtlich dieser Verbrauchsanteile keine wesentlichen Unterschiede zwischen den manuellen und automatisierten Messfahrten festgestellt werden.

Anders verhält es sich hingegen bei den Verlusten in der mechanischen Reibbremse und bei den Verlusten im elektrischen Antriebssystem. Bei diesen ist ein direkter Zusammenhang zwischen steigenden Verbrauchswerten und steigendem

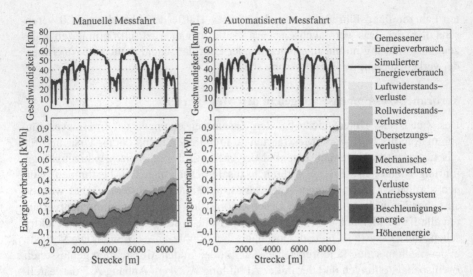

Abbildung 5.21: Simulierte Zusammensetzungen des Energieverbrauchs in der manuellen (links) und in der automatisierten (rechts) Messfahrt von Proband 36.

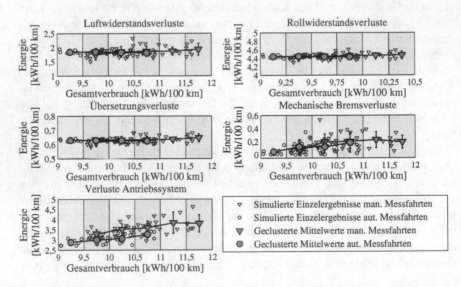

Abbildung 5.22: Zusammenhänge zwischen Verbrauchsanteilen und Gesamtverbräuchen.

Gesamtverbrauch erkennbar. Dabei kann insbesondere bei den Antriebsverlusten ein deutlicher Unterschied zwischen den manuellen und automatisierten Messfahrten ausgemacht werden. Bei den Verlusten in der mechanischen Reibbremse ist der sehr geringe Anteil am Gesamtverbrauch auffällig. Hervorzuheben ist dabei der verhältnismäßig geringe Unterschied zwischen den manuellen und den automatisierten Messfahrten, in denen die mechanische Reibbremse nur bei Systemüberstimmungen benutzt wurde. Daraus kann geschlossen werden, dass die mechanische Reibbremse auch in den manuellen Messfahrten nur in begrenztem Umfang genutzt und Verzögerungsvorgänge überwiegend mit dem vom Elektromotor aufgebrachten Schleppmoment durchgeführt wurden. Die Auswertung der in der Abbildung A.7.5 im Anhang A.7 gezeigten Zeitanteile der gemessenen Bremspedalpositionen in den manuellen Messfahrten bestätigt diese Annahme. Der durchschnittliche Zeitanteil mit einer Bremspedalposition über 40 %, ab der eine spürbare Bremswirkung einsetzt, liegt bei unter 2 % bezogen auf die gesamte Fahrzeit.

Zur besseren Darstellung der Unterschiede zeigt die Abbildung 5.23 die durchschnittlichen Zusammensetzungen der Energieverbräuche in den Messfahrten sowie die dazugehörigen relativen Änderungen. Wie bereits festgestellt wurde, ergeben sich hinsichtlich der Luft- und Rollwiderstandsverluste sowie der Übersetzungsverluste keine wesentlichen Unterschiede zwischen manuellen und automatisierten Messfahrten. Die größte Änderung kann bei den Verlusten in der mechanischen Reibbremse beobachtet werden. Da die Verluste in der mechanischen Reibbremse allerdings auf den Gesamtverbrauch bezogen vernachlässigbar sind, entsteht dadurch keine nennenswerte Auswirkung auf diesen. Bezüglich der Verluste im elektrischen Antriebssystem ergibt sich in den automatisierten Messfahrten eine mittlere Reduktion um etwa 15 % im Vergleich zu den manuellen Messfahrten. Weil die Anteile der Antriebsverluste im Mittel über 30 % des Gesamtverbrauchs ausmachen, haben die Verbrauchseinsparungen im elektrischen Antriebssystem eine deutliche Auswirkung.

Zusammengefasst kann somit festgestellt werden, dass die hauptsächliche Ursache für die Verbrauchseinsparungen in den Messfahrten mit der energetisch optimierten Fahrzeuglängsführung die effizientere Betriebsweise des elektrischen Antriebssystems ist. Die dabei angewandten Strategien und Maßnahmen wurden im Kapitel 5.1 besprochen. Im nächsten Abschnitt werden abschließend auffällige Unterschiede bei der Betriebsführung des elektrischen Antriebssystems in den manuellen und automatisierten Messfahrten herausgearbeitet.

Betriebsführung des elektrischen Antriebssystems

Die in den manuellen und automatisierten Messfahrten gemessenen antriebsseitigen Betriebspunkte wurden in Bezug auf das Motorsollmoment und die Geschwin-

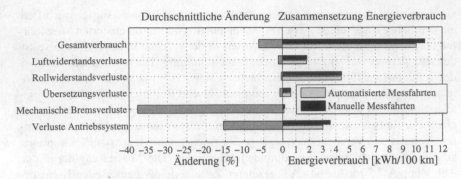

Abbildung 5.23: Durchschnittliche Änderung der Verbrauchsanteile in den automatisierten Messfahrten und durchschnittliche Verbrauchszusammensetzungen.

digkeit ausgewertet. Die Abbildung 5.24 zeigt die zeitlichen Betriebspunktcluster
über alle manuellen und automatisierten Messfahrten im Verlustleistungskennfeld
des Antriebssystems. Aus den dargestellten Betriebspunktclustern ist ersichtlich,
dass die Zeitanteile bei großen Antriebs- und Bremsmomenten in den automatisierten Messfahrten geringer ausfallen als in den manuellen Messfahrten. Da die Verlustleistung überproportional mit dem Motormoment anwächst, lassen sich hier-
durch signifikante Verbrauchseinsparungen realisieren.

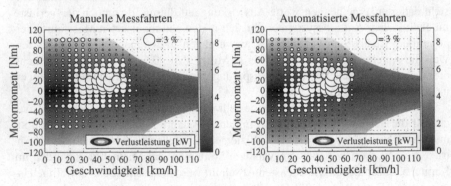

Abbildung 5.24: Zeitanteile der Betriebspunkte im Verlustleistungskennfeld des Antriebs.

Zudem können in den automatisierten Messfahrten größere Zeitanteile bei kleinen Motormomenten festgestellt werden, bei denen die geringsten Antriebsverluste anfallen. Dies wird besonders gut ersichtlich, wenn die in der Abbildung 5.25

gezeigten relativen zeitlichen Verteilungen der Antriebsleistungen in den Messfahrten betrachtet werden. Anders als in den manuellen Messfahrten, in denen die zeitliche Verteilung um den gezeigten Mittelwert herum abfällt, liegen die größten Anteile in den automatisierten Messfahrten bei sehr kleinen Leistungen und im Leerlauf. Demzufolge werden bei der energetisch optimierten Fahrzeuglängsführung sehr häufig Geschwindigkeitstrajektorien bestimmt, bei denen das Fahrzeug entweder bei sehr kleinen Motormomenten oder momentenfrei ausrollt.

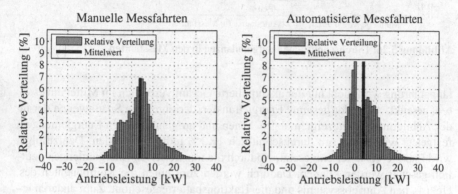

Abbildung 5.25: Zeitliche Verteilungen der gemessenen Antriebsleistung.

Diese Maßnahme führt auch zu einem deutlich anderen Rekuperationsverhalten im Vergleich zu den manuell durchgeführten Messfahrten. Dazu zeigt die Abbildung 5.26 die durchschnittlichen Energiebilanzen in Form der rein aufgenommenen bzw. rekuperierten und der rein abgegebenen Energiemengen. Die statistische Auswertung der Energiebilanzen ist in der Tabelle A.7.3 im Anhang A.7 zusammengefasst. In den automatisierten Messfahrten wird demnach nicht nur im Mittel 9,32 % weniger Energie abgegeben, es wird im Mittel mit 19,0 % auch deutlich weniger Energie durch regeneratives elektromotorisches Bremsen aufgenommen. Da bei der energetisch optimierten Fahrzeuglängsführung die mechanische Reibbremse nicht benutzt und das Fahrzeug folglich nur durch Fahrwiderstände oder ein elektromotorisches Bremsmoment verzögert wird, ist dieses Ergebnis sehr auffallend. Daraus kann abgeleitet werden, dass die vorausschauende Planung von Verzögerungsvorgängen mit kleinen Bremsmomenten und durch Ausnutzen von Fahrwiderständen eine häufig eingesetzte Strategie bei der energetisch optimierten Fahrzeuglängsführung ist. Die sich daraus ergebenden verbrauchssparenden Effekte wurden bereits im Kapitel 5.1 besprochen.

Die Auswertung der in der Abbildung 5.26 dargestellten Energiebilanzen führt zu einem weiteren wichtigen Ergebnis. Mit der energetisch optimierten Fahrzeug-

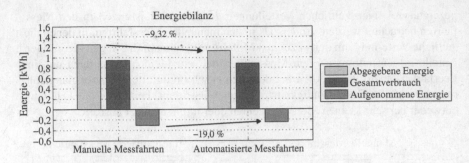

Abbildung 5.26: Durchschnittliche Energiebilanzen in den Messfahrten.

längsführung wird nicht nur der akkumulierte Gesamtverbrauch im Mittel um etwa
6 % gesenkt. Auch der gesamte Energietransfer, der durch die Spannweiten der in
der Abbildung 5.26 gezeigten abgegebenen und aufgenommenen Energiemengen
festgelegt wird, kann um durchschnittlich 11,2 % reduziert werden. Demzufolge
wird Energie gezielter eingesetzt, wodurch die transferierten Energiemengen deutlich gesenkt werden können. Dadurch werden zum einen die Komponenten des
elektrischen Antriebssystems und die Traktionsbatterie geschont. Zum anderen ergibt sich ein verbrauchssparender Effekt auf den akkumulierten Gesamtverbrauch,
da der Energietransfer im elektrischen Antriebssystem stets verlustbehaftet ist.

6 Zusammenfassung und Ausblick

In der vorliegenden Arbeit wurde ein Assistenzsystem für die energetisch optimierte Längsführung eines Elektrofahrzeugs entworfen und dessen statistisches Verbrauchspotential im realen Fahrbetrieb in einem urbanen Verkehrsumfeld untersucht. Das entwickelte System verarbeitet Informationen über die vorausliegende Strecke aus einer digitalen Straßenkarte und nutzt einen RADAR-Sensor zur Erfassung des vorausfahrenden Verkehrs. Aus diesen Umfeldinformationen werden situationsspezifische Grenzwerte für die Fahrgeschwindigkeit und eine Referenzfahrstrategie für einen vorausliegenden Streckenhorizont berechnet. Diese dienen als Grenzwerte und Vergleichsbasis für die energetische Optimierung der Fahrzeuglängsführung im Rahmen eines modellprädiktiven Ansatzes, in dem durch wiederholtes Lösen eines Optimalsteuerungsproblems energieeffiziente Geschwindigkeitstrajektorien bestimmt werden.

Funktionsweise und Verbrauchspotential des entwickelten Systems wurden in Simulationen und realen Fahrversuchen untersucht und ausgewertet. Hierfür wurden zunächst optimale Fahrstrategien für ausgewählte Fahrsituationen in reproduzierbaren Simulationen analysiert und Ursachen für Verbrauchseinsparungen aufgezeigt. Im Vergleich zu vorgegebenen Referenzstrategien konnte festgestellt werden, dass die energetische Optimierung der Fahrzeuglängsführung hauptsächlich durch eine effizientere Betriebsführung des elektrischen Antriebssystems unter Berücksichtigung der vorausliegenden Streckentopologie und zukünftiger Geschwindigkeitsänderungen realisiert wird.

Zur Abschätzung des Verbrauchspotentials unter realen Bedingungen wurde eine Probandenstudie auf einem Rundkurs im urbanen Verkehrsumfeld durchgeführt und Messdaten erhoben. Zu diesem Zweck fuhr ein repräsentatives Probandenkollektiv die Versuchsstrecke jeweils einmal manuell und einmal automatisiert mit dem Assistenzsystem für die energetisch optimierte Fahrzeuglängsführung. Dabei konnte in den automatisierten Messfahrten ein durchschnittlicher Nutzungsanteil des Systems von über 99 % bezogen auf die gefahrene Wegstrecke erreicht werden. Das Systems weist folglich eine große Effektivität und einen großen Anwendungsbereich im anspruchsvollen urbanen Verkehrsumfeld auf.

Die Auswertung der Messergebnisse bezüglich des Energieverbrauchs und der Fahrtdauer ergab eine durchschnittliche Energieeinsparung von etwa 6 % bei einer geringen Fahrtdauererhöhung im Bereich von 1 % im probandenbezogenen

Vorher-Nachher-Vergleich zwischen manueller und automatisierter Messfahrt. Im Rahmen der statistischen Absicherung konnte ein höchstsignifikanter Effekt der energetisch optimierten Fahrzeuglängsführung auf den Energieverbrauch nachgewiesen werden, während die ermittelten Unterschiede bei der Fahrtdauer als nicht signifikant eingestuft werden können. Die erhobenen Messergebnisse wurden weiterführend hinsichtlich den Energieverbrauch beeinflussenden Faktoren, Unterschieden in den Verbrauchszusammensetzungen sowie bei der Betriebsführung des elektrischen Antriebssystems ausgewertet. Dabei konnte festgestellt werden, dass die energetisch optimierte Fahrzeuglängsführung im Vergleich zu den manuell durchgeführten Messfahrten zu einer gleichmäßigeren Fahrweise führt und Verbrauchspotentiale mit zunehmender Verkehrsbeeinflussung abnehmen. Die ermittelten Verbrauchseinsparungen konnten bei der Auswertung der Verbrauchszusammensetzungen auf die effizientere Betriebsführung des elektrischen Antriebssystems zurückgeführt werden. Bei der Auswertung von charakteristischen Unterschieden in der Betriebsführung des Antriebssystems wurde ersichtlich, dass der effizientere Betrieb durch die Vermeidung von großen Antriebs- und Bremsmomenten sowie durch größere Zeitanteile bei kleinen Antriebsleistungen realisiert wird. Dadurch können Verlustleistungen im Antriebssystem minimiert werden.

Zusammenfassend kann damit festgehalten werden, dass die energetisch optimierte Fahrzeuglängsführung im realen Fahrbetrieb ein nachweisbares und beträchtliches Verbrauchspotential aufweist. Wie die überwiegend positiven Bewertungen der Versuchspersonen in der vorgestellten Probandenbefragung zeigen, kann auch eine grundsätzliche Akzeptanz zur Nutzung eines derartigen Assistenzsystems ausgemacht werden. Dennoch muss auch angemerkt werden, dass zur Steigerung der Fahrerakzeptanz weitere Anstrengungen notwendig sind. Bezogen auf das entwickelte System besteht an dieser Stelle noch Handlungsbedarf beim Fahrkomfort hinsichtlich der manuell durchzuführenden Halte- und Weiterfahrsteuerungen an Kreuzungen, Signalanlagen oder Fußgängerüberwegen. Diese können durch den Einsatz von weiteren Umfeldsensoren automatisiert werden. Interessant und vielversprechend ist in diesem Zusammenhang auch die Integration von Kommunikationsschnittstellen zur verkehrlichen Infrastruktur und zu anderen Verkehrsteilnehmern, um einen umfassenden Datenaustausch zu ermöglichen. Durch eine präzisere und weiträumigere Erfassung und Beschreibung des Fahrzeugumfelds können ebenso die dargestellten Grenzen des Nutzungsbereichs erweitert und die automatisierte Fahrzeuglängsführung für Fahrzeuginsassen und andere Verkehrsteilnehmer sicherer gemacht werden.

Das Thema Sicherheit spielt im Allgemeinen eine entscheidende Rolle bei der Einführung und Verbreitung von Assistenzsystemen zur Automatisierung der Fahrzeugführung, weshalb durchgängige und effiziente Testmethoden zur Sicherstellung der Funktionssicherheit entwickelt werden müssen. Fahrversuche mit Probanden im realen Fahrbetrieb, wie sie in dieser Arbeit vorgestellt wurden, stellen dabei eine wichtige Maßnahme dar. Sie können jedoch aufgrund des Sicherheitsrisikos im realen Fahrbetrieb, des großen Versuchsaufwandes und der fehlenden Reproduzierbarkeit lediglich als ein Teil der Lösung angesehen werden und müssen um Funktionstests in Simulationsumgebungen oder in Fahrsimulatoren erweitert werden.

A Anhang

A.1 Dynamische Programmierung

Allgemeine Lösung des Optimalsteuerungsproblems

Algorithmus A.1.1 Allgemeine Lösung des Optimalsteuerungsproblems

1: **get** $\Delta t, \underline{\mathcal{X}}$	▷ Input
2: $\underline{\Theta}_{J^*}\{0,0\} \leftarrow 0, \quad \underline{\Theta}_{j^*_{k-1}}\{0,0\} \leftarrow 0, \quad \underline{\Theta}_{u^*_{k-1}}\{0,0\} \leftarrow 0$	▷ Initialisierung
3: **for** $k = 0$ **to** $n_k - 1$ **do**	▷ Vorwärts über alle Optimierungsstufen k
4: **for** $j = 0$ **to** $n_{j_{k+1}} - 1$ **do**	▷ Über alle Zustandsstützstellen bei $k+1$
5: $j_{k+1} \leftarrow \underline{\mathcal{S}}_{n_{j_{k+1}}}\{j\}$	▷ Index Zustandsstützstelle bei $k+1$
6: $x_{k+1}^{j_{k+1}} \leftarrow \underline{\mathcal{X}}\{k+1, j_{k+1}\}$	▷ Zustandsstützstelle bei $k+1$
7: $J_{k+1}^{*j_{k+1}} \leftarrow \infty, \quad \underline{\Theta}_{J^*}\{k+1, j_{k+1}\} \leftarrow J_{k+1}^{*j_{k+1}}$	▷ Optimale Kosten in $x_{k+1}^{j_{k+1}}$ initialisieren
8: **calc** $j_{min,k}, j_{max,k}$	(3.23)
9: **for** $j_k = j_{min,k}$ **to** $j_{max,k}$ **do**	▷ Über alle Zustandsstützstellen bei k
10: $J_k^{*j_k} \leftarrow \underline{\Theta}_{J^*}\{k, j_k\}$	▷ Optimale Kosten in Zustandsstützstelle $x_k^{j_k}$
11: **if** $J_k^{*j_k} \neq \infty$ **then**	▷ Ist Zustandsstützstelle $x_k^{j_k}$ gültig?
12: $\Delta t_k \leftarrow \Delta \underline{t}\{k\}, \quad x_k^{j_k} \leftarrow \underline{\mathcal{X}}\{k, j_k\}$	▷ Schrittweite und Zustandsstützstelle bei k
13: **calc** $u_k^{j_k} = F_u(\Delta t_k, x_k^{j_k}, x_{k+1}^{j_{k+1}})$	(3.20)
14: **if** $u_k^{j_k} \in \left[u_{min,k}(x_k^{j_k}), u_{max,k}(x_k^{j_k})\right]$ **then**	▷ Randbedingung (3.19) erfüllt
15: **calc** $J_{k+1}^{j_{k+1}}$	(3.16)
16: **if** $J_{k+1}^{j_{k+1}} < J_{k+1}^{*j_{k+1}}$ **then**	▷ Lösung mit geringeren Kosten gefunden
17: $J_{k+1}^{*j_{k+1}} \leftarrow J_{k+1}^{j_{k+1}}$	▷ Alte opt. Kosten überschreiben
18: $\underline{\Theta}_{J^*}\{k+1, j_{k+1}\} \leftarrow J_{k+1}^{*j_{k+1}}, \quad \underline{\Theta}_{j^*_{k-1}}\{k+1, j_{k+1}\} \leftarrow j_k, \quad \underline{\Theta}_{u^*_{k-1}}\{k+1, j_{k+1}\} \leftarrow u_k^{j_k}$	
19: **end if**	
20: **end if**	
21: **end if**	
22: **end for**	
23: **end for**	
24: **end for**	
25: **return** $\underline{\Theta}_{J^*}, \underline{\Theta}_{u^*_{k-1}}, \underline{\Theta}_{j^*_{k-1}}$	▷ Output

Rekonstruktion der optimalen Zustands- und Eingangstrajektorie

Algorithmus A.1.2 Rekonstruktion der optimalen Zustands- und Eingangstrajektorie

1: **get** $\underline{\mathcal{X}}, \Theta_{J^*}, \Theta_{u_{k-1}^*}, \Theta_{j_{k-1}^*}$ ▷ Input

2: $J_{n_k}^* \leftarrow \infty, \quad j_{n_k}^* \leftarrow 0$ ▷ Initialisierung optimale Gesamtkosten und Stützstellenindex

3: **for** $j_{n_k} = 0$ **to** $n_{j_{n_k}} - 1$ **do** ▷ Über alle Zustandsstützstellen bei n_k

4: $\quad J_{n_k}^{*j_{n_k}} \leftarrow \Theta_{J^*}\{n_k, j_{n_k}\}$ ▷ Optimale Kosten in Zustandsstützstelle $x_{n_k}^{j_{n_k}}$

5: $\quad$ **if** $J_{n_k}^{*j_{n_k}} < J_{n_k}^*$ **then** ▷ Lösung mit geringeren Gesamtkosten gefunden

6: $\quad\quad J_{n_k}^* \leftarrow J_{n_k}^{*j_{n_k}}, \quad j_{n_k}^* \leftarrow j_{n_k}$ ▷ Alte opt. Gesamtkosten und opt. Stützstellenindex überschrieben

7: $\quad$ **end if**

8: **end for**

9: **for** $k = n_k$ **to** 1 **do** ▷ Rückwärts über alle Optimierungsstufen

10: $\quad x_k^* \leftarrow \underline{\mathcal{X}}\{k, j_k^*\}, \quad u_{k-1}^* \leftarrow \Theta_{u_{k-1}^*}\{k, j_k^*\}$ ▷ Rekonstruktion der optimalen Zustände und Eingänge

11: $\quad j_{k-1}^* \leftarrow \Theta_{j_{k-1}^*}\{k, j_k^*\}$ ▷ Optimaler Stützstellenindex bei $k-1$ durch Rückwärtsrekursion

12: **end for**

13: $x_0^* \leftarrow \underline{\mathcal{X}}\{0, 0\}$ ▷ Optimaler Zustand am Horizontanfang

14: **return** $\underline{x}^* = [x_0^* \quad x_1^* \quad \cdots \quad x_{n_k}^*]^T, \quad \underline{u}^* = [u_0^* \quad u_1^* \quad \cdots \quad u_{n_k-1}^*]^T$ ▷ Output

A.2 Versuchsfahrzeug

Antriebskomponenten und Wirkungsgrade

Tabelle A.2.1: Antriebskomponenten

Basisfahrzeug		Smart *ForTwo* 450 CDI BJ. 2006
Umrüstsatz		Evatus ES 1.30 von Fa. E-Car-Tech
Elektromotor	Modell	EVE M2-AC30-AS, asynchron, luftgekühlt
	Spezifikationen	$P_N = 30\,$kW, $M_{max} = 100\,$Nm, $n_{max} = 8000\,$U/min
Inverter	Modell	Curtis Instruments 1238R, luftgekühlt
	Spezifikationen	$P_N = 50\,$kW, $I_{max} = 550\,$ARMS, $f_{el,max} = 300\,$Hz
Traktions-batterie	Zellentyp	LiFePo4, Winston Battery
	Zellentopologie	60 Zellen, jeweils 2 Zellen parallelgeschaltet
	Batteriepack	Zentrales Batteriepack (Unterboden), luftgekühlt
	Spannungslage	$U_{b,min} = 84\,$V, $U_{b,max} = 104\,$V
	Nenn-Ladungsmenge	$Q_{b,N} = 138{,}7\,$Ah (messtechnisch bestimmt)

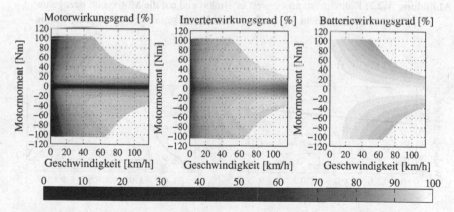

Abbildung A.2.1: Lastpunktabhängige Wirkungsgrade von Elektromotor, Inverter und Traktionsbatterie (statisch, vollgeladener Zustand) in Abhängigkeit von Fahrzeuggeschwindigkeit und Motormoment bei Betriebsbedingungen um 20 °C.

Fahrzeugparameter

Tabelle A.2.2: Fahrzeugparameter

Parameter	Symbol	Wert	Einheit
Gesamtübersetzung (fest)	i_t	6,875	[-]
Dynamischer Radhalbmesser	r_{dyn}	0,275	[m]
Masse (Fzg. + zwei Insassen + rotatorische Massen)	m	1167,5	[kg]
Luftwiderstandsbeiwert und Querschnittsfläche	$c_a A_a$	0,683	[m²]

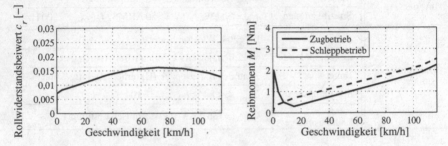

Abbildung A.2.2: Rollwiderstandsbeiwert c_r (links) und auf die Motorseite bezogenes Reibmoment M_t (rechts) in Abhängigkeit der Fahrzeuggeschwindigkeit.

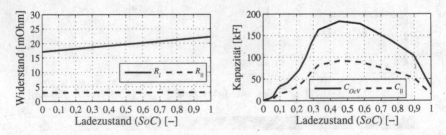

Abbildung A.2.3: Parameter des Batteriemodells in Abhängigkeit des Ladezustands. Abschätzung der Parameter für den RC-Anteil nach [275].

Brems- und Rekuperationskraftkennlinien

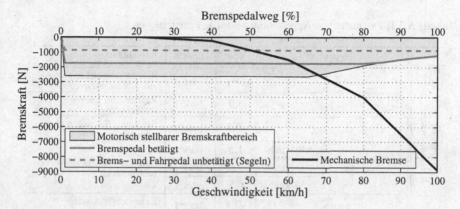

Abbildung A.2.4: Mechanische Bremskraft als Funktion der Bremspedalstellung und geschwindigkeitsabhängige Rekuperationskraftkennlinien.

A.3 Parametrierung der Fahrstrategien

Tabelle A.3.1: Parameter und Applikationswerte der Fahrstrategien

	Parameter	Wert	Einheit	Beschreibung
Parameter Referenzstrategie	$f_{v_\S}$	0	[-]	Referenzabweichung von zul. Höchstgeschw.
	$a_{r,ref}$	3,0	[m/s^2]	Referenz für Querbeschleunigung
	$a_{neg,ref}$	-0,5	[m/s^2]	Referenz für negative Beschleunigung
	$a_{pos,ref}(v)$ $v < 10$ [km/h]	1,5	[m/s^2]	
	$v < 35$ [km/h]	1,0	[m/s^2]	Referenz für positive Beschleunigung
	$v \geq 50$ [km/h]	0,5	[m/s^2]	
	$a_{FF,ref}$	-0,3	[m/s^2]	Referenz für Annäherungsverzögerung
Abweichungen Grenzstrategien	$\Delta_{v_\S}$	0,1	[-]	Abweichung von Referenzgeschwindigkeit
	Δ_{a_r}	0,1	[-]	Abweichung von Referenzquerbeschleunigung
	$\Delta_{a_{neg}}$	0,3	[-]	Abweichung von neg. Referenzbeschleunigung
	$\Delta_{a_{pos}}$	0,3	[-]	Abweichung von pos. Referenzbeschleunigung
	$\Delta_{a_{FF}}$	0,3	[-]	Abweichung von Referenzannäherungsverz.
	$\Delta_{v_{FF}}$	0,3	[-]	Abweichung von Geschw. Führungsfahrzeug
Führungsfahrzeug	$\Delta t_{FF,zul}$	2,5	[s]	Zulässige Zeitlücke zu Führungsfahrzeug
	$\Delta s_{FF,0}$	5,0	[m]	Abstandsoffset zu Führungsfahrzeug
	$a_{FF,limit}$	-1,5	[m/s^2]	Grenzverzögerung Führungsfahrzeug
	$\Delta t_{FF,neg}$	0,2	[s]	Zul. Abweichung untere Fahrtdauerbschr.
	$\Delta t_{FF,pos}$	2,0	[s]	Zul. Abweichung obere Fahrtdauerbschr.

A.4 Modellgleichungen

Motormoment

$$
\begin{aligned}
M_k &= F_M\left(\Delta s_k, \alpha_k, v_k, v_{k+1}\right) \\
&= \tfrac{r_{dyn}}{i_t}\,\tfrac{m}{v_k+v_{k+1}}\left(\tfrac{2v_k v_{k+1}(v_{k+1}-v_k)}{\Delta s_k} + v_{k+1}R(v_k,\alpha_k) + v_k R(v_{k+1},\alpha_k)\right),
\end{aligned}
$$

$$
R(v_k,\alpha_k) = \tfrac{i_t}{r_{dyn}}M_t(v_k) + mgc_r(v_k)\cos\alpha_k + \tfrac{1}{2}c_a A_a \rho v_k^2 + mg\sin\alpha_k,
$$
$$
R(v_{k+1},\alpha_k) = \tfrac{i_t}{r_{dyn}}M_t(v_{k+1}) + mgc_r(v_{k+1})\cos\alpha_k + \tfrac{1}{2}c_a A_a \rho v_{k+1}^2 + mg\sin\alpha_k.
$$

Batteriestrom

$$
\begin{aligned}
I_{b,k} &= F_{I_b}(\Delta s_k, U_{OCV,k}, U_{||,k}, SoC_k, P_{a,A}, M_k, v_k, v_{k+1}) \\
&= \tfrac{-\sigma_2 + \sqrt{\sigma_2^2 - 4\sigma_1\sigma_3}}{2\sigma_1},
\end{aligned}
$$

$$
\sigma_0 = \tfrac{1}{v_k} + \tfrac{1}{v_{k+1}} - \tfrac{1}{R_{||}(SoC_k)C_{||}(SoC_k)}\tfrac{\Delta s_k}{v_k v_{k+1}},
$$
$$
\sigma_1 = -\left(\tfrac{1}{v_k} + \tfrac{1}{v_{k+1}}\right)R_i - \tfrac{\Delta s_k}{2v_{k+1}}\left(\tfrac{1}{C_{OCV}(SoC_k)}\left(\tfrac{1}{v_k} + \tfrac{1}{v_{k+1}}\right) + \tfrac{\sigma_0}{C_{||}(SoC_k)}\right),
$$
$$
\sigma_2 = \left(\tfrac{1}{v_k} + \tfrac{1}{v_{k+1}}\right)\left(U_{OCV,k} - U_{||,k}\right) + \tfrac{\Delta s_k}{2v_{k+1}} + \tfrac{\Delta s_k}{2v_{k+1}}\tfrac{\sigma_0 U_{||,k}}{R_{||}(SoC_k)C_{||}(SoC_k)},
$$
$$
\begin{aligned}
\sigma_3 = -2\Big(&\tfrac{i_t}{r}M_k + \tfrac{1}{2}\left(\tfrac{1}{v_k}P_{el}(M_k,v_k) + \tfrac{1}{v_{k+1}}P_{el}(M_k,v_{k+1})\right) \\
&+ \tfrac{1}{2}\left(\tfrac{1}{v_k}P_{a,A} + \tfrac{1}{v_{k+1}}P_{a,A}\right)\Big).
\end{aligned}
$$

Approximationen

$$
\hat{U}_{OCV,k+1} = U_{OCV,k} + \Delta s_k \tfrac{1}{v_k}\left(-\tfrac{I_{b,k}}{C_{OCV}(SoC_k)}\right),
$$
$$
\hat{U}_{||,k+1} = U_{||,k} + \Delta s_k \tfrac{1}{v_k}\left(\tfrac{I_{b,k}}{C_{||}(SoC_k)} - \tfrac{U_{||,k}}{R_{||}(SoC_k)C_{||}(SoC_k)}\right).
$$

Systemzustände

$$E_{m,k+1} = E_{m,k} + \Delta s_k \frac{i_t}{r} M_k,$$

$$E_{el,k+1} = E_{el,k} + \tfrac{1}{2}\Delta s_k \left(\frac{1}{v_k} P_{el}(M_k, v_k) + \frac{1}{v_{k+1}} P_{el}(M_k, v_{k+1}) \right),$$

$$E_{a,k+1} = E_{a,k} + \tfrac{1}{2}\Delta s_k \left(\frac{1}{v_k} P_{a,A} + \frac{1}{v_{k+1}} P_{a,A} \right),$$

$$E_{b,k+1} = E_{b,k} + \tfrac{1}{2}\Delta s_k \left(\frac{1}{v_k} \left(R_i(SoC_k) I_{b,k}^2 + \frac{U_{||,k}^2}{R_{||}(SoC_k)} \right) \right.$$

$$\left. + \frac{1}{v_{k+1}} \left(R_i(SoC_k) I_{b,k}^2 + \frac{\hat{U}_{||,k+1}^2}{R_{||}(SoC_k)} \right) \right),$$

$$U_{OCV,k+1} = U_{OCV,k} + \tfrac{1}{2}\Delta s_k \left(\frac{1}{v_k} \left(-\frac{I_{b,k}}{C_{OCV}(SoC_k)} \right) + \frac{1}{v_{k+1}} \left(-\frac{I_{b,k}}{C_{OCV}(SoC_k)} \right) \right),$$

$$U_{||,k+1} = U_{||,k} + \tfrac{1}{2}\Delta s_k \left(\frac{1}{v_k} \left(\frac{I_{b,k}}{C_{||}(SoC_k)} - \frac{U_{||,k}}{R_{||}(SoC_k) C_{||}(SoC_k)} \right) \right.$$

$$\left. + \frac{1}{v_{k+1}} \left(\frac{I_{b,k}}{C_{||}(SoC_k)} - \frac{\hat{U}_{||,k+1}}{R_{||}(SoC_k) C_{||}(SoC_k)} \right) \right),$$

$$SoC_{k+1} = SoC_k + \frac{1}{2}\Delta s_k \left(\frac{1}{v_k} \left(-\frac{I_{b,k}}{Q_{b,N}} \right) + \frac{1}{v_{k+1}} \left(-\frac{I_{b,k}}{Q_{b,N}} \right) \right).$$

A.5 Programme der energetisch optimierten Fahrzeuglängsführung

Prädiktion der Referenzzielgrößen

Algorithmus A.5.1 Prädiktion der Referenzzielgrößen

1: **get** a_A, $P_{a,A}$, x_A, $\Delta\underline{s}$, $\underline{\alpha}$, $\underline{v}_{ref}$, $\underline{a}_{ref}$ ⊳ Input

2: $x_{ref,0} \leftarrow x_A$, $E_{ref,0} \leftarrow 0$, $\Delta a_{ref,0} \leftarrow 0$, $v_{ref,0} \leftarrow \underline{v}_{ref}\{0\}$, $a_{ref,-1} \leftarrow a_A$ ⊳ Initialisierung

3: **for** $k = 0$ **to** $n_k - 1$ **do** ⊳ Vorwärts über alle Optimierungsstufen k

4: $\quad \Delta s_k \leftarrow \Delta\underline{s}\{k\}$, $\alpha_k \leftarrow \underline{\alpha}\{k\}$ ⊳ Schrittweite und Straßensteigung bei k

5: $\quad v_{ref,k+1} \leftarrow \underline{v}_{ref}\{k+1\}$ ⊳ Referenzgeschwindigkeiten bei $k+1$

6: $\quad a_{ref,k} \leftarrow \underline{a}_{ref}\{k\}$ ⊳ Referenzbeschleunigung bei k

7: $\quad$ **calc** $M_{ref,k} = F_M(\Delta s_k, \alpha_k, v_{ref,k}, v_{ref,k+1})$ $\quad\quad$ (4.49)

8: $\quad$ **calc** $x_{ref,k+1} = F_x(\Delta s_k, x_{ref,k}, P_{a,A}, M_{ref,k}, v_{ref,k}, v_{ref,k+1})$ $\quad$ (4.50)

9: $\quad$ **calc** $E_{ref,k+1} = F_E(x_{ref,k+1})$ $\quad\quad$ (4.54)

10: $\quad$ **calc** $\Delta a_{ref,k+1} = F_{\Delta a}(\Delta a_{ref,k}, a_{ref,k-1}, a_{ref,k})$ $\quad\quad$ (4.36)

11: $\quad \underline{E}_{ref}\{k+1\} \leftarrow E_{ref,k+1}$, $\Delta\underline{a}_{ref}\{k+1\} \leftarrow \Delta a_{ref,k+1}$ ⊳ Referenzwerte bei $k+1$ speichern

12: **end for**

13: **return** $\underline{E}_{ref}$, $\Delta\underline{a}_{ref}$ ⊳ Output

---

Rekonstruktion der optimalen Geschwindigkeitstrajektorie

Algorithmus A.5.3 Rekonstruktion der optimalen Geschwindigkeitstrajektorie
---

1: **get** $\underline{V}$, $\underline{\Theta}_{J^*}$, $\underline{\Theta}_{t^*}$, $\underline{\Theta}_{a^*_{k-1}}$, $\underline{\Theta}_{j^*_{k-1}}$ ⊳ Input

2: $J^*_{n_k} \leftarrow \infty$, $j^*_{n_k} \leftarrow 0$ ⊳ Initialisierung optimale Gesamtkosten und Stützstellenindex

3: **for** $j_{n_k} = 0$ **to** $n_{j_{n_k}} - 1$ **do** ⊳ Über alle Geschwindigkeitsstützstellen bei n_k

4: $\quad J^{*j_{n_k}}_{n_k} \leftarrow \underline{\Theta}_{J^*}\{n_k, j_{n_k}\}$ ⊳ Optimale Kosten in Geschwindigkeitsstützstelle $v^{j_{n_k}}_{n_k}$

5: $\quad$ **if** $J^{*j_{n_k}}_{n_k} < J^*_{n_k}$ **then** ⊳ Lösung mit geringeren Gesamtkosten gefunden

6: $\quad\quad J^*_{n_k} \leftarrow J^{*j_{n_k}}_{n_k}$, $j^*_{n_k} \leftarrow j_{n_k}$ ⊳ Alte opt. Gesamtkosten und opt. Stützstellenindex überschrieben

7: $\quad$ **end if**

8: **end for**

9: **for** $k = n_k$ **to** 1 **do** ⊳ Rückwärts über alle Optimierungsstufen

10: $\quad t^*_k \leftarrow \underline{\Theta}_{t^*}\{k, j^*_k\}$, $v^*_k \leftarrow \underline{V}\{k, j^*_k\}$, $a^*_{k-1} \leftarrow \underline{\Theta}_{a^*_{k-1}}\{k, j^*_k\}$ ⊳ Rekonstruktion

11: $\quad j^*_{k-1} \leftarrow \underline{\Theta}_{j^*_{k-1}}\{k, j^*_k\}$ ⊳ Optimaler Stützstellenindex bei $k-1$ durch Rückwärtsrekursion

12: **end for**

13: $t^*_0 \leftarrow \underline{\Theta}_{t^*}\{0, 0\}$, $v^*_0 \leftarrow \underline{V}\{0, 0\}$ ⊳ Optimale Fahrtdauer und Geschw. am Horizontanfang

14: **return** $\underline{t}^* = [t^*_0 \ t^*_1 \ \cdots \ t^*_{n_k}]^T$, $\underline{v}^* = [v^*_0 \ v^*_1 \ \cdots \ v^*_{n_k}]^T$, $\underline{a}^* = [a^*_0 \ a^*_1 \ \cdots \ a^*_{n_k-1}]^T$ ⊳ Output

---

Lösung OSP der energetisch optimierten Längsführung

Algorithmus A.5.2 Lösung Optimalsteuerungsproblem der energetisch optimierten Fahrzeuglängsführung

1: get $a_A, P_{a,A}, x_A, \underline{\mathcal{V}}, \Delta\underline{s}, \underline{\mathcal{V}}, \underline{\alpha}, \underline{t}_{min}, \underline{t}_{max}, \underline{E}_{ref}, \underline{t}_{ref}, \Delta\underline{a}_{ref}$ ▷ Input

2: $\underline{\Theta}_{J^*}\{0,0\} \leftarrow 0, \quad \underline{\Theta}_{x^*}\{0,0\} \leftarrow x_A, \quad \underline{\Theta}_{t^*}\{0,0\} \leftarrow 0$ ▷ Initialisierung

3: $\underline{\Theta}_{\Delta a^*}\{0,0\} \leftarrow 0, \quad \underline{\Theta}_{a_{k-1}^*}\{0,0\} \leftarrow a_A, \quad \underline{\Theta}_{j_{k-1}^*}\{0,0\} \leftarrow 0$

4: **for** $k = 0$ **to** $n_k - 1$ **do**   ▷ Vorwärts über alle Optimierungsstufen k

5:   $\Delta s_k \leftarrow \Delta\underline{s}\{k\}, \alpha_k \leftarrow \underline{a}\{k\}$ ▷ Schrittweite und Straßensteigung bei k

6:   $t_{min,k+1} \leftarrow \underline{t}_{min}\{k+1\}, t_{max,k+1} \leftarrow \underline{t}_{max}\{k+1\}$ ▷ Fahrtdauerbeschränkungen bei $k+1$

7:   $E_{ref,k+1} \leftarrow \underline{E}_{ref}\{k+1\}, t_{ref,k+1} \leftarrow \underline{t}_{ref}\{k+1\}, \Delta a_{ref,k+1} \leftarrow \Delta\underline{a}_{ref}\{k+1\}$ ▷ Referenzwerte bei $k+1$

8:   **for** $j = 0$ **to** $n_{j_{k+1}} - 1$ **do**   ▷ Über alle Geschwindigkeitsstützstellen bei $k+1$

9:    $j_{k+1} \leftarrow \underline{\mathcal{S}}_{n_{j_{k+1}}}\{j\}$ ▷ Index Geschwindigkeitsstützstelle bei $k+1$

10:    $v_{k+1}^{j_{k+1}} \leftarrow \underline{\mathcal{V}}\{k+1, j_{k+1}\}$ ▷ Geschwindigkeitsstützstelle bei $k+1$

11:    $J_{k+1}^{*j_{k+1}} \leftarrow \infty, \quad \underline{\Theta}_{J^*}\{k+1, j_{k+1}\} \leftarrow J_{k+1}^{*j_{k+1}}$ ▷ Optimale Kosten in $v_{k+1}^{j_{k+1}}$ initialisieren

12:    calc $j_{min,k}, j_{max,k}$ (4.60)

13:    **for** $j_k = j_{min,k}$ **to** $j_{max,k}$ **do**   ▷ Über alle Geschwindigkeitsstützstellen bei k

14:     $J_k^{*j_k} \leftarrow \underline{\Theta}_{J^*}\{k, j_k\}$ ▷ Optimale Kosten in Geschwindigkeitsstützstelle $v_k^{j_k}$

15:     **if** $J_k^{*j_k} \neq \infty$ **then**   ▷ Ist Geschwindigkeitsstützstelle $v_k^{j_k}$ gültig?

16:      $v_k^{j_k} \leftarrow \underline{\mathcal{V}}\{k, j_k\}$ ▷ Geschwindigkeitsstützstelle bei k

17:      $x_k^{*j_k} \leftarrow \underline{\Theta}_{x^*}\{k, j_k\}, \quad t_k^{*j_k} \leftarrow \underline{\Theta}_{t^*}\{k, j_k\}$ ▷ Anfangsbedingungen in $v_k^{j_k}$

18:      $\Delta a_k^{*j_k} \leftarrow \underline{\Theta}_{\Delta a^*}\{k, j_k\}, \quad a_{k-1}^{*j_{k-1}} \leftarrow \underline{\Theta}_{a_{k-1}^*}\{k, j_k\}$

19:      calc $a_k^{j_k} = F_a(\Delta s_k, v_k^{j_k}, v_{k+1}^{j_{k+1}})$ (4.69)

20:      **if** $a_k^{j_k} \in [a_{neg,max}, a_{pos,max}(v_k^{j_k})]$ **then**   ▷ Randbedingung (4.63) erfüllt

21:       calc $t_{k+1}^{j_{k+1}} = F_t(\Delta s_k, t_k^{*j_k}, a_k^{j_k}, v_k^{j_k}, v_{k+1}^{j_{k+1}})$ (4.70)

22:       **if** $t_{k+1}^{j_{k+1}} \in [t_{min,k} - \Delta t_{FF,neg}, t_{max,k} + \Delta t_{FF,pos}]$ **then**   ▷ Randbedingung (4.64) erfüllt

23:        calc $M_k^{j_k} = F_M(\Delta s_k, \alpha_k, v_k^{j_k}, v_{k+1}^{j_{k+1}})$ (4.71)

24:        **if** $M_k^{j_k} \in [M_{min}(v_k^{j_k}), M_{max}(v_k^{j_k})]$ **then**   ▷ Randbedingung (4.65) erfüllt

25:         calc $x_{k+1}^{j_{k+1}} = F_x(\Delta s_k, x_k^{*j_k}, P_{a,A}, M_k^{j_k}, v_k^{j_k}, v_{k+1}^{j_{k+1}})$ (4.72)

26:         calc $U_{b,k+1}^{j_{k+1}} = F_{U_b}(x_{k+1}^{j_{k+1}})$ (4.73)

27:         **if** $U_{b,k+1}^{j_{k+1}} \in [U_{b,min}, U_{b,max}]$ **then**   ▷ Randbedingung (4.66) erfüllt

28:          calc $E_{k+1}^{j_{k+1}} = F_E(x_{k+1}^{j_{k+1}})$ (4.74)

29:          calc $\Delta a_{k+1}^{j_{k+1}} = F_{\Delta a}(\Delta a_k^{*j_k}, a_{k-1}^{*j_k}, a_k^{j_k})$ (4.75)

30:          calc $J_{k+1}^{j_{k+1}}$ (4.67)

31:          **if** $J_{k+1}^{j_{k+1}} < J_{k+1}^{*j_{k+1}}$ **then**   ▷ Lösung mit geringeren Kosten gefunden

32:           $J_{k+1}^{*j_{k+1}} \leftarrow J_{k+1}^{j_{k+1}}$ ▷ Alte opt. Kosten und Anfangsbed. überschreiben

33:           $\underline{\Theta}_{J^*}\{k+1, j_{k+1}\} \leftarrow J_{k+1}^{*j_{k+1}}, \underline{\Theta}_{x^*}\{k+1, j_{k+1}\} \leftarrow x_{k+1}^{j_{k+1}}, \underline{\Theta}_{t^*}\{k+1, j_{k+1}\} \leftarrow t_{k+1}^{j_{k+1}}$

34:           $\underline{\Theta}_{\Delta a^*}\{k+1, j_{k+1}\} \leftarrow \Delta a_{k+1}^{j_{k+1}}, \underline{\Theta}_{a_{k-1}^*}\{k+1, j_{k+1}\} \leftarrow a_k^{j_k}, \underline{\Theta}_{j_{k-1}^*}\{k+1, j_{k+1}\} \leftarrow j_k$

35:          **end if**

36:         **end if**

37:        **end if**

38:       **end if**

39:      **end if**

40:     **end if**

41:     **end for**

42:    **end for**

43:   **end for**

44: **return** $\underline{\Theta}_{J^*}, \underline{\Theta}_{t^*}, \underline{\Theta}_{a_{k-1}^*}, \underline{\Theta}_{j_{k-1}^*}$ ▷ Output

A.6 Optimale Fahrstrategien

Auswertung Verbrauchspotential gegenüber Referenzfahrstrategie

Tabelle A.6.1: Gemessene Fahrtdauer- und Verbrauchsänderungen

Optimierung	Aus	An	An	An
Trade-Off-Parameter β [-]	-	0,25	0,5	0,75
Fahrtdauer [s]	756,4	728,2	758,8	797,8
Änderung Fahrtdauer [%]	-	-3,73	+0,32	+5,47
Antriebsenergie [kWh/100 km]	9,85	9,65	9,21	8,75
Änderung Antriebsenergie [%]	-	-2,00	-6,47	-11,1

Tabelle A.6.2: Auswertung Verbrauchsaufteilungen in den Messfahrten

Optimierung		Aus	An	An	An
Gesamt-verbrauch	Wert [kWh/100 km]	9,86	9,76	9,32	8,84
	Simulationsfehler [%]	-0,14	+0,23	+1,18	+1,04
	Änderung [%]	-	-1,94	-5,52	-10,4
Luft-widerstands-verluste	Wert [kWh/100 km]	2,04	2,21	2,01	1,72
	Anteil Gesamtverbrauch [%]	20,7	22,8	21,5	19,5
	Änderung [%]	-	+8,32	-1,51	-15,4
Roll-widerstands-verluste	Wert [kWh/100 km]	4,25	4,30	4,24	4,12
	Anteil Gesamtverbrauch [%]	43,1	44,5	45,5	46,6
	Änderung [%]	-	+1,21	-0,19	-3,00
Über-setzungs-verluste	Wert [kWh/100 km]	0,66	0,67	0,65	0,61
	Anteil Gesamtverbrauch [%]	6,69	6,97	7,02	6,92
	Änderung [%]	-	+2,13	-0,81	-7,34
Verluste Antriebs-system	Wert [kWh/100 km]	2,91	2,49	2,42	2,39
	Anteil Gesamtverbrauch [%]	29,5	25,8	25,9	27,0
	Änderung [%]	-	-14,5	-17,0	-18,2

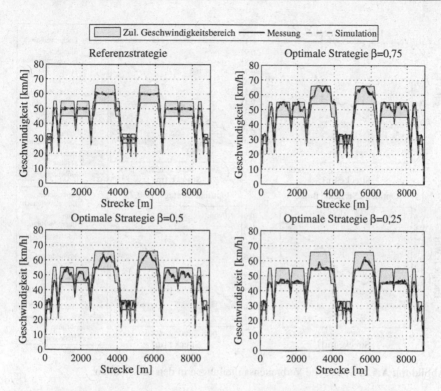

Abbildung A.6.1: Vergleich simulierte und gemessene Geschwindigkeitsverläufe in Referenzfahrt und in Messfahrten mit variierendem *Trade-Off*-Parameter.

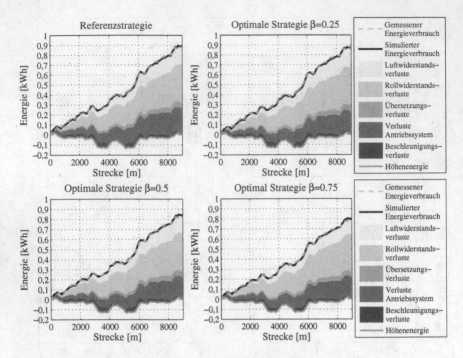

Abbildung A.6.2: Simulierte Verbrauchsaufteilungen in den Messfahrten.

A.7 Probandenstudie

Auswertung Probandenbefragung

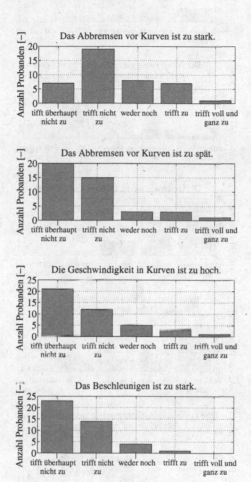

Abbildung A.7.1: Weitere Ergebnisse der Probandenbefragung (Teil 1).

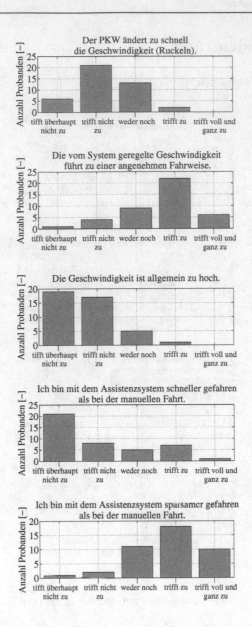

Abbildung A.7.2: Weitere Ergebnisse der Probandenbefragung (Teil 2).

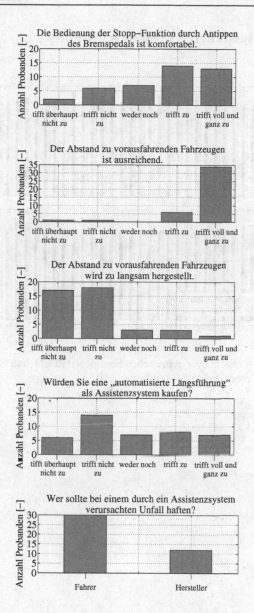

Abbildung A.7.3: Weitere Ergebnisse der Probandenbefragung (Teil 3).

Auswertung Messfahrten Probandenstudie

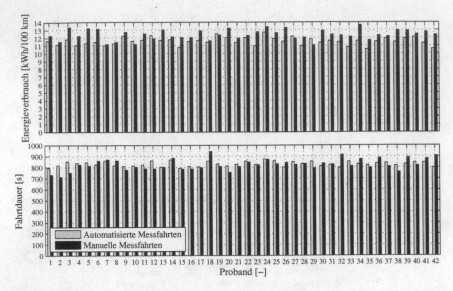

Abbildung A.7.4: Übersicht aller gemessenen Energieverbräuche und Fahrtdauern in der Probandenstudie.

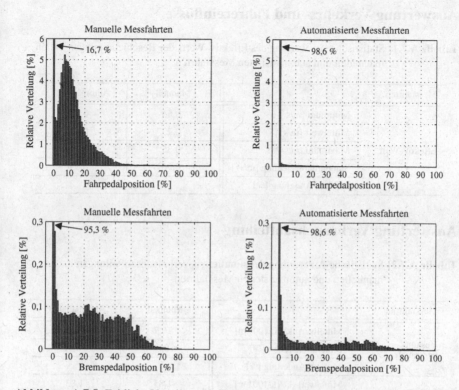

Abbildung A.7.5: Zeitliche Verteilungen der gemessenen Fahrpedal- (oben) und Bremspedalpositionen (unten) über alle manuellen und automatisierten Messfahrten.

Auswertung Verkehrs- und Fahrereinflüsse

Tabelle A.7.1: Statistische Auswertung des Effektiv-Werts der Beschleunigungen in den manuellen und automatisierten Messfahrten

Messfahrten		Manuell	Automatisiert
	Minimum [m/s²]	0,63	0,55
	Mittelwert [m/s²]	0,72	0,65
Effektiv-Wert	Maximum [m/s²]	0,85	0,74
	Standardabweichung [m/s²]	0,06	0,05
	Mittlere Änderung [%]	-9,23	

Auswertung Verbrauchsaufteilung

Tabelle A.7.2: Statistische Auswertung der simulierten Verbrauchsaufteilungen in den manuellen und automatisierten Messfahrten

Messfahrten		Manuell	Automatisiert
Gesamt-verbrauch	Mittelwert [kWh/100 km]	10,7	10,0
	Simulationsfehler [%]	+0,89	+0,96
	Mittlere Änderung [%]	-6,18	
Luft-widerstands-verluste	Mittelwert [kWh/100 km]	1,85	1,83
	Anteil Gesamtverbrauch [%]	17,3	18,3
	Mittlere Änderung [%]	-1,05	
Roll-widerstands-verluste	Mittelwert [kWh/100 km]	4,45	4,44
	Anteil Gesamtverbrauch [%]	41,7	44,2
	Mittlere Änderung [%]	-0,32	
Übersetzungs-verluste	Mittelwert [kWh/100 km]	0,63	0,63
	Anteil Gesamtverbrauch [%]	5,91	6,26
	Mittlere Änderung [%]	-0,67	
Mechanische Bremsverluste	Mittelwert [kWh/100 km]	0,18	0,11
	Anteil Gesamtverbrauch [%]	1,67	1,11
	Mittlere Änderung [%]	-37,8	
Verluste Antriebs-system	Mittelwert [kWh/100 km]	3,58	3,02
	Anteil Gesamtverbrauch [%]	33,4	30,1
	Mittlere Änderung [%]	-15,5	

Auswertung Betriebspunkte des Antriebssystems

Tabelle A.7.3: Statistische Auswertung der Energiebilanzen in den manuellen und automatisierten Messfahrten

Messfahrten		Manuell	Automatisiert
Abgegebene Energie	Minimum [kWh]	1,12	1,03
	Mittelwert [kWh]	1,25	1,13
	Maximum [kWh]	1,44	1,26
	Standardabweichung [kWh]	0,08	0,04
	Mittlere Änderung [%]	-9,32	
Aufgenommene Energie	Minimum [kWh]	-0,40	-0,29
	Mittelwert [kWh]	-0,30	-0,25
	Maximum [kWh]	-0,25	-0,19
	Standardabweichung [kWh]	0,04	0,02
	Mittelwert [%]	-19,0	
Verhältnis aufgenommene zu abgegebene Energie	Minimum [%]	20,8	17,3
	Mittelwert [%]	24,3	21,8
	Maximum [%]	30,1	25,3
	Standardabweichung [%]	2,12	1,83
	Mittlere Änderung [%]	-10,5	

Abkürzungen, Formelzeichen und Schreibweisen

Abkürzungen

BL	Blinkerlichtschalter
BMS	Battery Management System
CAN	Controller Area Network
FF	Führungsfahrzeug
FGÜ	Fußgängerüberweg
FKFS	Forschungsinstitut für Kraftfahrwesen und Fahrzeugmotoren Stuttgart
FMCW	Frequency Modulated Continuous Wave
GBS	Grafische Bedienschnittstelle
GDF	Geographic Data Files
GPS	Global Positioning System
ID	Identifikator
LIDAR	Light Detecting and Ranging
LKW	Lastkraftwagen
MPP	Most Probable Path
NEFZ	Neuer Europäischer Fahrzyklus
NDS	Navigation Data Standard
OSP	Optimalsteuerungsproblem
PKW	Personenkraftwagen
RADAR	Radio Detecting and Ranging

RB	Randbedingung
SBP	Sensor Bremspedalstellung
SFP	Sensor Fahrpedalstellung
SGR	Sensor Gierrate
SSV	Sensor Leistung sonstige Verbraucher
SV	Sensor Fahrzeuggeschwindigkeit
TS	Tempomatschalter
UDP	User Datagram Protocol

Formelzeichen Indizes

Zeichen	Beschreibung
i	Stützstellenindex im *Elektronischen Horizont* (tiefgestellt)
j	Geschwindigkeitsabhängige Diskretisierungsstufe (hochgestellt)
k	Zeitabhängige oder wegabhängige Diskretisierungsstufe (tiefgestellt)
k_t	Zeitliche Neuberechnungsstufe des Optimalsteuerungsproblems (tiefgestellt)

Formelzeichen physikalische und allgemeine Größen

Zeichen	Einheit	Beschreibung
a	[m/s^2]	Beschleunigung
a_{FF}	[m/s^2]	Absolutbeschleunigung Führungsfahrzeug
A_a	[m^2]	Querschnittsfläche
c_a	[-]	Luftwiderstandsbeiwert
c_r	[-]	Rollwiderstandsbeiwert
C_{OCV}	[F]	Kapazität Traktionsbatterie
$C_{||}$	[F]	Kapazität RC-Glied Traktionsbatterie

e	[-]	Regelfehler
E	[Ws]	Gesamtenergieverbrauch
E_m	[Ws]	Mechanisch abgegebene Energie Antriebssystem
E_{el}	[Ws]	Verlustenergie im Antriebssystem
E_a	[Ws]	Energieverbrauch sonstige Verbraucher
E_b	[Ws]	Verlustenergie in Traktionsbatterie
$\underline{EH}$	[-]	Datensatz *Elektronischer Horizont*
$\underline{FF}$	[-]	Datensatz Führungsfahrzeug
g	[m/s^2]	Erdbeschleunigung
i_t	[-]	Gesamtübersetzung
I_b	[A]	Strom Traktionsbatterie
ID_F	[-]	Fußgängerüberweg-Identifikator
ID_K	[-]	Kreuzungs-Identifikator
ID_S	[-]	Signalanlagen-Identifikator
J	[-]	Gütemaß
m	[kg]	Masse (Fzg. + zwei Insassen + rotatorische Massen)
M	[Nm]	Motor- bzw. Motorsollmoment
M_t	[Nm]	Reibmoment Übersetzung (bezogen auf Motorseite)
n_{var}	[-]	Anzahl auszuwertender Zustandsübergänge
P_m	[W]	Mechanisch abgegebene Leistung Antriebssystem
P_{el}	[W]	Verlustleistung im Antriebssystem
P_a	[W]	Leistungsaufnahme sonstige Verbraucher
$Q_{b,N}$	[As]	Nenn-Ladungsmenge Traktionsbatterie
r	[m]	Fahrbahnradius im *Elektronischen Horizont*
r_{dyn}	[m]	Dynamischer Radhalbmesser
R	[N]	Fahrwiderstandskraft
R_i	[Ohm]	Innenwiderstand Traktionsbatterie
$R_\|$	[Ohm]	Widerstand RC-Glied Traktionsbatterie

s	[m]	Weg
s_{EH}	[m]	Abstand Stützstelle im *Elektronischen Horizont*
$s_{EM,\Delta\overline{E}}$	[%]	Standardfehler mittlere relative Änderung Energieverbrauch
$s_{EM,\Delta\overline{t}}$	[%]	Standardfehler mittlere relative Änderung Fahrtdauer
s_{FF}	[m]	Abstand Führungsfahrzeug
S_{opt}	[m]	Weglänge Optimierungshorizont
SoC	[-]	Ladezustand Traktionsbatterie
t	[s]	Zeit bzw. Fahrtdauer
$t_{\Delta\overline{E}}$	[-]	Prüfwert mittlere relative Änderung Energieverbrauch
$t_{\Delta\overline{t}}$	[-]	Prüfwert mittlere relative Änderung Fahrtdauer
T_{opt}	[s]	Zeitlänge Optimierungshorizont
u	[-]	Systemeingang bzw. Stellgröße
u_e	[-]	Virtueller Systemeingang bzw. virtuelle Stellgröße
u_R	[-]	Stellgröße Zustandsregler
U_b	[V]	Spannung Traktionsbatterie
U_{OCV}	[V]	Leerlaufspannung Traktionsbatterie
U_{R_i}	[V]	Spannungsabfall Innenwiderstand Traktionsbatterie
$U_{\parallel}$	[V]	Spannungsabfall RC-Glied Traktionsbatterie
v	[m/s]	Geschwindigkeit
v_{FF}	[m/s]	Absolutgeschwindigkeit Führungsfahrzeug
v_r	[m/s]	Referenzkurvengeschwindigkeit
v_t	[m/s]	Geschwindigkeit bei der Fahrtdauer t
$v_{\S}$	[m/s]	Zul. Höchstgeschwindigkeit im *Elektronischen Horizont*
x	[-]	Zustand
α	[rad]	Fahrbahnsteigung
α_{EH}	[rad]	Fahrbahnsteigung im *Elektronischen Horizont*

Δa	$[m^2/s^4]$	Akkumulierte, quadr. normierte Beschleunigungsänderung
$\Delta \overline{E}$	[%]	Mittlere relative Änderung Energieverbrauch
Δs	[m]	Weg- bzw. Streckenintervall
Δt	[s]	Zeitintervall
$\Delta \overline{t}$	[%]	Mittlere relative Änderung Fahrtdauer
ΔT_{calc}	[s]	Berechnungszeit zum Lösen des Optimalsteuerungsproblems
φ	[-]	Allgemeines Zielkriterium
φ_f	[-]	Endkostenterm
Φ	[-]	Allgemeines integrales Zielkriterium
Φ_E	[-]	Integrales Zielkriterium Energieverbrauch
Φ_t	[-]	Integrales Zielkriterium Fahrtdauer
$\Phi_{\Delta a}$	[-]	Integrales Zielkriterium Beschleunigungsänderungen
ρ	$[kg/m^3]$	Luftdichte

Formelzeichen Speicher Optimalsteuerungsproblem

Zeichen	Beschreibung
$\underline{\mathcal{S}}_{n_j}$	Speicher Iterationssequenzen
$\underline{\mathcal{V}}$	Speicher Geschwindigkeitsstützstellen
$\underline{\mathcal{X}}$	Speicher Zustandsstützstellen
$\underline{\Theta}_{a^*_{k-1}}$	Speicher opt. Beschleunigungen in vorangehender Optimierungsstufe
$\underline{\Theta}_{j^*_{k-1}}$	Speicher opt. Stützstellenindizes in vorangehender Optimierungsstufe
$\underline{\Theta}_{J^*}$	Speicher optimale Kosten
$\underline{\Theta}_{t^*}$	Speicher optimale Fahrtdauern

$\underline{\Theta}_{u_{k-1}^*}$	Speicher opt. Systemeingänge in vorangehender Optimierungsstufe
$\underline{\Theta}_{x^*}$	Speicher optimale Zustände
$\underline{\Theta}_{\Delta a^*}$	Speicher optimale akkumulierte Beschleunigungsänderungen

Formelzeichen Applikationsparameter

Zeichen	Einheit	Beschreibung
$a_{FF,limit}$	[m/s^2]	Grenzverzögerung Führungsfahrzeug
$a_{FF,ref}$	[m/s^2]	Referenz für Annäherungsverzögerung
$a_{neg,ref}$	[m/s^2]	Referenz für negative Beschleunigung
$a_{pos,ref}$	[m/s^2]	Referenz für positive Beschleunigung
$a_{r,ref}$	[m/s^2]	Referenz für Querbeschleunigung
$f_{v_\S}$	[-]	Referenzabweichung von zulässiger Höchstgeschwindigkeit
n_{EH}	[-]	Anzahl Stützstellen *Elektronischer Horizont*
n_j	[-]	Anzahl Geschwindigkeitsstützstellen
n_k	[-]	Anzahl Zeit- oder Wegintervalle
$s_{FF,zul}$	[m]	Sicherheitsabstand zu Führungsfahrzeug
T_e	[s]	Zeitkonstante unterlagerter Geschwindigkeitsregler
β	[-]	*Trade-Off*-Parameter
Δa_{FF}	[-]	Abweichung von Referenzannäherungsverzögerung
Δa_{neg}	[-]	Abweichung von negativer Referenzbeschleunigung
Δa_{pos}	[-]	Abweichung von positiver Referenzbeschleunigung
Δa_r	[-]	Abweichung von Referenzquerbeschleunigung
$\Delta s_{FF,0}$	[m]	Abstandsoffset zu Führungsfahrzeug
$\Delta t_{FF,neg}$	[s]	Zulässige Abweichung untere Fahrdauerbeschränkung

$\Delta t_{FF,pos}$	[s]	Zulässige Abweichung obere Fahrdauerbeschränkung
$\Delta t_{FF,zul}$	[s]	Zulässige Zeitlücke zu Führungsfahrzeug
ΔT	[s]	Neuberechnungstakt Optimalsteuerungsproblem
ΔT_R	[s]	Rechentakt unterlagerter Geschwindigkeitsregler
Δv_{FF}	[-]	Abweichung von prädizierter Geschwindigkeit Führungsfzg.
$\Delta v_\S$	[-]	Abweichung von Referenzgeschwindigkeit
λ	[-]	Gewichtungsfaktor akkumulierte Beschleunigungsänderung
μ	[-]	Gewichtungsfaktor Endkostenterm

Schreibweisen

Zeichen	Beschreibung
y	Skalare Beispielgröße
y_A	Anfangszustand von y
$\tilde{y}$	Schätzwert für y
$\hat{y}$	Approximierter Wert für y (*Euler*-Vorwärts-Verfahren)
y^*	Optimaler Wert für y
y_{ref}	Referenzwert für y
y_{min}	Unterer Grenzwert für y
y_{max}	Oberer Grenzwert für y
y'	y berechnet ohne die Berücksichtigung von Führungsfahrzeugen
$y(z)$	y an der Stelle z
y_{k_t}	y in der Neuberechnungsstufe k_t
y_k	y in der Diskretisierungsstufe k (eindimensional)
$y_k^{j_k}$	y in der Diskretisierungsstufe k, j_k (zweidimensional)
$y_{k|k_t}$	y in der Diskretisierungsstufe k in der Neuberechnungsstufe k_t

$\vec{y}$	Übergangstrajektorie von y von einer Diskretisierungsstufe in die nächste
$\underline{y}$	Vektor, Matrix oder Array mit diskreten Werten von y
$\underline{y}\{k\}$	k-tes Element in $\underline{y}$
$\underline{y}\{k, j_k\}$	Element der k-ten Zeile und j_k-ten Spalte in $\underline{y}$
$\frac{dy}{dz}$	y abgeleitet nach z
$f_y(z)$	Funktion zur Berechnung von y mit Argument z
$F_y(z)$	Diskretisierte Funktion zur Berechnung von y mit Argument z

Literaturverzeichnis

[1] FORSA. GESELLSCHAFT FÜR SOZIALFORSCHUNG UND STATISTI-
SCHE ANALYSEN: *Umfrage zum Thema Autokauf.* http://www.
ichundmeinauto.info/fileadmin/user_upload/Presse/
100308_ich-und-mein-auto_Repraesentativbefragung_
Autokauf_Thema_Kaufkriterien.pdf, Abruf: 07.06.2014

[2] RUMBOLZ, P. ; PIEGSA, A. ; REUSS, H.-C.: Messung der Fahrzeuginternen
Leistungsflüsse und der diese beeinflussenden Größen im „real-life" Fahrbetrieb. In: *VDI Tagung: Innovative Fahrzeugantriebe.* Dresden, 2010

[3] RUMBOLZ, P. ; BAUMANN, G. ; REUSS, H.-C.: Messung der fahrzeuginternen Leistungsflüsse im Realverkehr. In: *ATZ - Automobiltechnische Zeitschrift* 113 (2011), Nr. 5, S. 416–421

[4] FREUER, A. ; GRIMM, M. ; REUSS, H.-C.: Messung und statistische Analyse der Leistungsflüsse und Energieverbräuche bei Elektrofahrzeugen im
kundenrelevanten Fahrbetrieb. In: *4. Deutscher Elektro-Mobil Kongress.*
Essen, 2012

[5] DENNER, V.: Shaping the Future - Innovations for Mobility Solutions. In:
14. Internationales Stuttgarter Symposium Automobil- und Motorentechnik,
2014

[6] PETZOLD, B.: Konzept eines Reiseberaters zur energieschonenden Optimierung der Mobilität unter besonderer Berücksichtigung von Hybridfahrzeugen. In: *Fortschritt-Berichte VDI* 12 (1998), Nr. 370

[7] PARK, S. ; RAKHA, H.: Energy and Environmental Impacts of Roadway
Grades. In: *Transportation Research Record: Journal of the Transportation
Research Board* 1987 (2006), S. 148–160

[8] LEVIN, M. ; DUELL, M. ; WALLER, S. T.: The Effect of Road Elevati-
on on Network Wide Vehicle Energy Consumption and Eco-Routing. In:
Transportation Research Board 93rd Annual Meeting. Washington, USA,
2014

[9]   DERAAD, L.: The Influence of Road Surface Texture on Tire Rolling Resistance. In: *SAE Technical Paper 780257*, 1978

[10]   GYENES, L. ; MITCHELL, C. G. B.: The Effect of Vehicle-Road Interaction on Fuel Consumption. In: KULAKOWSKI, B. T. (Hrsg.): *Vehicle-Road Interaction*. Philadelphia, USA : ASTM, 1994, S. 225–239

[11]   KRAMER, U. ; BUBB, H. ; MAYER, A.: Neue Konzepte zur Entwicklung integrierter Assistenz- und Informationssysteme für den Fahrer. In: *VDI-Bericht Nr. 612*. Düsseldorf : VDI Verlag, 1986, S. 61–75

[12]   KÜSTER, U. ; REITER, K.: *Technikwissen und Fahrverhalten junger Fahrer*. Bericht der Bundesanstalt für Straßenwesen zum Projekt 8307/2, 1987

[13]   SPICHER, U.: Analysis of the Efficiency of Future Powertrains for Individual Mobility. In: *ATZ autotechnology* (2012), Nr. 1, S. 46–51

[14]   STEVEN, H.:   *Untersuchungen für eine Änderung der EU Richtlinie 93/116/EC (Messung des Kraftstoffverbrauchs und der CO 2-Emission): Forschungsvorhaben FKZ 201 45 105*. TÜV Nord Mobilität GmbH & Company KG, 2005

[15]   DUDENHÖFFER, F. ; JOHN, E. M.: EU-Normen für Verbrauchsangaben von Autos: Mehr als ein Ärgernis für Autokäufer. In: *ifo Schnelldienst* 62 (2009), Nr. 13, S. 14–17

[16]   DILBA, D.: Märchenhafter Verbrauch. In: *Technology Review* (2011), Nr. 7, S. 46–49

[17]   DEUTSCHE UMWELTHILFE: *Die Tricks der Autohersteller*. http://www.duh.de/uploads/media/Hintergrund_MehrverbrauchPKW.pdf, Abruf: 11.06.2014

[18]   TRANSPORTATION AND ENVIRONMENT (T&E): *Mind the Gap! Why official car fuel economy figures don't match up to reality*. http://www.transportenvironment.org/sites/te/files/publications/Real%20World%20Fuel%20Consumption%20v15_final.pdf, Abruf: 11.06.2014

[19]   ANDRÉ, M. ; HICKMAN, A. ; HASSEL, D. ; JOUMARD, R.: Driving Cycles for Emission Measurements Under European Conditions. In: *SAE Technical Paper 950926*, 1995

[20] WANG, Q. ; HUO, H. ; HE, K. ; YAO, Z. ; ZHANG, Q.: Characterization of
vehicle driving patterns and development of driving cycles in Chinese cities.
In: *Transportation Research* 13 (2008), Nr. 5, S. 289–297

[21] KAMBLE, S. H. ; MATHEW, T. V. ; SHARMA, G. K.: Development of real-
world driving cycle: Case study of Pune, India. In: *Transportation Research*
14 (2009), Nr. 2, S. 132–140

[22] HUNG, W. T. ; TONG, H. Y. ; LEE, C. P. ; HA, K. ; PAO, L. Y.: Development
of a practical driving cycle construction methodology: A case study in Hong
Kong. In: *Transportation Research* 12 (2007), Nr. 2, S. 115–128

[23] M. ANDRÉ: Real-world driving cycles for measuring cars pollutant emissions - Part A: The ARTEMIS European driving cycles / INRETS Institut
National de Recherche sur les Transports et leur Securite. Bron, Frankreich,
2004. – Forschungsbericht

[24] ANDRÉ, M.: The ARTEMIS European driving cycles for measuring car
pollutant emissions. In: *Science of the Total Environment* 334-335 (2004),
S. 73–84

[25] ANDRÉ, M.: Driving patterns analysis and driving cycles, within the project:
European Development of Hybrid Technology approaching efficient Zero
Emission Mobility (HYZEM) / INRETS Institut National de Recherche sur
les Transports et leur Securite. Bron, Frankreich, 1997. – Forschungsbericht

[26] JANSSEN, A.: *Repräsentative Lastkollektive für Fahrwerkkomponenten*,
Technische Universität Braunschweig, Dissertation, 2007

[27] REISER, C. ; ZELLBECK, H. ; HÄRTLE, C. ; KLAISS, T.: Kundenfahrver-
halten im Fokus der Fahrzeugentwicklung. In: *ATZ - Automobiltechnische
Zeitschrift* 110 (2008), Nr. 7-8, S. 684–692

[28] REISER, C. ; ZELLBECK, H. ; HÄRTLE, C.: Der Kunde im Fokus der Fahrzeugentwicklung. In: *8. Internationales Stuttgarter Symposium Automobil-
und Motorentechnik*. Stuttgart, 2008

[29] BUBB, H.: Wieviele Probanden braucht man für allgemeine Erkenntnisse
aus Fahrversuchen? In: LANDAU, K. (Hrsg.) ; WINNER, H. (Hrsg.): *Fahrversuche mit Probanden - Nutzwert und Risiko*. VDI Verlag, 2003 (12 557),
S. 26–39

[30] SCHRÖER, A.: Der individuelle Einfluss des Fahrers auf das Emissionsver-
      halten des Fahrzeugs. In: *VDI Berichte*. Düsseldorf : VDI Verlag, 1984
      (531), S. 489–505

[31] DE VLIEGER, I.: On-Board Emission and Fuel Consumption Measurement
      Campaign on Petrol-Driven Passenger Cars. In: *Atmospheric Environment*
      31 (1997), Nr. 22, S. 3753–3761

[32] RAPONE, M. ; RAGIONE, L. D. ; D'ANIELLI, F. ; LUZAR, V.: Experimental
      Evaluation of Fuel Consumption and Emissions in Congested Urban Traffic.
      In: *SAE Technical Paper 952401*, 1995

[33] BETZLER, J.: Untersuchung zur Beschreibung des Verkehrs-, Fahrzeug-
      und Fahrereinflusses auf den Streckenverbrauch von Pkw im Stadtverkehr.
      In: *VDI Berichte*. Düsseldorf : VDI Verlag, 1985 (553), S. 195–214

[34] PANDIAN, S. ; GOKHALE, S. ; GHOSHAL, A. K.: Evaluating effects of
      traffic and vehicle characteristics on vehicular emissions near traffic inter-
      sections. In: *Transportation Research* 14 (2009), Nr. 3, S. 180–196

[35] GASSMANN, S.: *Untersuchungen zum Einfluss von Fahrzeug, Fahrer und
      Verkehr auf Betriebsweise und Kraftstoffverbrauch eines Pkw im realen
      Stadtverkehr*, Technische Hochschule Darmstadt, Dissertation, 1990

[36] AHN, K. ; RAKHA, H.: Field Evaluation of Energy and Environmental Im-
      pacts of Driver Route Choice Decisions. In: *IEEE Intelligent Transportation
      Systems Conference*. Seattle, USA, September 2007, S. 730–735

[37] AHN, K. ; RAKHA, H.: The effects of route choice decisions on vehicle
      energy consumption and emissions. In: *Transportation Research* 13 (2008),
      Nr. 3, S. 151–167

[38] ERICSSON, E.: Variability in urban driving patterns. In: *Transportation
      Research* 5 (2000), Nr. 5, S. 337–354

[39] BRUNDELL-FREIJ, K. ; ERICSSON, E.: Influence of street characteristics,
      driver category and car performance on urban driving patterns. In: *Trans-
      portation Research* 10 (2005), Nr. 3, S. 213–229

[40] CARLSSON, A. ; BAUMANN, G.: Analyse des durchschnittlichen Fahrbe-
      triebs und Herleitung eines kundenrelevanten Fahrzyklus basierend auf sta-
      tistischen Untersuchungen in Mitteleuropa und realen Fahrversuchen in und
      um Stuttgart - Teilbericht AP2-AP5 / Forschungsinstitut für Kraftfahrwesen
      und Fahrzeugmotoren Stuttgart. 2005. – Forschungsbericht

[41] HÄNLE, U. ; KALKE, S. ; LEHNERT, F.: Metallische Leichtbauwerkstoffe und Fertigungstechnologien im Automobilbau. In: *ATZ - Automobiltechnische Zeitschrift* 104 (2002), Nr. 3, S. 268–275

[42] FRIEDRICH, H. E.: Leichtbau und Werkstoffinnovationen im Fahrzeugbau. In: *ATZ - Automobiltechnische Zeitschrift* 104 (2002), Nr. 3, S. 258–266

[43] HUCHO, W.-H.: *Aerodynamik des Automobils.* 5. Wiesbaden : Vieweg und Teubner Verlag, 2005

[44] HUCHO, W.-H.: Grenzwert-Strategie - Halbierung des cw-Wertes scheint möglich. In: *ATZ - Automobiltechnische Zeitschrift* 111 (2009), Nr. 1, S. 16–23

[45] WIEDEMANN, J.: The Influence of Ground Simulation and Wheel Rotation on Aerodynamic Drag Optimization - Potential for Reducing Fuel Consumption. In: *SAE Technical Paper 960672,* 1996

[46] SOVANI, S. ; KHONDGE, A.: Automatisierte Optimierung der Aerodynamik. In: *ATZextra* 18 (2013), Nr. 2, S. 76–80

[47] PUDENZ, K.: Weniger Rollwiderstand durch Einsatz von Organosilanen. In: *ATZ - Automobiltechnische Zeitschrift* 110 (2008), Nr. 6, S. 532–535

[48] BACKHAUS, R.: Weniger Verbrauch durch optimierte Reifen und Räder. In: *ATZ - Automobiltechnische Zeitschrift* 113 (2011), Nr. 12, S. 986–988

[49] VENNEBÖRGER, M. ; STRÜBEL, C. ; WIES, B. ; WIESE, K.: Leichtlaufreifen für Pkw mit niedrigem CO2-Ausstoss. In: *ATZ - Automobiltechnische Zeitschrift* 115 (2013), Nr. 7 8, S. 572–577

[50] WIESKE, P. ; LÜDDECKE, B. ; EWERT, S. ; ELSÄSSER, A. ; HOFFMANN, H. ; TAYLOR, J. ; FRASER, N.: Optimierung von Dynamik und Verbrauch beim Ottomotor durch Technikkombinationen. In: *MTZ - Motortechnische Zeitschrift* 70 (2009), Nr. 11, S. 850–857

[51] FLIERL, R. ; LAUER, F. ; SCHMITT, S. ; SPCHER, U.: Grenzpotenziale der CO2-Emissionen Von Ottomotoren - Teil 2: Mechanische Verfahren. In: *MTZ - Motortechnische Zeitschrift* 73 (2012), S. 292–298

[52] FLIERL, R. ; LAUER, F. ; SCHMITT, S. ; SPCHER, U.: Grenzpotenziale der CO2-Emissionen Von Ottomotoren - Teil 2: Entwicklung der Brennverfahren. In: *MTZ - Motortechnische Zeitschrift* 73 (2012), Nr. 5, S. 404–411

[53]   TEETZ, C.: Der Dieselmotor wird effizienter und umweltverträglicher. In: *ATZextra* 13 (2008), Nr. 1, S. 76–80

[54]   SCHOMMERS, J. ; WELLER, R. ; BÖTTCHER, M. ; RUISINGER, W.: Downsizing beim Dieselmotor. In: *MTZ - Motortechnische Zeitschrift* 72 (2011), Nr. 2, S. 100–105

[55]   HÖTZER, D.: *Entwicklung einer Schaltstrategie für einen Pkw mit automatisiertem Schaltgetriebe*, Universität Stuttgart, Dissertation, 1999

[56]   LÖFFLER, J.: *Optimierungsverfahren zur adaptiven Steuerung von Fahrzeugantrieben*, Universität Stuttgart, Dissertation, 2000

[57]   INAGAWA, T. ; TOMOMATSU, H. ; TANAKA, Y. ; SHIIBA, K. ; SHIRAI, H.: Shift Control System Development (NAVI AI-SHIFT) for 5 Speed Automatic Transmissions Using Information From the Vehicle's Navigation System. In: *SAE Technical Paper 2002-01-1254*, 2002

[58]   SCHULER, R.: *Situationsadaptive Gangwahl in Nutzfahrzeugen mit automatisiertem Schaltgetriebe*, Universität Stuttgart, Dissertation, 2007

[59]   BISHOP, J. ; NEDUNGADI, A. ; OSTROWSKI, G. ; SURAMPUDI, B. ; ARMIROLI, P. ; TASPINAR, E.: An Engine Start/Stop System for Improved Fuel Economy. In: *SAE Technical Paper 2007-01-1777*, 2007

[60]   MÜLLER, N. ; STRAUSS, S. ; TUMBACK, S. ; CHRIST, A.: Segeln - Start / Stop-Systeme der nächsten Generation. In: *MTZ - Motortechnische Zeitschrift* 72 (2011), Nr. 9, S. 644–649

[61]   MARKER, F. ; JAMALY, F. ; ZYCINSKI, J.: Emissionsreduzierung von Kraftfahrzeugen durch den Einsatz von Hybridantrieben. In: *ATZ - Automobiltechnische Zeitschrift* 103 (2001), Nr. 1, S. 58–63

[62]   KASPER, R. ; SCHÜNEMANN, M.: 5. Elektrische Fahrantriebe - Topologien und Wirkungsgrad. In: *MTZ - Motortechnische Zeitschrift* 73 (2012), Nr. 10, S. 802–807

[63]   DUESMANN, M.: Warum sich E-Antriebe durchsetzen. In: *MTZ - Motortechnische Zeitschrift* (2014), Nr. 15, S. 54–59

[64]   FRIED, O.: *Betriebsstrategie für einen Minimalhybrid-Antriebsstrang*, Universität Stuttgart, Dissertation, 2003

[65]   BACK, M.: *Prädiktive Antriebsregelung zum energieoptimalen Betrieb von Hybridfahrzeugen*, Karlsruher Institut für Technologie, Dissertation, 2006

[66] WILDE, A.: *Eine modulare Funktionsarchitektur für adaptives und voraus-schauendes Energiemanagement in Hybridfahrzeugen*, Technische Universität München, Dissertation, 2009

[67] BECK, R.: *Prädiktives Energiemanagement von Hybridfahrzeugen*, Technische Hochschule Aachen, Dissertation, 2011

[68] LANGE, S. ; SCHIMANSKI, M.: *Energiemanagement in Fahrzeugen mit alternativen Antrieben*, Technischen Universität Carolo-Wilhelmina zu Braunschweig, Dissertation, 2006

[69] RIEMER, T.: *Vorausschauende Betriebsstrategie für ein Erdgashybridfahr-zeug*, Universität Stuttgart, Dissertation, 2012

[70] ECKERT, M. ; GAUTERIN, F.: Energieoptimale Fahrdynamikregelung in Elektrofahrzeugen mit Einzelradantrieb. In: *ATZelektonik* 8 (2013), Nr. 5, S. 392–400

[71] KEMLE, A. ; MANSKI, R. ; WEINBRENNER, M.: Klimaanlagen mit erhöhter Energieeffizienz. In: *ATZ* 111 (2009), Nr. 9, S. 650–656

[72] WAWZYNIAK, M. ; HAINKE, D. ; FRIGGE, R. Trapp M.: Reduzierung des Realverbrauchs durch effiziente Klimatisierung. In: *ATZ - Automobiltechnische Zeitschrift* 116 (2014), Nr. 1, S. 10–15

[73] LEE, C. ; JANG, K. ; KWON, C. ; KIM, J.: Geschwindigkeitsabhängige Klimaanlage zur Kraftstoffersparnis und Leistungsoptimierung. In: *ATZ - Automobiltechnische Zeitschrift* 113 (2011), Nr. 9, S. 856–861

[74] BRAUN, M. ; LINDE, M. ; EDER, A. ; KOZLOV, E.: Looking Forward: Das vorausschauende Wärmemanagement zur Optimierung von Effizienz und Dynamik. In: *dSPACE Magazin* (2010), Nr. 2, S. 14–19

[75] LUBISCHER, F. ; PICKENHAHN, J. ; GESSAT, J. ; GILLES, L.: Kraftstoffsparpotenzial durch Lenkung und Bremse. In: *ATZ - Automobiltechnische Zeitschrift* 110 (2008), Nr. 11, S. 996–1005

[76] BRÖMMEL, A. ; ROMBABACH, M. ; WICKERATH, B. ; WIENECKE, T. ; DURAND, J.-M. ; ARMENIO, G. ; SQUARCINI, R. ; GIBABAT, T. J.: Elektrifizierung treibt Pumpeninnovationen. In: *ATZextra* (2010), Nr. 1, S. 86–96

[77] ANDRÉ, M.-O. ; ANDRIEUX, G. ; CREMER, S. ; BASSET, T.: Innovative Elektrifizierung von Nebenaggregaten. In: *MTZ - Motortechnische Zeitschrift* 75 (2014), Nr. 4, S. 62–66

[78] SMOKERS, R. ; FRAGA, F. ; VERBEEK, M. ; BLEUANUS, S. ; SHARPE, R. ; DEKKER, H. ; VERBEEK, R. ; WILLEMS, F. ; FOSTER, D. ; HILL, N. ; NORRIS, J. ; BRANNIGAN, C. ; VAN ESSEN, H. ; KAMPMAN, B. ; DEN BOER, E. ; SCHILLING, S. ; GRUHLKE, A. ; BREEMERSCH, T. ; DE CEUSTER, G. ; VANHERLE, K. ; WRIGLEY, S. ; OWEN, N. ; JOHNSON, A. ; DE VLEESSCHAUWER, T. ; VALLA, V. ; ANAND, G.: Support for the revision of Regulation (EC) No 443/2009 on CO2 emissions from cars / TNO innovation for life. November 2011. – Forschungsbericht

[79] MAURER, S. ; WITTNER, B. ; SIKORSKI, S. ; FUCHS, D. ; BRAND, D. ; HUG, T.: Der Wunsch nach weniger. In: *ATZextra* 19 (2014), Nr. 8, S. 62–67

[80] METZ, N. ; SCHLICHTER, H. ; SCHELLENBERG, H.: Reduzierung des Kraftstoffverbrauchs, der CO2- und Abgasemissionen durch Linienbeeinflussung auf der BAB A9. In: *Umweltkongress 1996 der Stadt Mannheim, Technische Akademie und VDI Mannheim.* Mannheim, 1996

[81] FRIEDRICH, B.: Steuerung von Lichtsignalanlagen: BALANCE - ein neuer Ansatz. In: *Straßenverkehrstechnik* 44 (2000), Nr. 7, S. 321–328

[82] MIDENET, S. ; BOILLOT, F. ; PIERRELÉE, J.-C.: Signalized intersection with real-time adaptive control: on-field assessment of CO2 and pollutant emission reduction. In: *Transportation Research* 9 (2004), Nr. 1, S. 29–47

[83] LI, X. ; LI, G. ; PANG, S.-S. ; YANG, X. ; TIAN, J.: Signal timing of intersections using integrated optimization of traffic quality, emissions and fuel consumption: a note. In: *Transportation Research* 9 (2004), Nr. 5, S. 401–407

[84] BRAUN, R. ; BUSCH, F. ; KEMPER, C. ; HILDEBRANDT, R. ; WEICHEN-MEIER, F. ; MENIG, C. ; PAULUS, I. ; PRESSLEIN-LEHLE, R.: TRAVOLUTION - Netzweite Optimierung der Lichtsignalsteuerung und LSA-Fahrzeug-Kommunikation. In: *Straßenverkehrstechnik* (2009), Nr. 6, S. 365–374

[85] WOLF, F. ; LIBBE, S.: Wireless Co-operation - Enhanced Traffic Light Management Systems. In: *2nd IFAC Symposium on Telematics Applications.* Timisoara, Rumänien, 2010

[86] BLEY, O. ; KUTZNER, R. ; FRIEDRICH, B. ; SAUST, F. ; WILLE, J. M. ; MAURER, M. ; NIEBEL, W. ; NAUMANN, S. ; WOLF, F. ; SCHÜLER, T. ;

BOGENBERG, K. ; JUNGE, M. ; LANGENBERG, J.: Kooperative Optimierung von Lichtsignalsteuerung und Fahrzeugführung. In: *12. Braunschweiger Symposium AAET*. Braunschweig, 2011

[87] SCHURICHT, P. ; MICHLER, O. ; BÄKER, B.: Efficiency-Increasing Driver Assistance at Signalized Intersections using Predictive Traffic State Estimation. In: *14th International IEEE Conference on Intelligent Transportation Systems*. Washingtion, USA, 2011, S. 347–352

[88] ERICSSON, E. ; LARSSON, H. ; BRUNDELL-FREIJ, K.: Optimizing route choice for lowest fuel consumption - Potential effects of a new driver support tool. In: *Transportation Research* 14 (2006), Nr. 6, S. 369–383

[89] MAUK, T.: *Selbstlernende, zuverlässigkeitsorientierte Prädiktion energetisch relevanter Größen im Kraftfahrzeug*, Universität Stuttgart, Dissertation, 2011

[90] MINETT, C. F. ; SALOMONS, A. M. ; DAAMEN, W. ; VAN AREM, B. ; KUIJPERS, S.: Eco-routing: comparing the fuel consumption of different routes between an origin and destination using field test speed profiles and synthetic speed profiles. In: *IEEE Forum on Integrated and Sustainable Transportation Systems*. Wien, Österreich, 2011, S. 32–39

[91] DORRER, C.: *Effizienzbestimmung von Fahrweisen und Fahrerassistenz zur Reduzierung des Kraftstoffverbrauchs unter Nutzung telematischer Informationen*, Universität Stuttgart, Dissertation, 2003

[92] KONO, T. ; FUSHIKI, T. ; ASADA, K. ; NAKANO, K.: Fuel Consumption Analysis and Prediction Model for Eco Route Search. In: *15th World Congress on Intelligent Transport Systems and ITS America's 2008 Annual Meeting*. New York, USA, 2008

[93] BORIBOONSOMSIN, K. ; BARTH, M. J. ; ZHU, W. ; VU, A.: Eco-Routing Navigation System Based on Multisource Historical and Real-Time Traffic Information. In: *IEEE Transactions on Intelligent Transportation Systems* 13 (2012), Nr. 4, S. 1694–1704

[94] BARKENBUS, J. N.: Eco-driving: An overlooked climate change initiative. In: *Energy Policy* 38 (2010), Nr. 2, S. 762–769

[95] DAT DEUTSCHE AUTOMOBIL TREUHAND GMBH: *Leitfaden über den Kraftstoffverbrauch, die CO2-Emissionen und den Stromverbrauch.* http://www.dat.de/uploads/media/LeitfadenCO2.pdf, Abruf: 24.06.2014

[96] VCD VERKEHRSCLUB DEUTSCHLAND: *11 Spritspartipps.* http://www.vcd-bayern.de/texte/Benzinsparen11_2.pdf, Abruf: 26.06.204

[97] VOLKSWAGEN AG: *Effizient unterwegs. Hintergrundwissen für Spritsparprofis.* http://www.volkswagen.de/content/medialib/vwd4/de/Volkswagen/Nachhaltigkeit/service/download/spritspartipps/effizient_unterwegsde/_jcr_content/renditions/rendition.file/spritspartipps_par_0007_file.pdf, Abruf: 21.06.2014

[98] VDA - VERBAND DER AUTOMOBILINDUSTRIE: *Zehn Spritspartipps beim Autofahren - Mehr Freude am Sparen.* https://www.vda.de/de/downloads/429/, Abruf: 20.06.2014

[99] ADAC: *Sparen beim Fahren - Die Fahrweise hat den größten Einfluss auf den Verbrauch.* http://www.adac.de/infotestrat/tanken-kraftstoffe-und-antrieb/spritsparen/sparen-beim-fahren-antwort-1.aspx, Abruf: 24.06.2014

[100] BEUSEN, B. ; DENYS, T.: Long-Term Effect of Eco-Driving Education On Fuel Consumption Using An On-Board Logging Device. In: *14th International Conference on Urban Transport and the Environment in the 21st Century.* Malta, 2008

[101] BEUSEN, B. ; BROEKX, S. ; DENYS, T. ; BECKX, C. ; DEGRAEUWE, B. ; GIJSBERS, M. ; SCHEEPERS, K. ; GOVAERTS, L. ; TORFS, R. ; PANIS, L. I.: Using on-board logging devices to study the longer-term impact of an eco-driving course. In: *Transportation Research* 14 (2009), Nr. 7, S. 514–520

[102] BARIĆ, D. ; ZOVAK, G. ; PERIŠA, M.: Effects of Eco-Drive Education on the Reduction of Fuel Consumption and CO2 Emissions. In: *Promet - Traffic&Transportation* 25 (2013), Nr. 3, S. 265–272

[103] FRANKE, K. ; GONTER, M. ; LESCHKE, A. ; KUCUKAY, F.: Steigerung der Fahrzeugsicherheit Durch Car2X-Kommunikation. In: *ATZ - Automobiltechnische Zeitschrift* 114 (2012), Nr. 11, S. 918–923

[104] SANDER, O. ; ROTH, C. ; GLAS, B. ; BECKER, J.: Towards Design and Integration of a Vehicle-to-X Based Adaptive Cruise Control. In: *FISITA World Automotive Congress* Bd. 12, 2012 (Intelligent Transport System (ITS) & Internet of Vehicles), S. 87–99

[105] BORIBOONSOMSIN, K. ; VU, A. ; BARTH, M.: Co Eco-Driving: Pilot Evaluation of Driving Behavior Changes among U.S. Drivers / University of California Transportation Center. Riverside, USA, 2010. – Forschungsbericht

[106] TULUSAN, J. ; STAAKE, T. ; FLEISCH, E.: Providing eco-driving feedback to corporate car drivers: what impact does a smartphone application have on their fuel efficiency? In: *14th International Conference on Ubiquitous Computing*. Pittsburgh, USA, 2012, S. 212–215

[107] WENGRAF, I.: Easy on the Gas - The effectiveness off eco-driving / RAC Foundation. London, England, 2012. – Forschungsbericht

[108] STIER, B.: Leistungsgerechtes Schalten durch Elektroniksysteme. In: *VDI-Berichte*. Düsseldorf : VDI Verlag, 1983 (466)

[109] ANTON, N. ; FIEDLER, T. ; APEL, F. ; HEIL, U.: Effizientes Gesamtfahrzeug. In: *ATZextra* 15 (2010), Nr. 11, S. 28–35

[110] ZELL, A. ; LEONE, C. ; ARCATI, A. ; SCHMITT, G.: Aktives Fahrpedal als Schnittstelle zum Fahrer. In: *ATZ - Automobiltechnische Zeitschrift* 112 (2010), Nr. 4, S. 276–279

[111] SERVIN, O. ; BORIBOONSOMSIN, K. ; BARTH, M.: An Energy and Emissions Impact Evaluation of Intelligent Speed Adaptation. In: *IEEE Intelligent Transportation Systems Conference*. Toronto, Kanada, 2006

[112] BARTH, M. ; BORIBOONSOMSIN, K.: Energy and emissions impacts of a freeway-based dynamic eco-driving system. In: *Transportation Research* 14 (2009), Nr. 6, S. 400–410

[113] GREIN, F. G. ; WIEDEMANN, J.: Vorausschauende Fahrstrategien für verbrauchssenkende Fahrerassistenzsysteme. In: *VDI Berichte 1565*. Düsseldorf : VDI Verlag, 2000 (VDI-Berichte 1565), S. 739–756

[114] SAMPER, K. ; KUHN, K.: Reduktion des Kraftstoffverbrauchs durch ein vorausschauendes Assistenzsystem. In: *VDI Berichte*. Düsseldorf : VDI Verlag, 2001 (1418), S. 79–93

[115] RUMBOLZ, P. ; PITZ, J. ; SCHMIDT, A. ; REUSS, H.-C.: Analyse der Potentiale zur Energieverbrauchsreduzierung von vorausschauenden Verzögerungsassistenzfunktionen für repräsentative Fahrer und Strecken. In: *Elektrik-/Elektronik in Hybrid- und Elektrofahrzeugen und elektrisches Energiemanagement*. München, 2012

[116] RUMBOLZ, P.: *Untersuchung der Fahrereinflüsse auf den Energiever-brauch und die Potentiale von verbrauchsreduzierenden Verzögerungsassis-tenzfunktionen beim PKW*, Universität Stuttgart, Dissertation, 2012

[117] DORNIEDEN, B. ; JUNGE, L. ; THEMANN, P. ; ZLOCKI, A.: Energy Effici-ent Longitudinal Vehicle Control Based on Analysis of Driving Situations. In: *20. Aachener Kolloquium Fahrzeug- und Motorentechnik*. Aachen, 2011, S. 1491–1511

[118] DORNIEDEN, B. ; LUTZ, J. ; PASCHEKA, P.: Vorausschauende energieef-fiziente Fahrzeuglängsregelung. In: *ATZ - Automobiltechnische Zeitschrift* 114 (2012), Nr. 3, S. 230–235

[119] HENN, M. ; LÖSCHE-TER HORST, T. ; SCHULZE, F. ; BARTSCH, P. ; GADANECZ, A. ; DORNIEDEN, B. ; JUNG, L.: Energy Efficient Vehi-cle Operation by Intelligent Longitudinal Control and Route Planning. In: *12. Internationales Stuttgarter Symposium Automobil- und Motorentechnik*. Stuttgart, 2012, S. 225–240

[120] ZLOCKI, A.: *Fahrzeuglängsregelung mit kartenbasierter Vorausschau*, Tech-nische Hochschule Aachen, Dissertation, 2010

[121] SCHWARZKOPF, A. B. ; LEIPNIK, R. B.: Control of highway vehicles for minimum fuel consumption over varying terrain. In: *Transportation Rese-arch* 11 (1977), Nr. 4, S. 279–286

[122] HOOKER, J. N.: Optimal driving for single-vehicle fuel economy. In: *Trans-portation Research* 22 (1988), Nr. 3, S. 183–201

[123] MONASTYRSKY, V. V. ; GOLOWNYKH, I. M.: Rapid computation of opti-mal control for vehicles. In: *Transportation Research* 27 (1993), Nr. 3, S. 219–227

[124] LATTEMANN, F. ; NEISS, K. ; TERWEN, S. ; CONNOLLY, T.: The predictive cruise control - a system to reduce fuel consumption of heavy duty truck. In: *SAE Technical Paper 2004-01-2616*, 2004

[125] SCHITTLER, M.: State-of-the-art and emerging truck engine technologies for optimized performance, emissions and life cycle costs. In: *9th Diesel Engine Emissions Reduction Conference*. Newport, USA, 2003

[126] HELLSTRÖM, E. ; ASLUND, J. ; NIELSEN, L.: Design of a Well-behaved Al-gorithm for On-Board Lock-ahead Control. In: *17th IFAC World Congress*. Seoul, Korea, 2008, S. 3350–3355

[127] HELLSTRÖM, E. ; IVARSSON, M. ; ASLUND, J. ; NIELSEN, L.: Look-ahead control for heavy trucks to minimize trip time and fuel consumption. In: *Control Engineering Practice* 17 (2009), Nr. 2, S. 245–254

[128] HELLSTRÖM, E. ; ASLUND, J. ; NIELSEN, L.: Design of an efficient algorithm for fuel-optimal look-ahead control. In: *Control Engineering Practice* 18 (2010), Nr. 11, S. 1318–1327

[129] HUANG, W. ; BEVLY, D. M. ; SCHNICK, S. ; LI, X.: Using 3D road geometry to optimize heavy truck fuel efficiency. In: *IEEE 11th International Conference on Intelligent Transportation Systems*. Beijing, China, 2008, S. 334–339

[130] HUANG, W.: *Design and Evaluation of a 3D Road Geometry Based Heavy Truck Fuel Optimization System*, Auburn University, Dissertation, 2010

[131] HAAS, B.: Predictive control systems in heavy-duty commercial vehicles. In: *9th Symposium Automotive Powertrain Control Systems*. Berlin, 2012, S. 257–264

[132] TERWEN, S.: *Vorausschauende Längsregelung schwerer Lastkraftwagen*, Karlsruher Institut für Technologie, Dissertation, 2009

[133] GAUSEMEIER, S. F.: *Ein Fahrerassistenzsystem zur prädiktiven Planung energie- und zeitoptimaler Geschwindigkeitsprofile mittels Mehrzieloptimierung*, Universität Paderborn, Dissertation, 2013

[134] THEMANN, P. ; BOCK, J. ; ECKSTEIN, L.: Energy efficient adaptive cruise control utilizing V2X information. In: *9th ITS European Congress*. Dublin, Irland, 2013

[135] THEMANN, P. ; KRAJEWSKI, R. ; ECKSTEIN, L.: Discrete Dynamic Optimization in Automated Driving Systems to Improve Energy Efficiency in Cooperative Networks. In: *IEEE Intelligent Vehicle Symposium*. Dearborn, USA, 2014, S. 370–375

[136] ROTH, M. ; RADKE, T. ; LEDERER, M. ; GAUTERIN, F. ; FREY, M. ; STEINBRECHER, C. ; SCHRÖTER, J. ; GOSLAR, M.: Porsche InnoDrive - An Innovative Approach for the Future of Driving. In: *20. Aachener Kolloquium Fahrzeug- und Motorentechnik*. Aachen, 2011, S. 1453–1467

[137] RADKE, T.: *Energieoptimale Längsführung von Kraftfahrzeugen durch Einsatz vorausschauender Fahrstrategien*, Karlsruher Institut für Technologie, Dissertation, 2013

[138] LI, S. ; LI, K. ; RAJAMANI, R. ; WANG, J.: Model Predictive Multi-Objective Vehicular Adaptive Cruise Control. In: *IEEE Transactions on Control Systems Technology* 19 (2011), Nr. 3, S. 556–566

[139] ASADI, B. ; VAHIDI, A.: Predictive Cruise Control: Utilizing Upcoming Traffic Signal Information for Improving Fuel Economy and Reducing Trip Time. In: *IEEE Transactions on Control Systems Technology* 19 (2011), Nr. 3, S. 707–714

[140] KOHUT, N. J. ; HEDRICK, J. K. ; BORRELLI, F.: Integrating Traffic Data and Model Predictive Control to Improve Fuel Economy. In: *12th IFAC Symposium on Control in Transportation Systems*. Redondo Beach, USA, 2009

[141] KAMAL, M. A. S. ; MUKAI, M. ; MURATA, J. ; KAWABE, T.: Ecological Vehicle Control on Roads With Up-Down Slopes. In: *IEEE Transactions on Intelligent Transportation Systems* 11 (2011), Nr. 3, S. 554–566

[142] KAMAL, M. A. S. ; MUKAI, M. ; MURATA, J. ; KAWABE, T.: On Board Eco-Driving System for Varying Road-Traffic Environments Using Model Predictive Control. In: *IEEE International Conference on Control Applications*. Yokohama, Japan, 2010, S. 1636–1641

[143] KAMAL, M. A. S. ; MUKAI, M. ; MURATA, J. ; KAWABE, T.: Ecological Driving Based on Preceding Vehicle Prediction Using MPC. In: *18th IFAC World Congress*. Mailand, Italien, 2011, S. 3843–3848

[144] KAMAL, M. A. S. ; MUKAI, M. ; MURATA, J. ; KAWABE, T.: Model Predictive Control of Vehicles on Urban Roads for Improved Fuel Economy. In: *IEEE Transactions on Control Systems Technology* 21 (2013), Nr. 3, S. 831–841

[145] KALABIS, M. ; MÜLLER, S.: A Model Predictive Approach for a Fuel Efficient Crusie Control System. In: PROFF, H. (Hrsg.) ; SCHÖNHARTING, J. (Hrsg.) ; SCHRAMM, D. (Hrsg.) ; ZIEGLER, J. (Hrsg.): *Zukünftige Entwicklungen in der Mobilität - Betriebswirtschaftliche und technische Aspekte*. Wiesbaden : Springer Gabler Verlag, 2012, S. 201–211

[146] SCHWICKART, T. ; VOOS, H. ; HADJI-MINAGLOU, J.-R. ; DAROUACH, M. ; ROSICH, A.: Design and Simulation of a Real-Time Implementable Energy-Efficient Model-Predictive Cruise Controller for Electric Vehicles. In: *Journal of the Franklin Institute* (2014)

[147] BECKER, G. ; REUSS, H.-C.: Efficient cruise control - a measure for electric vehicle range increase. In: *13. Internationales Stuttgarter Symposium Automobil- und Motorentechnik*. Stuttgart, 2013, S. 1–12

[148] BECKER, G. ; REUSS, H.-C.: Efficient Cruise Control - Teilautomatisierter Fahrbetrieb zur Erhöhung der Reichweite von Elektrofahrzeugen. In: *19. Esslinger Forum für Kfz-Mechatronik*. Esslingen, 2013

[149] BECKER, G. ; REUSS, H.-C.: Efficient Cruise Control - A Method for Increasing the Range of Electric Vehicles. In: *10th Symposium Automotive Powertrain Control Systems*. Berlin, 2014

[150] FREUER, A. ; GRIMM, M. ; REUSS, H.-C.: Predicting and Optimizing Driving Range with Predictive Power Train Management and Driver-Assist Systems in Electric Vehicles. In: *9th Symposium Automotive Powertrain Control Systems*. Berlin, 2012, S. 231–256

[151] FREUER, A. ; REUSS, H.-C.: Consumption Optimization in Battery Electric Vehicles by Autonomous Cruise Control using Predictive Route Data and a Radar System. In: *SAE International Journal of Alternative Powertrains* 2 (2013), Nr. 2, S. 304–313

[152] FREUER, A. ; GRIMM, M. ; REUSS, H.-C.: Automatic cruise control for electric vehicles - Statistical consumption and driver acceptance analysis in a representative test person study on public roads. In: *14. Internationales Stuttgarter Symposium Automobil- und Motorentechnik*. Stuttgart, 2014

[153] THROPE, C. ; HEBERT, M. H. ; KANADE, T. ; SHAFER, S. A.: Vision and Navigation for the Carnegie-Mellon Navlab. In: *IEEE Transactions on Pattern Analysis and Machine Intelligence* 10 (1988), Nr. 3, S. 362–373

[154] ULMER, B.: VITA - An Autonomous Road Vehicle (ARV) for Collision Avoidance in Traffic. In: *IEEE Intelligent Vehicles Symposium*. Detroit, USA, 1992, S. 362–373

[155] DICKMANNS, E. D. ; BEHRINGER, R. ; DICKMANNS, D. ; HILDEBRANDT, T. ; MAURER, M. ; THOMANEK, F. ; SCHIEHLEN, J.: The seeing passenger car VaMoRs-P. In: *IEEE Intelligent Vehicles Symposium*. Paris, Frankreich, 1996, S. 68–73

[156] HATTORI, A. ; HOSAKA, A. ; TANIGUCHI, M.: Driving control system for an autonomous vehicle using multiple observed point information. In: *IEEE Intelligent Vehicles Symposium*. Detroit, USA, 1992, S. 207–212

[157] BUEHLER, M. (Hrsg.) ; IAGNEMMA, K. (Hrsg.) ; SINGH, S. (Hrsg.): *Springer Tracts in Advanced Robotics*. Bd. 36: *The 2005 DARPA Grand Challenge: The Great Robot Race*. Springer Verlag, 2005

[158] BRAID, D. ; BROGGI, A. ; SCHMIEDEL, G.: The TerraMax autonomous vehicle. In: *Journal of Field Robotics* 23 (2006), Nr. 9, S. 693–708

[159] GRISLERI, P. ; FEDRIGA, I.: The BRAiVE platform. In: *7th IFAC Symposium on Intelligent Autonomous Vehicles*. Lecce, Italien, 2010, S. 168–173

[160] LEVINSON, J. ; ASKELAND, J. ; BECKER, J. ; DOLSON, J. ; HELD, D. ; KAMMEL, S. ; KOLTER, J. Z. ; LANGER, D. ; PINK, O. ; PRATT, V. ; SOKOLSKY, M. ; STANEK, G. ; STAVENS, D. ; TEICHMAN, A. ; WERLING, M. ; THRUN, S.: Towards fully autonomous driving: Systems and algorithms. In: *IEEE Intelligent Vehicles Symposium*. Baden-Baden, 2011, S. 163–168

[161] THRUN, S. ; MONTEMERLO, M. ; DAHLKAMP, H. ; STAVENS, D. ; ARON, A. ; DIEBEL, J. ; FONG, P. ; GALE, J. ; HALPENNY, M. ; HOFFMANN, G. ; LAU, K. ; OAKLEY, C. ; PALATUCCI, M. ; PRATT, V. ; STANG, P. ; STROHBAND, S. ; DUPONT, C. ; JENDROSSEK, L.-E. ; KOELEN, C. ; MARKEY, C. ; RUMMEL, C. ; NIEKERK, J. V. ; JENSEN, E. ; ALESSANDRINI, P. ; BRADSKI, G. ; DAVIES, B. ; ETTINGER, S. ; KAEHLER, A. ; NEFIAN, A. ; MAHONEY, P.: Stanley: The Robot that Won the DARPA Grand Challenge. In: *Journal of Field Robotics* 23 (2006), Nr. 9, S. 661–692. – Special Issue on the DARPA Grand Challenge

[162] URMSON, C. ; ANHALT, J. ; BAE, H. ; BAGNELL, J. ; BAKER, C. ; BITTNER, R. ; BROWN, T. ; CLARK, M. ; DARMS, M. ; DEMITRISH, D. ; DOLAN, J. ; DUGGINS, D. ; FERGUSON, D. ; GALATALI, T. ; GEYER, C. ; GITTLEMAN, M. ; HARBAUGH, S. ; HEBERT, M. ; HOWARD, T. ; KOLSKI, S. ; LIKHACHEV, M. ; LITKOUHI, B. ; KELLY, A. ; MCNAUGHTON, M. ; MILLER, N. ; NICKOLAOU, J. ; PETERSON, K. ; PILNICK, B. ; RAJKUMAR, R. ; RYBSKI, P. ; SADEKAR, V. ; SALESKY, B. ; SEO, Y. ; SINGH, S. ; SNIDER, J. ; STRUBLE, J. ; STENTZ, A. ; TAYLOR, M. ; WHITTAKER, W. R. ; Z.WOLKOWICKI ; ZHANG, W. ; ZIGLAR, J.: Autonomous driving in urban environments: Boss and the urban challenge. In: *Journal of Field Robotics* 25 (2008), Nr. 8, S. 425–466

[163] HANSEN, P.: Google's self-driving cars zoom in on the future. In: *Hansen Report on Automotive Electronics* 24 (2011), Nr. 6, S. 1–3

Literaturverzeichnis 203

[164] NOTHDURFT, T. ; HECKER, P. ; OHL, S. ; SAUST, F. ; MAURER, M. ;
RESCHKA, A. ; BÖHMER, J. R.: Stadtpilot: First fully autonomous test dri-
ves in urban traffic. In: IEEE 14th International Conference on Intelligent
Transportation Systems. Washington, USA, 2011, S. 919–924

[165] SAUST, F. ; WILLE, J. ; LICHTE, B. ; MAURER, M.: Autonomous vehicle
guidance on Braunschweigs inner ring road within the Stadtpilot project. In:
IEEE Intelligent Vehicles Symposium. Baden-Baden, 2011, S. 175–180

[166] KAUS, E.: Mercedes Intelligent Drive - auf dem Weg zum autonomen Fahren. In: 19. Esslinger Forum für Kfz-Mechatronik. Esslingen, 2013

[167] ARDELT, M. ; COESTER, C. ; KAEMPCHEN, N.: Highly automated driving
on freeways in real traffic using a probabilistic framework. In: IEEE Transactions on Intelligent Transportation Systems 13 (2012), Nr. 4, S. 1576–
1585

[168] BOCK, T. ; SIEDERSBERGER, K.-H. ; ZAVREL, M. ; BREU, A. ; MA,
M.: Simulations- und Testumgebung fuer Fahrerassistenzsysteme. In: VDI-
Berichte. Düsseldorf : VDI-Verlag, 2005, S. 1–16

[169] BOCK, T. ; MAURER, M. ; VAN MEEL, F. ; MÜLLER, T.: Vehicle in the
Loop - Ein innovativer Ansatz zur Kopplung virtueller mit realer Erprobung.
In: ATZ - Automobiltechnische Zeitschrift 110 (2008), Nr. 1, S. 10–16

[170] GOLOWKO, K. ; SZOLNOKI, D. ; SCHREIBER, S.: Fahrerassistenzsysteme
reproduzierbar testen. In: ATZ - Automobiltechnische Zeitschrift 115 (2013),
Nr. 4, S. 274–279

[171] BAUMANN, G. ; RIEMER, T. ; PIEGSA, A. ; LIEDECKE, C. ; RUMBOLZ, P. ;
SCHMIDT, A.: The new driving simulator of the University of Stuttgart. In:
12. Internationales Stuttgarter Symposium Automobil- und Motorentechnik.
Stuttgart, 2012

[172] BUNDESANSTALT FÜR STRASSENWESEN: Rechtsfolgen zunehmender
Fahrzeugautomatisierung / Berichte der Bundesanstalt für Straßenwesen,
Unterreihe „Fahrzeugsicherheit", Heft F 83. 2012. – Technischer Bericht

[173] NIEWELS, F.: Der Weg zum automatisierten Fahren. In: 19. Esslinger
Forum für Kfz-Mechatronik. Esslingen, 2013

[174] TIEMANN, N.: Ein Beitrag zur Situationsanalyse im vorausschauenden
Fußgängerschutz, Universität Duisburg-Essen, Dissertation, 2012

[175] STRELLER, D. ; FURSTENBERG, K. ; DIETMAYER, K.: Vehicle and object models for robust tracking in traffic scenes using laser range images. In: *IEEE 5th International Conference on Intelligent Transportation Systems.* Singapur, 2002, S. 118–123

[176] PETROVSKAYA, A. ; THRUN, S.: Model based vehicle detection and tracking for autonomous urban driving. In: *Autonomous Robots* 26 (2009), Nr. 2-3, S. 123–139

[177] DICKMANN, J. ; APPENRODT, N. ; LÖHLEIN, O. ; MEKHAIEL, M. ; MÄHLISCH, M. ; MUNTZINGER, M. ; RITTER, W. ; SCHWEIGER, R. ; HAHN, S.: Sensorfusion as key technology for future driver assistance systems. In: *Optische Technologien in der Fahrzeugtechnik.* Düsseldorf : VDI-Verlag, 2008, S. 67–84

[178] WISSELMANN, D. ; GRESSER, K. ; SPANNHEIMER, H. ; BENGLER, K. ; HUESMANN, A.: ConnectedDrive - ein methodischer Ansatz für die Entwicklung zukünftiger Fahrerassistenzsysteme. In: *Tagung Aktive Sicherheit durch Fahrerassistenz.* München, 2004

[179] NIEHSEN, W. ; GARNITZ, R. ; WEILKES, M. ; STÄMPFLE, M.: Informationsfusion für Fahrerassistenzsysteme. In: MAURER, M. (Hrsg.) ; STILLER, C. (Hrsg.): *Fahrerassistenzsysteme mit maschineller Wahrnehmung.* Berlin, Heidelberg : Springer Verlag, 2005, S. 43–57

[180] DIETMAYER, K. ; KIRCHNER, A. ; KÄMPCHEN, N.: Fusionsarchitekturen zur Umfeldwahrnehmung für zukünftige Fahrerassistenzsysteme. In: MAURER, M. (Hrsg.) ; STILLER, C. (Hrsg.): *Fahrerassistenzsysteme mit maschineller Wahrnehmung.* Berlin, Heidelberg : Springer Verlag, 2005, S. 59–88

[181] WINNER, H. ; WINTER, K. ; LUCAS, B. ; MAYER, H. ; IRION, A. ; SCHNEIDER, H. P. ; LÜDER, J. ; ZABLER, E. ; DENNER, V. ; WALTHER, M.: *Adaptive Fahrgeschwindigkeitsregelung ACC.* Stuttgart : Robert Bosch GmbH, 2002

[182] ELFES, A.: Using Occupancy Grids for Mobile Robot Perception and Navigation. In: *Computer* 22 (1989), Nr. 6, S. 46–57

[183] WEISS, T. ; SCHIELE, B. ; DIETMAYER, K.: Robust Driving Path Detection in Urban and Highway Scenarios Using a Laser Scanner and Online Occupancy Grids. In: *IEEE Intelligent Vehicles Symposium.* Istanbul, Türkei, 2007, S. 184–189

[184] KONRAD, M. ; SZCZOT, M. ; DIETMAYER, K.: Road Course Estimation in Occupancy Grids. In: *IEEE Intelligent Vehicles Symposium*. San Diego, USA, 2010, S. 412 – 417

[185] GREWE, R. ; HOHM, A. ; HEGEMANN, S. ; LUEKE, S. ; WINNER, H.: Towards a Generic and Efficient Environment Model for ADAS. In: *IEEE Intelligent Vehicles Symposium*. Alcala de Henares, Spanien, 2012, S. 316 – 321

[186] GREWE, R. ; HOHM, A. ; LUEKE, S.: An efficient environmental model for automated driving. In: *14. Internationales Stuttgarter Symposium Automobil- und Motorentechnikbo*. Stuttgart, 2014, S. 267–280

[187] BOUZOURAA, M. E. ; HOFMANN, U.: Fusion of Occupancy Grid Mapping and Model Based Object Tracking for Driver Assistance Systems using Laser and Radar Sensors. In: *IEEE Intelligent Vehicles Symposium*. San Diego, USA, 2010, S. 294 – 300

[188] STILLER, C. ; BACHMANN, A. ; DUCHOW, C.: Maschinelles Sehen. In: WINNER, H. (Hrsg.) ; HAKULI, S. (Hrsg.) ; WOLF, G. (Hrsg.): *Handbuch Fahrerassistenzsysteme*. Wiesbaden : Vieweg+Teubner Verlag, 2009, S. 198–222

[189] CONTINENTAL AG (Hrsg.): *Technical Description of the Radar System ARS300 - Industrial*. : Continental AG, 2010

[190] REIF, K.: *Fahrstabilisierungssysteme und Fahrerassistenzsysteme*. Wiesbaden : Vieweg+Teubner Verlag, 2010

[191] WINNER, H.: Radarsensorik. In: WINNER, H. (Hrsg.) ; HAKULI, S. (Hrsg.) ; WOLF, G. (Hrsg.): *Handbuch Fahrerassistenzsysteme*. Wiesbaden : Vieweg+Teubner Verlag, 2009, S. 123–171

[192] DANNER, B.: Kollisionsvermeidende Assistenzsysteme bei Mercedes-Benz. In: *15. Esslinger Forum für Kfz-Mechatronik*. Esslingen, 2009

[193] FREYER, J. ; WINKLER, L. ; HELD, R. ; SCHUBERTH, S. ; KHLIFI, R. ; POPKEN, M.: Assistenzsysteme für die Längs- und Querführung. In: *ATZ-extra* (2011), S. 181–187

[194] LIU, F.: *Objektverfolgung drurch Fusion von Radar- und Monokameradaten auf Merkmalsebene für zukünftige Fahrerassistenzsysteme*, Karlsruher Institut für Technologie, Dissertation, 2010

[195] DANG, T. ; HOFFMANN, C. ; STILLER, C.: Visuelle mobile Wahrnehmung durch Fusion von Disparität und Verschiebung. In: MAURER, M. (Hrsg.) ; STILLER, C. (Hrsg.): *Fahrerassistenzsysteme mit maschineller Wahrnehmung*. Berlin, Heidelberg : Springer Verlag, 2005, S. 21–42

[196] FRANKE, U. ; GAVRILA, D. ; GERN, A. ; GÖRZIG, S. ; HANSSEN, R. ; PAETZOLD, F. ; WÖHLER, C.: From Door to Door - principles and applications of computer vision and driver assistant systems. In: VLACIC, L. (Hrsg.) ; PARENT, M. (Hrsg.) ; HARASHIMA, F. (Hrsg.): *Intelligent Vehicle Technologies: Theory and Applications*. London, England : Butterworth-Heinemann, 2001, Kapitel 6, S. 131–188

[197] LINDNER, F. ; KRESSEL, U. ; KAELBERER, S.: Robust recognition of traffic signals. In: *IEEE Intelligent Vehicles Symposium*. Parma, Italien, 2004, S. 49–53

[198] PRAT, A. C.: *Sensordatenfusion und Bildverarbeitung zur Objekt- und Gefahrenerkennung*, Technischen Universität Carolo-Wilhelmina zu Braunschweig, Dissertation, 2010

[199] SCHNEIDER, G. ; SEEWALD, A. ; HEINRICHS-BARTSCHER, S.: „All-in-one"- kamerabasierte Fahrerassysteme. In: *ATZ - Automobiltechnische Zeitschrift* 113 (2011), Nr. 3, S. 204–209

[200] KASTRINAKI, V. ; ZERVAKIS, M. ; KALAITZAKIS, K.: A survey of video processing techniques for traffic applications. In: *Image and Vision Computing* 21 (2003), Nr. 4, S. 359–381

[201] SPIES, M. ; SPIES, H.: Automobile Lidar Sensorik: Stand, Trends und zukünftige Herausforderungen. In: *Advances in Radio Science* 4 (2006), S. 99–104

[202] HÖVER, N. ; LICHTE, B. ; LIETAERT, S.: Multi-beam Lidar Sensor for Active Safety Applications. In: *SAE Technical Paper 2006-01-0347*, 2006

[203] BROGGI, A. ; GRISLERI, P. ; ZANI, P.: Sensors technologies for intelligent vehicles perception systems: a comparison between vision and 3D-LIDAR. In: *IEEE 16th International Conference on Intelligent Transportation Systems*. Den Haag, Holland, 2013, S. 887–892

[204] SHACKLETON, J. ; VANVOORST, B. ; HESCH, J.: Tracking People with a 360-Degree Lidar. In: *IEEE 7th International Conference on Advanced Video and Signal Based Surveillance*. Boston, USA, 2010, S. 420–426

[205] INTERNATIONAL ORGANIZATION FOR STANDARDIZATION (ISO): *Intelligente Transportsysteme - Geographische Dateien (GDF) - GDF5.0 (ISO 14825:2011)*. Genf, Schweiz, 2011

[206] MÜLLER, T. M.: Navigation Data Standard (NDS): Bald Industriestandard? In: *AUTOMOBIL-ELEKTRONIK* (2010), Nr. 6, S. 30–31

[207] RESS, C. ; ETEMAD, A ; KUCK, D. ; BOERGER, M.: Electronic Horizon - Supporting ADAS Applications with predictive map data. In: *13th ITS World Congress*. London, England, 2006

[208] BLERVAQUE, V. ; MEZGER, K. ; BEUK, L. ; LOEWENAU, J.: ADAS Horizon - How Digital Maps can contribute to Road Safety. In: *Advanced Microsystems for Automotive Applications 2006*. Berlin, Heidelberg : Springer Verlag, 2006 (VDI-Buch), S. 427–436

[209] LUDWIG, J.: Elektronischer Horizont - Vorausschauende Systeme und deren Anbindung an Navigationseinheiten. In: SIEBENPFEIFFER, W. (Hrsg.): *Vernetztes Automobil*. Wiesbaden : Springer Fachmedien, 2014 (ATZ/MTZ-Fachbuch), S. 223–229

[210] DUREKOVIC, S.: Entwicklungen unter dem elektronischen Horizont: Eine durchgängige Entwicklungsumgebung für kartenbasierte Fahrerassistenzsysteme. In: *dSPACE Magazin* (2010), Nr. 2, S. 50–57

[211] STILLE, J.: *ADASRP Training Course*. : NAVTEQ, 2013

[212] NAVTEQ: *ADASRP 2011 - User's Manual*, 2011

[213] ETEMAD, A. ; RESS, C. ; BOERGER, M.: Generating Accurate Most Likely Path Data. In: *13th ITS World Congress*. London, England, 2006

[214] ENGEL, P. ; BALKEMA, J. W. ; VARCHMIN, A.: *Method for determining most probable path of car by software modules, involves providing personal and impersonal driving probability data for correcting original path, where data is derived from previous driving behavior of vehicle*. Patentschrift: DE 102011078946 A1, 2013

[215] RESS, C. ; BALZER, D. ; BRACHT, A. ; DUREKOVIC, S. ; LÖWENAU, J.: ADASIS Protocol for Advanced In-Vehicle Applications. 2008. – Forschungsbericht

[216] DUREKOVIC, S. ; BRACHT, A. ; RAICHLE, B. ; RAUCH, M. ; REQUEJO, J. ; TOROPOV, D. ; VARCHMIN, A.: *ADASIS v2 Protocol*. : Ertico - ITS Europe, 2011

[217] CARLSSON, A. ; REUSS, H.-C. ; BAUMANN, G.: Implementation of a Self-Learning Route Memory for Forward-Looking Driving. In: *SAE Technical Paper 2008-01-0197*, 2008

[218] SAHLHOLM, P. ; H.JOHANSSON, K.: Road grade estimation for look-ahead vehicle control using multiple measurement runs. In: *Control Engineering Practice* 18 (2009), Nr. 11, S. 1328–1341

[219] CARLSSON, A.: *A System for the Provision and Management of Route Characteristic Information to Faciliate Predictive Driving Strategies*, Universität Stuttgart, Dissertation, 2008

[220] SCHÄFER, R.-P. ; THIESSENHUSEN, K.-W. ; WAGNER, P.: A Traffic Information System by Means of Real-Time Floating-Car Data. In: *9th World Congress on Intelligent Transport Systems*. Chicago, USA, 2002, S. 1–8

[221] LORKOWSKI, S. ; BROCKFELD, E. ; MIETH, P. ; PASSFELD, B. ; THIESSENHUSEN, K.-U. ; SCHÄFER, R.-P.: Erste Mobilitätsdienste auf Basis von „Floating Car Data". In: *4. Aachener Kollouium Mobilität und Stadt*. Aachen, 2003, S. 93–100

[222] TRANFIELD, R.: INS/GPS navigation systems for land applications. In: *IEEE Position Location and Navigation Symposium*. Atlanta, USA, 1996, S. 391 – 398

[223] BOYSEN, P. A. ; ZUNKER, H.: Integrity Hits the Road: Low Cost, High Trust for Mobile Units. In: *GPS World* 16 (2005), Nr. 7, S. 30–36

[224] TOLEDO-MOREO, R. ; ZAMORA-IZQUIERDO, M. A. ; UBEDA-MINARRO, B. ; GOMEZ-SKARMETA, A. F.: High-Integrity IMM-EKF-Based Road Vehicle Navigation With Low-Cost GPS/SBAS/INS. In: *IEEE Transactions on Intelligent Transportation Systems* 8 (2007), Nr. 3, S. 491–511

[225] ENGE, P. K. ; KALAFUS, R. M. ; RUANE, M.: Differential Operation of the Global Positioning System. In: *IEEE Communication Magazine* (1988), S. 48–60

[226] KOBAYASHI, K. ; MUNEKATA, F. ; WATANABE, K.: Aaccurate navigation via sensor fusion of differential GPS and rate-gyro. In: *IEEE International Conference on Multisensor Fusion and Integration for Intelligent Systems*. Las Vegas, USA, 1994, S. 9–16

[227] REZAEI, S. ; SENGUPTA, R.: Kalman Filter Based Integration of DGPS and Vehicle Sensors for Localization. In: *IEEE International Conference on Mechatronics & Automation* Bd. 1. Niagara Falls, Kanada, 2005, S. 455–460

[228] GLÄSER, C. ; BÜRKLE, L. ; NIEWELS, F.: Ego-motion estimation in urban areas. In: *14. Internationales Stuttgarter Symposium Automobil- und Motorentechnik*. Stuttgart, 2014, S. 241–254

[229] LAHRECH, A. ; BOUCHER, C. ; NOYER, J.-C.: Fusion of GPS and odometer measurements for map-based vehicle navigation. In: *IEEE International Conference on Industrial Technology* Bd. 2. Hammamet, Tunesien, 2004, S. 944–948

[230] OBRADOVIC, D. ; LENZ, H. ; SCHUPFNER, M.: Fusion of Sensor Data in Siemens Car Navigation System. In: *IEEE Transactions on Vehicular Technology* 56 (2007), Nr. 1, S. 43–50

[231] DICKMANNS, Ernst D. ; BIRGER ; MYSLIWETZ, D.: Recursive 3-D Road and Relative Ego-State Recognition. In: *IEEE Transactions on Pattern Analysis and Machine Intelligence* 14 (1992), Nr. 2, S. 199–213

[232] SE, S. ; LOWE, D. G. ; LITTLE, J. J.: Vision-Based Global Localization and Mapping for Mobile Robots. In: *IEEE Transactions on Robotics* 21 (2005), Nr. 3, S. 364–375

[233] MORO, F. ; FONTANELLI, D. ; PALOPOLI, L.: Vision-based Robust Localization for Vehicles. In: *IEEE International Instrumentation and Measurement Technology Conference*. Graz, Österreich, 2012, S. 553 – 558

[234] SKOG, I. ; HÄNDEL, P.: In-Car Positioning and Navigation Technologies - A Survey. In: *IEEE Transactions on Intelligent Transportation Systems* 10 (2009), Nr. 1, S. 4–21

[235] GRAICHEN, K.: *Methoden der Optimierung und optimalen Steuerung.* Institut für Mess-, Regel- und Mikrotechnik, Fakultät für Ingenieurwissenschaften und Informatik, Universität Ulm : Vorlesungsskript Wintersemester 2012/2013

[236] ATHANS, M. ; FALB, P. L.: *Optimal Control: An Introduction to the Theory and its Applications.* New York, USA : McGraw-Hill, 1966

[237] BRYSON, A. E. ; HO, Y.: *Applied Optimal Control.* New York, USA : John Wiley & Sons Ltd, 1975

[238] FÖLLINGER, O.: *Optimale Steuerung und Regelung*. München : Oldenbourg Verlag GmbH, 1994

[239] PAPAGEORGIOU, M.: *Optimierung*. München : Oldenbourg Verlag GmbH, 1991

[240] VAN BRUNT, B.: *The Calculus of Variations*. New York, USA : Springer Verlag, 2004

[241] PONTRYAGIN, L. S. ; BOLTYANSKII, V. G. ; GAMKRELIDZE, R. V.: *The Mathematical Theory of Optimal Processes*. New York, USA : John Wiley & Sons Ltd, 1962

[242] HARTL, R. F. ; SETHI, S. P. ; VICKSON, R. G.: A Survey of the Maximum Principles for Optimal Control Problems with State Constraints. In: *SIAM Review* 37 (1995), Nr. 2, S. 181–218

[243] LEVIN, J. J.: On the Matrix Riccati Equation. In: *Proceedings of the American Mathematical Society* Bd. 10, 1959, S. 519–524

[244] LAUB, A. J.: A Schur method for solving algebraic Riccati equations. In: *IEEE Transactions on Automatic Control* 24 (1979), Nr. 6, S. 913–921

[245] BOYD, S. ; GHAOUI, L. E. ; FERON, E. ; BALAKRISHNAN, V.: *Studies in Applied Mathematics*. Bd. 15: *Linear Matrix Inequalities in System and Control Theory*. Philadelphia, USA : SIAM, 1994

[246] KRAFT, D.: On converting optimal control problems into nonlinear programming problems. In: *Computational Mathematical Programming* 15 (1985), S. 261–280

[247] TSANG, T. H. ; HIMMELBLAU, D. M. ; EDGAR, T. F.: Optimal control via collocation and non-linear programming. In: *International Journal of Control* 21 (1975), Nr. 5, S. 763–768

[248] NOCEDAL, J. ; WRIGHT, S. J.: *Numerical Optimization*. New York, USA : Springer Verlag, 2006

[249] BOYD, S. ; VANDENBERGHE, L.: *Convex Optimization*. Cambridge, USA : Cambridge University Press, 2004

[250] BELLMAN, R.: *Dynamic Programming*. New Jersey, USA : Princeton University Press, 1957

[251] BELLMAN, R.: *Dynamische Programmierung und selbstanpassende Regelprozesse.* New Jersey, USA : R. Oldenbourg, 1967

[252] BELLMAN, R. ; KALABA, R.: *Dynamic Programming and Modern Control Theory.* New York, USA : Academic Press, 1965

[253] BELLMAN, R. ; DREYFUS, S. E.: *Applied Dynamic Programming.* New Jersey, USA : Princeton University Press, 1962

[254] BERTSEKAS, D. P.: *Dynamic Programming & Optimal Control.* Bd. 1. 3. Athena Scientific, 2005

[255] CORMEN, T. H. ; LEISERSON, C. E. ; RIVEST, R. L. ; STEIN, C.: *Introduction to Algorithms.* 3. Cambridge, USA : MIT Press, 2009

[256] HELLSTRÖM, E.: *Look-ahead Control of Heavy Trucks utilizing Raod Topology*, Linköping University, Masterthesis, 2007

[257] MAYNE, D. Q. ; RAWLINGS, J. B. ; RAO, C. V. ; SCOKAERT, P. O. M.: Constrained Model Predictive Control: Stability and Optimality. In: *Automatica* 36 (2000), Nr. 6, S. 789–814

[258] KOUVARITAKIS, B. ; ROSSITER, J. ; SCHUURMANS, J.: Efficient robust predictive control. In: *IEEE Transactions on Automatic Control* 45 (2000), Nr. 8, S. 1545–1549

[259] FREUER, A. ; REBLE, M. ; BÖHM, C. ; ALLGÖWER, F.: Efficient Model Predictive Control for Linear Periodic Systems. In: *19th International Symposium on Mathematical Theory of Networks and Systems.* Budapest, Ungarn, 2010, S. 1403–1409

[260] AHRHOLDT, W. H.: *Standardisierte fehlertolerante Signaldatenaufbereitung für vernetzte Fahrwerkregelsysteme*, Technische Universität München, Dissertation, 2011

[261] BINDER, T. ; BLANK, L. ; BOCK, H. G. ; BULIRSCH, R. ; DAHMEN, W. ; DIEHL, M. ; KRONSEDER, T. ; MARQUARDT, W. ; SCHLÖDER, J. P. ; VON STRYK, O.: Introduction to Model Based Optimization of Chemical Processes on Moving Horizons. In: GRÖTSCHEL, M. (Hrsg.) ; KRUMKE, S. O. (Hrsg.) ; RAMBAU, J. (Hrsg.): *Online Optimization of Large Scale Systems.* Berlin, Heidelberg : Springer Verlag, 2001, S. 295–339

[262] FINDEISEN, R.: *Nonlinear Model Predictive Control: A Sampled-Data Feedback Perspective*, Universität Stuttgart, Dissertation, 2004

[263] STRIZZI, J. ; ROSS, I. M. ; FAHROO, F.: Towards Real-Time Computation of Optimal Controls for Nonlinear Systems. In: *AIAA Guidance, Navigation, and Control Conference and Exhibit*. Monterey, USA, 2002

[264] GONG, Q. ; KANG, W. ; BEDROSSIAN, N. S. ; FAHROO, F. ; SEKHAVAT, P. ; BOLLINO, K.: Pseudospectral Optimal Control for Military and Industrial Applications. In: *IEEE 46th Conference on Decision and Control*. New Orleans, USA, 2007, S. 4128–4142

[265] LIANG, C.-Y. ; PENG, H.: Optimal Adaptive Cruise Control with Guaranteed String Stability. In: *Proceedings of the 1998 AVEC Conference*, 1999, S. 717–722

[266] BULIRSCH, R. ; VÖGEL, M. ; VON STRYK, O. ; CHUCHOLOWSKI, C. ; WOLTER, T.-M.: An Optimal Control Approach to Real-Time Vehicle Guidance. In: JÄGER, W. (Hrsg.) ; KREBS, H.-J. (Hrsg.): *Mathematics - Key Technology for the Future: Joint Projects between Universities and Industry*. Berlin Heidelberg : Springer-Verlag, 2003, S. 84–102

[267] ALBERSMEYER, J. ; BEIGEL, D. ; KIRCHES, C. ; WIRSCHING, L. ; BOCK, H. G. ; SCHLÖDER, J.: Fast Nonlinear Model Predictive Control with an Application in Automotive Enginnering. In: MAGNI, L. (Hrsg.) ; RAIMONDO, D. M. (Hrsg.): *Nonlinear Model Predictive Control: Towards New Challenging Applications*. Berlin Heidelberg : Springer-Verlag, 2009, S. 471–480

[268] BUTCHER, J. C.: *The Numerical Analysis of Ordinary Differential Equations: Runge-Kutta and General Linear Methods*. New York, USA : John Wiley & Sons Ltd, 1986

[269] ISIDORI, A.: *Nonlinear Control Systems*. 3. Berlin : Springer Verlag, 1995

[270] WEY, T.: *Nichtlineare Regelungssysteme. Ein differentialalgebraischer Ansatz*. 1. Stuttgart : Teubner Verlag, 2002

[271] KHALIL, H. K.: *Nonlinear Systems*. 2. New York, USA : Prentice-Hall, 1996

[272] CHANG, D. ; MORLOK, E.: Vehicle speed profiles to minimize work and fuel consumption. In: *Journal of Transportation Engineering* 131 (2005), Nr. 3, S. 173–181

[273] STATISTISCHES BUNDESAMT DEUTSCHLAND, GENESIS-ONLINE DATENBANK: *Bevölkerung: Deutschland, Stichtag, Altersjahre, Nationalität/Geschlecht/Familienstand*. https://www-genesis.destatis.de/genesis/online/data, Abruf: 19.08.2011

[274] BORTZ, J.: *Statistik für Sozialwissenschaftler*. 5. Berlin : Springer Verlag, 1999

[275] BULLER, S.: *Impedance-Based Simulation Models for Energy Storage Devices in Advanced Automotive Power Systems*, Technische Hochschule Aachen, Dissertation, 2003